山东省农业科学院农业科技创新工程任务——"互联网+"农场关键技术及云应用（CXGC2016B15）
山东省2017年重点研发计划项目——"设施蔬菜环境精准监测与调控技术研究与示范"（2017CXGC0201）
山东省2016年农业重大应用技术创新项目——"基于物联网的智慧农业园区信息化关键技术研究与示范"
山东省重点研发计划课题——"海产贝类精准养殖关键技术集成与示范"（2016CYJS03A02-1）
山东省重点研发计划课题——"海带育苗环境精准监测与调控技术研究与应用"

信息农具
——新农业的必需品

尚明华 等 著

U0271883

中国农业科学技术出版社

图书在版编目（CIP）数据

信息农具：新农业的必需品 / 尚明华等著 . —北京：中国农业科学技术出版社，
2018.6

ISBN 978-7-5116-3697-3

Ⅰ.①信… Ⅱ.①尚… Ⅲ.①互联网络—应用—农业研究 ②智能技术—应用—农
业研究 Ⅳ.①S126

中国版本图书馆 CIP 数据核字（2018）第 106372 号

责任编辑　崔改泵　李　华
责任校对　贾海霞
出 版 者　中国农业科学技术出版社
　　　　　北京市中关村南大街12号　　邮编：100081
电　　话　（010）82109708（编辑室）　（010）82109702（发行部）
　　　　　（010）82109709（读者服务部）
传　　真　（010）82106650
网　　址　http://www.castp.cn
经 销 者　各地新华书店
印 刷 者　北京建宏印刷有限公司
开　　本　787mm×1 092mm　1/16
印　　张　20.5
字　　数　413千字
版　　次　2018年6月第1版　　2018年6月第1次印刷
定　　价　120.00元

《信息农具——新农业的必需品》

著者名单

主　著：尚明华

副主著：刘淑云　王富军

著　者：李乔宇　穆元杰　刘　振　张　静

　　　　张亚宁　尹志豪　胥兆丽　李翠洁

　　　　秦磊磊　赵庆柱　马会会

前　言

人类经历了农业社会、工业社会，目前正步入信息社会阶段。人类社会的发展，就是劳动者发挥聪明才智，不断创造新的劳动工具，去认识自然、适应自然和改造自然的过程。从刀耕火种到铁犁牛耕，从畜力生产到农业机械，从自动化农业到物联网的智慧农业，都预示着一个新时代的开始。在不同的历史时期，人类社会通过使用不同的工具来扩展和增强人类自身的功能，而这些工具本身也成为区分人类社会形态的基本标准之一，因此农业工具的演示也体现了农业1.0到农业4.0的演变。

当前，我国农业现代化短板依然存在，集中体现为劳动生产率低、土地产出率低、资源利用率低，生产成本居高不下，农业综合竞争力不强，农民收入增长缓慢，同时面临着资源与环境的双重约束。在这种严峻形势下，中国急需走出一条以信息技术为核心的网络化、智能化、精细化、组织化的发展道路，提升农业生产效率和增值空间。以农业物联网技术为核心的农业4.0模式能够推动农业规模化、标准化、产业化发展，升级农业生产、经营、管理、服务的技术装备，挖掘并有效提升潜在的农业生产力，对于我国农业实现持续健康发展具有十分重大的意义。

单就服务对象而言，农业物联网与犁、锄、镐、耙等传统工具没有本质区别，都是服务于农业生产，都是为提高劳动生产效率而创造的工具，只是二者发挥作用的方式不同。农业物联网是以信息为核心和特征的新型农业生产模式，它可以帮助农户实现实时感知、可靠传输、智能处理、精准控制、自动作业等目标，信息作为一种重要的生产资料贯穿农业生产全过程，完全颠覆了过去的传统经验模式。因此，将农业物联网的相关系统、产品等统称为信息农具。信息农具的普及应用是新农业的基本要求，也是农业4.0的显著特征。

信息农具的提出，一是放下了农业物联网和智慧农业的身段，使农业信息技术更亲民、接地气，不再是高高在上、拒人千里之外的神秘科技；二是进一步明确了新农业的核心——信息，信息由现场感知而来，最终还要作用到生产中去，其中间过程即信息农具的核心和灵魂——智慧决策。信息农具是否有用、管用、好用，不仅取决于各类传感器、采集器和控制器等，更加取决于中间的智慧决策过程是否精准、智能和科学。

农业是动植物生命的繁衍，受生物规律和气候条件的根本制约，具有明显的季节性、区域性和周期性；同时，农业在我国又是一个传统弱势产业，产品附加值不高，从业人群文化水平不高，规模化、组织化、标准化程度不高，对先进科技的接受能力不高，所有这些因素都决定了信息农具的复杂性。因此，信息农具的研究开发和推广应用任重而道远。

本书对农业物联网团队前期的相关研发工作进行阶段性整理和总结，以便查找不足，继续前进；同时作为一份交流材料，请读者及专家指导指正。全书共分六章，分别介绍了信息农具的概念、前端产品、后端平台、应用案例以及信息农具面临的困境与突围之道等。因著者水平有限，又因时间、人力及资料等的限制，书中存在的错误和遗漏之处，热诚希望读者把问题和意见随时告知，以便补充修正。

在本书撰写过程中，得到了单位领导的大力支持，农业物联网团队成员穆元杰、张静、刘振、尹志豪、张亚宁、李翠洁、胥兆丽、赵庆柱等付出了辛苦努力，在此表示衷心感谢！

著　者

2018年4月

目　录

第一章 信息农具与新农业

第一节 信息农具概述

一、信息农具概念

（一）传统农具

传统农具指农民在从事传统农业生产过程中为了改变劳动对象而使用的农业生产工具，也称农用工具、农业生产工具，大部分传统农具具有非机械化的特征。传统农具是历史上发明、承袭和沿用的农业生产工具的泛称。传统农具在生产过程中一般都就地取材，具有轻巧灵便、一具多用、适用性广等特点。传统农具的发展过程中，最先出现的是耒耜（图1-1），有明确文献记载的播种用农具是西汉的耧犁（图1-2），耧犁由牲畜牵引，后面有人扶着，可以同时完成开沟和下种两项工作。

图1-1 耒耜

图1-2 耧犁

传统农业生产过程中使用的传统农具包括如下7种类型。

（1）耕地整地工具。耕地整地工具用于耕翻土地，破碎土垡，平整田地等作业，经历了从耒耜到畜力犁的发展过程。汉代畜力犁成为最重要的耕作农具。魏晋时期北方已经使用犁、耙、耱进行旱地配套耕作。宋代南方形成犁、耙、耖的水田耕作体系。晋代发明了耙，用于耕后破碎土块。宋代出现了耖、砺礋等水田整地工具用于打混泥浆。

（2）灌溉工具。商代发明桔槔，周初使用辘轳，汉代创造并制作人力翻车，唐代出现筒车。筒车结构简单，流水推动，至今我国南方丘陵河溪水利丰富的地方还在使用。

（3）收获工具。收获工具包括收割、脱粒、清选用具。收割用具包括收割禾穗的掐刀、收割茎秆的镰刀、短镢等。脱粒工具南方以稻桶为主，北方以碌碡为主，春秋时出现的脱粒工具椎枷在我国南北方通用。清选工具以簸箕、木扬锨、风扇车为主，风扇车的使用领先西方近千年。

（4）加工工具。加工工具包括粮食加工工具和棉花加工工具两大类。粮食加工工具从远古的杵臼、石磨盘发展而来，汉代出现了杵臼的变化形式踏碓，石磨盘则改进为磨、砻；南北朝时期出现了碾。元代棉花成为我国重要纺织原料，逐步发明了棉搅车、纺车、弹弓、棉织机等棉花加工工具。

（5）运输工具。担、筐、驮具、车是农村主要的运输工具。担、筐主要在山区或运输量较小时使用，车主要使用在平原、丘陵地区，其运载量较大。

（6）播种工具。耧车是我国最早使用的播种工具，发明于东汉武帝刘秀时期，宋元时期北方普遍使用。北魏时期出现了单行播种的手工下种工具瓠种器。水稻移栽工具——秧马，出现于北宋时期，它是拔稻秧时乘坐的专用工具，减轻了弯腰曲背的劳作强度。

（7）中耕除草工具。中耕除草工具用于除草、间苗、培土作业，分为旱地除草工具和水田除草工具两类。铁锄是最常用的旱地除草工具，春秋战国时期开始使用。耘耥是水田除草工具，宋元时期开始使用。

中国农业历史悠久，地域广阔，民族众多，农具丰富多彩。就不同的地域、不同的环境、不同的农业生产而言，使用的农具又有各自的适用范围与局限性。历朝历代农具都不断得到创新、改造，为人类文明进步作出了贡献。

（二）信息农具

在传统农业中，主要是通过人工的方式获取信息，需要大量的人力，且效率较低。随着农业发展，现代农业对以传感技术、移动互联网、嵌入式系统、大数据、云计算等为代表的新型信息技术的需求越来越强烈，物联网技术正在越来越紧密地渗透进入农业应用领域，从而推动了农业物联网的迅速发展。目前，农业物联网的研究和应用已经非常广泛，涉及农业智能化生产、管理和控制、农产品质量安全、农业病虫害防治、农产品物流等多个方面。通过农业物联网技术的综合应用可实现对农业要素的"全面感知、可靠传输、综合处理、反馈控制"。发展农业物联网，以物联网技术助力"传统农业"向"现代农业"转变，对建设现代农业、提升农业综合生产经营能力、保障农产品有效供给、建立农产品质量追溯体系等具有十分重要的意义。

农业物联网的产生和发展催生了信息农具的出现。信息农具是指现代化农业生产过程及产后处理过程中，通过农业机械和现代化信息技术的结合和搭配而产生的农业生产工具。信息农具是集工程技术、现代化信息技术、生物技术、环境技术等各项技术为一体的现代农业生产工具，具有机械化与农艺融合、生产自动化与信息化融合的特点，可有效增强农业综合生产能力，抗风险能力和市场竞争力，显著提高土地产出率、资源利用率和劳动生产率。信息农具是实现农业现代化的重要技术支撑，信息农具的技术水平与发展决定着农业现代化的进程和农业竞争力的强弱，信息农具的分类如下所示。

1. 信息感知设备

农业信息感知是农业物联网的源头环节，是农业物联网系统运行正常的前提和保障，是农业物联网工程实施的基础和支撑。信息感知农具的工作原理为采用物理、化学、生物、材料、电子等技术手段获取农业水体、土壤、小气候等环境信息，农业动植物个体生理信息。位置信息等数据，揭示动植物生长环境及生理变化趋势，实现产前、产中、产后信息的全方位、多角度感知，为农业生产、经营、管理、服务、决策提供可靠的信息来源及支撑。信息感知设备分类如下。

（1）农业水体信息传感器。检测养殖水体中溶解氧、电导率、pH值、氨氮、叶绿素、浊度、水温等影响养殖对象生长的关键影响因子，掌握其变化规律，为水质调控决策奠定基础。

（2）土壤信息传感器。采用物理、化学等技术手段，采集土壤水分、电导率及氮、磷、钾等土壤理化参数信息，为精准灌溉、变量施肥等活动提供可靠决策依据。

（3）农业气象信息传感器。借助现代检测技术手段，实现种植和养殖环境信息，如太阳辐射、降水量、温湿度、风速风向、CO_2浓度、光照等的实时监测，为种植和养殖环境智能调控提供决策依据。

（4）农业动植物生理信息传感器。借助现代检测技术手段，获取作物径流、冠层温度、植株直径、叶片厚度等作物生理信息，为作物水分含量分析和精准灌溉等提供数据源；检测作物叶绿素、氮素等含量，为变量施肥等活动提供技术支撑；检测动物脉搏、血压和呼吸等信息，为疾病预警及诊断提供数据源。

（5）个体识别农具。包括农业RFID和条码技术等。

（6）遥感农具。以农田作物、农业灾害、农业资源和环境大范围监测为对象，基于航空、航天、无人机和地面车载等平台的多光谱扫描仪、成像光谱仪、航空摄影机、高分辨率可见光扫描仪、激光雷达等设备，对农业生产中的农作物整个生育期的生理阶段、位置信息、耕地质量等信息进行模拟。

（7）定位导航农具。采用GPS、GIS、移动通信网络、机器视觉等信息技术手段，针对施肥、播种、喷药等不同工作的环境特点，采用多传感器融合技术，为农田作业机械定位导航提供位置姿态信息，实现农田作业精确定位导航、农产品物流车辆监管和路径导航等服务。

2. 农业环控设备

农业环控设备可实时远程获取农业生产现场的空气温湿度、土壤水分温度、CO_2浓度、光照强度及视频图像等数据，通过模型分析，实现自动控制湿帘、风机、喷淋滴灌、内外遮阳、加温补光等设备，从而实现温室大棚的信息化、智能化远程管理。农业环控设备分类如下。

（1）温室大棚远程卷帘控制器。帮助用户对卷帘进行本地或者远程控制；上限位保护装置和下限位保护装置用于监测卷帘的位置，当卷帘到达最高或最低位置时，上限位保护装置或下限位保护装置会发送信号至主控制器，主控制器会自动发送停止卷帘机信号至驱动控制器以停止卷帘机工作。该设备可通过限位保护装置对收放卷帘进行保护，防止卷帘超过最高或最低位置对设备造成损害，实现了大棚卷帘的无人值守；用户可同时控制多个卷帘机工作，有效提高了工作效率。

（2）温室大棚自动卷膜控制器。控制器内置温室大棚温度调控智能模型，可与温湿度传感节点相配合，根据当前监测的棚内温湿度数据自动控制卷膜机进行放风，实现温室大棚内温湿度的自动化、智能化调控。

（3）远程浇灌、喷淋控制器。可与土壤水分传感节点实现联动，通过采集的土壤含水量数据实现对农业生产现场的浇水或喷淋设备的自动控制。

（4）智能通风控制器。采用智能控制技术，通过开启或关闭通风机实现对农业生产现场的温湿度的自动控制。智能通风控制器拥有自动、手动、定时三种控制模式。自动模式下，根据当前监测的棚内温湿度数据进行判定，当温湿度传感器监测到温湿度达到上限或下限设定值时，自动开启或关闭通风机来调节温大棚内的温湿度；手动模式下，手动按压面板开启或关闭按钮进行操作；定时模式下，可以设定时间，按照设定时间开启或关闭通风机。

（5）智能补光控制器。用于自动控制大棚内植物补光灯的开启或关闭，对植物进行智能补光，主要包含光敏元件、温敏元件、定时元件以及存储显示元件等。通过设置光照强度参数、温度参数以及时间等方式，实现大棚内植物补光灯的调控。

（6）温室大棚一体化控制器。温室大棚一体化控制器可外接环采、环控和水肥等设备，同时显示空气温湿度、CO_2浓度、光照强度、土壤温度、土壤水分等环境参数；控制卷帘、卷膜、通风、遮阳、补光、喷淋等执行设备，对应每一执行设备均附带一套强电控制单元；还具有报警信息和语音播报功能，集成远程通信模块，可实现平台及手机的远程控制。

3. 农业信息传输设备

在由信息农具组成的体系架构中，需要通过农业信息传输设备，结合现有的各种通信网络，实现底层传感器收集到的农业信息的传输。农业信息传输方式按照传输设备的不同可以分为有线通信和无线通信。在过去相当长的一段时间内，有线通信以其稳定和技术简单的特点占据农业生产的主要地位，有线信息传输设备包括双绞线、同轴电缆、光纤或者是其他的有线介质；无线信息传输设备包括红外线、无线电磁波或其他的无线介质。

4. 作物水肥与动物营养设备

按照"实时监测、精准配比、自动注肥、精量施用、远程管理"的设计原则，安装于作物生产或动物养殖现场，通过相关设备自动进行水肥浇灌或营养投喂，实现对灌溉、施肥的定时、定量控制和动物饲料的精准投喂，提高水肥和饲料的利用率。当前常用的设备主要包括水肥一体化精量施用系统、智能化电子饲喂站、智能投饵系统等。

5. 动植物病害监测预警设备

动植物病害是动植物减产的主要原因之一，通过动植物病害监测预警设备可以实现网络诊断、远程会诊、呼叫中心和移动式诊断决策等功能，实现对动植物病害的科学监测、预测并进行预防和控制，可以有效解决当前我国农业病害严重、专家缺乏、科技服务与推广水平差等问题。当前常用的设备主要包括作物病虫害自动测报系统、生猪健康红外热成像监测系统等。

6. 农业智能作业装备

农业智能作业装备是一种以完成农业生产为主要目的、兼有部分信息感知和可重复编程功能的柔性自动化或半自动化设备，集传感器技术、监测技术、人工智能技术、通信技术、图像识别技术、系统集成技术等多种科学技术于一身，在提高农业生产力、改变农业生产模式、解决劳动力不足、实现农业的规模化和精准化生产等方面起到非常重要的作用。目前该类装备主要包括智能导航装备、智能机器人采摘装备、农产品品质快速无损检测装备等。

7. 信息农具的后端支撑

（1）云平台。针对新农业发展过程中对智慧农业发展的迫切需求，利用物联网、大数据、云计算等技术研发的软件平台，可有效集成各类硬件设备。通过云平台，用户可借助智能手机、平板电脑、电脑等终端设备实现农业生产现场数据的实时监测、视频监控、智能分析和远程控制。一般来说，平台由数据层、处理层、应用层和终端层组成。数据层负责农业生产现场采集数据及生产过程数据的存储；处理层通过云计算、数据挖掘等智能处理技术，实现信息技术与行业应用融合；应用层面向用户，根据用户的不同需求搭载不同的内容。

（2）农业物联网移动端应用系统。包括Android和IOS两个版本，由客户端程序和服务器两部分组成。系统支持云平台所有生产过程数据采集、环境信息监测和生产管理功能，通过软件可随时随地的查看生产现场内各类信息农具硬件设备的工作状态、数据监测及报警信息，同时实现生产过程的农事管理、病虫害防控等工作。

二、信息农具与传统农具、农资的区别

（一）更透彻的信息感知

随着微电子技术、通信技术、微控制器技术的发展，智能感知设备正朝着更加透彻的感知方向发展，智能传感器发展向着集成化、网络化、系统化、高精度、多功能、高可靠性和安全性的趋势发展。各类信息农具的应用，实现了农业光、温、水、肥、气等环境的实时感知，工作人员足不出户就可以实时监测农业生产现场数据，节省了大量的人力和物力。

（二）环境智能调控

信息农具结合相应生产模式，可以根据动植物的生长需求特性对环境进行自动控制，实时调节动植物的生长环境，优化动植物在可控环境下适宜的成长发育条件，实现动植物的高产、高效、优质、安全和生态生产。

（三）实现精准生产

信息农具根据植物生长需求和土壤特性，精准施肥、施药和灌溉，最大限度地优化使用各项农业投入，获取最高产量和最大经济效益，提高资源利用率，同时减少化肥农药的使用，保护农业生态环境、土地等自然资源，提供绿色、有机、安全的食品。

（四）促进农业现代化发展

信息农具的推广应用可有效减少设施农业生产过程中的重复性劳动，实现劳动力的有效利用，对传统农业进行升级改造，实现对农产品产业链的精细化、智能化管理和控制。同时可降低农产品成本，提高农产品的品质，打造农产品品牌，扩大农产品市场规模，增强农产品竞争力，促进我国农业物联网从政府推动

迈向市场驱动转变，实现我国农业物联网产业的可持续发展。

三、信息农具的产生、发展和趋势

（一）信息农具发展历程

1.国外发展历程

荷兰、以色列、美国、日本等农业发达国家，农业已经发展到较高水平，已形成了成套的技术和完整的信息农具（图1-3），这些信息农具呈现出了小型、轻便、多功能、性能高等特点，涵盖了耕作、播种育苗、灌溉施肥以及自动嫁接等各个环节，普遍实现了播种、育苗、定植、管理、收获、包装、运输等作业的机械化，自动化程度高。同时国外不断追求规模效益，在欧美温室生产中每个经营者的栽培面积由原来的2hm²增加到4hm²，而这种规模的扩张都是通过先进的信息农具来完成的。

图1-3 美国施肥机器人

日本农业生产的主要经验在于集约化、产业化和土地节约型。为提高土地利用率和创造最佳生产环境，日本政府从2008年开始启动植物工厂发展计划，由农林水产省出资1 000亿日元、经济贸易工业省出资500亿日元补助科研单位、企业和农户，5年间新增了100多座植物工厂，在闭锁式植物工厂栽培技术方面，日本的技术与理念达到世界领先水平。在植物工厂的推广实施过程中研发了覆盖播种、育苗、生产、销售等全产业链的信息农具（图1-4）。

图1-4　日本植物工厂

　　荷兰农业生产技术代表了欧洲的先进水平，其主要经验在于资源节约和资本技术密集规模化、集约化、环境优化控制、周年生产。荷兰耕地资源短缺，以提高土地单位面积产量和发展高附加值的温室园艺作物为主要特色。荷兰温室面积为11 000hm^2，玻璃温室占温室总面积的99%。荷兰现代化温室蔬菜生产配套设施包括计算机管理系统、温室加温系统、营养液循环系统、CO_2补给系统、灌溉水收集和贮存与水处理系统。蔬菜产品采收大多配套温室内部物流输送系统，包括采摘车、地面链条动力输送线、产品自动分级生产线、采后包装装备等。生产企业还设有产品短期储存预冷系统、保温防寒设备和温室补光设备等。荷兰为克服不利生产气候条件、劳动力成本上涨、国际竞争压力等问题，在农业生产方面大力引入工业生产自动化技术，借助工业生产线提高劳动生产率、降低劳动力成本，在温室盆栽花卉、切花、蔬菜生产中开发研制出种苗自动移植机、机器视觉分级系统、产品包装设备，特别是降低劳动强度、减少用工量的生产资料、提高作业效率的生产资料物流化生产系统。随着设施园艺生产现代化水平的提高，以荷兰为核心涌现出一大批信息农具生产厂家，这其中包括以生产盆栽花卉种苗移植机为主的荷兰TTA公司、意大利DaRos公司和意大利TEA公司等，以生产设施园艺生产物流化生产系统的荷兰Codema、Van Zaal公司和WPS公司，以生产蔬菜和切花分级设备为主的荷兰Aweta公司。这些公司的产品不仅在欧洲使用，还销售到世界各地，我国也有引进部分产品。荷兰的玻璃温室如图1-5所示。

图1-5　荷兰玻璃温室

2. 国内发展历程

经过多年的发展，我国信息农具技术不断突破，也已有了许多配套的装备，但是和发达国家相比，我国信息农具技术还相对落后，信息农具大多都存在操作便捷性差、质量差、生产率不高和适应性较差等问题，仍然不能满足实际生产要求。目前已有喷灌、滴灌、渗灌以及施肥等灌溉和施肥设备，但整体性能及可靠性还不稳定，施肥和灌溉还不能实现按作物需求进行精确作业。环境调控设备主要还存在环境调控能力不强的问题。我国的日光温室绝大部分都没有环境自动控制设备，基本靠人为经验进行人工操作，极大地影响农作物品质和产量。信息农具装备化、机械化、自动化、智能化水平低，环境控制能力差，生产技术水平不高，已成为制约我国农业发展的瓶颈，从而导致我国农业劳动生产率低、农产品产量和质量及效益不高，产品的市场竞争力差的问题。以山东为例，2017年，全省蔬菜种植面积有86.7万多公顷，商品量占到99%，但出口只有4%，而且设施大棚数量多、样式多，信息农具技术参差不齐，农民在种植过程中靠经验多，缺乏科学、抗自然灾害强的信息农具，直接影响着农产品的市场竞争力。

（二）信息农具存在的问题

1. 科技成果转化率低

中国每年产生的农业科技成果达6 000余项，但转化率只有30%~40%，真正形成规模的不到20%，其主要原因是科研单位的科技开发与企业实际生产应用脱节，科研产品无法满足实际生产需求，科研技术评价指标多为科研人员根据经验设定，成果验收条件简单，验收专家不了解实际生产的复杂因素，致使科研成果无法构成生产力。

2. 自动化装备开发力量不足

信息农具体系内开发研究方向不均衡，早期多以温室结构为主，近年主要集中在温室环境调节和自动控制方面，对自动化生产装备方面的涉及不多，致使目前我国信息农具技术的开发与应用水平落后于发达国家的信息农具发展水平，导致国内农业生产机械化程度低、劳动强度大、生产率不高，最终表现出农业生产人均作业面积低下、单位产出率过低，难以形成国际竞争力。

3. 内部物流装备开发滞后，影响自动化装备效率的发挥

国外设施农业生产装备研制过程中，引入了工业自动化生产线的理念，在研制节点作业设备的同时，同样重视开发连接这些节点设备的物流化生产物料输送设备，二者的协调发展才能真正实现高效生产。我国目前仅在设施农业节点作业环节上进行了多种设备的开发研制与应用，但是，在连接节点的物流化生产物料输送设备的开发与应用方面重视不够。农业生产中，温室内节点作业设备完成机械作业后，仍然采用人工搬运的方式连接节点作业设备，因此，自动化节点作业装备的效率难以发挥，总体生产效率并没有得到有效提高。

4. 生产对象栽培模型研究不到位

虽然我国环境控制、水肥灌溉等装备得到推广应用，但是由于对生产作物的最佳栽培模型研究不到位，栽培环境控制与水肥灌溉没有栽培模型可依，仍靠人工管控，生产中难以实现真正的环境与灌溉自动化控制，这使得栽培环境仍未达到作物的最佳环境需求，影响单位面积产出率，导致生产中施肥过量，造成浪费，形成污染。

（三）信息农具发展趋势

随着国家乡村振兴战略的提出和实施，我国信息农具的发展面临前所未有的挑战。建设现代农业，急需发展重点作物、重点环节应用的信息农具；发展节约型农业，迫切需要发展降耗、增效、环保型的信息农具；提升传统技术水平，信息农具技术升级换代需求强劲。新时期信息农具技术在实现农业现代化和全面建设小康社会、保障国家粮食安全、增强优势农产品国际竞争力、发展循环经济等领域肩负重任，发挥着重要的作用。信息农具作为向农业引入先进生产工具、先进生产技术和推动生产组织方式变革的积极因素，已使发达国家的农业生产技术在机械化、电气化、自动化的基础上，进一步走向信息化和智能化。我国正处在用信息化带动工业化发展的进程中，传统农业的机械化改造尚未完成，在消化吸收国际先进技术基础上，走自主创新之路、振兴信息农具制造业已迫在眉睫。

1. 我国已经具备发展信息农具的基础优势

基础网络设施建设方面，目前已经建成了全球规模最大的4G网络；农业电子商务方面，我国电商交易额占据全球比例超过40%，比英、美、日、法、德5国的总和还要多。国家应大力支持设备商、通信运营商竞争互联网核心技术国家标准的制定，在国际层面推广我国企业主要参与完成的信息农具系统架构和流程标准，实现中国标准引领全球发展。尽快成立相关的战略委员会，制定具有前瞻性的行业规划愿景，发布中远期发展行动指南，提前规划行业发展步骤。设立战略基金，支持包含运营、系统设备、芯片、终端和仪表等"前后台"创新链成员积极贡献中国技术文稿，或牵头参与国际间产业项目合作，一系列的工作为信息农具的研究和应用提供基础设施支撑。

2. 信息感知技术研究

随着电子信息技术、通信技术和微控制器技术的发展，智能传感器正朝着更透彻的感知方向发展，其表现形式是智能传感器发展的集成化、网络化、系统化、高精度、多功能、高可靠性与安全性趋势。微电子技术和计算机技术的进步，预示着智能传感器研制水平的新突破。通过多传感器信息融合，可以将复杂的智能传感器系统集成在一个芯片上实现更高层的集成化。智能传感器的总线技术正逐步实现标准化和规范化。

3. 异构网络环境监测统一接入研究

由于现阶段农业物联网尚处在起步阶段，市场上有着多种不同通信协议的农业物联网系统。不同厂家生产的设备种类繁多，通信接口各异，通信协议互不兼容，导致底层感知设备接入上层应用系统困难重重。在以后的发展过程中，研究支持多种接入方式、支持多标识、多协议转换的通用网关，实现底层异构感知设备和网络的统一接入可以有效解决以上问题。

4. 数据共享技术研究

当前农业物联网应用平台都是异构化、垂直化和碎片化的，使得企业之间的数据共享和服务协同变得非常困难，形成了诸多"信息孤岛"。如何将农业生产中产生的重要数据进行处理，为用户提供数据的查询、数据导航、数据下载、数据应用等共享服务，提升基本数据服务的复用性，降低农业物联网上层应用的构建门槛，是数据共享设计的根本目标。

5. 系统集成技术研究

农业物联网在推广应用的过程中涉及的信息农具种类众多，软硬件系统存在异构性、感知数据的海量性决定了系统集成的效率是农业物联网应用和用户服务体验的关键。同时随着SOA、云计算以及SaaS、EAI、M2M等集成技术的不断发展，农业物联网不同层次之间也将实现更加优化的集成，从而提高从感知、传输到服务的一体化水平，提高信息服务的质量。

6. 通过行业协会促进信息农具技术研发工作的良性发展

行业协会是农业专家与生产企业结合、农业栽培技术与工程技术结合的平台，有利于信息农具的开发研制与农业工程技术和农艺技术的结合。通过行业协会，组织行业专家调查农业生产中存在的问题与对自动化生产的要求，为新设备研制、新技术开发提供指导性建议，协调与平衡专业设备生产企业的开发与生产，推广新技术新装备，结合智能装备体系的开发，制定栽培生产规范、产品鉴定标准，规范市场上新技术与新产品，促进信息农具技术研发工作的有序、可持续发展。

第二节　新农业概述

一、新农业概念

（一）传统农业

1. 发展现状

中国是一个有着古老农耕文明传统的国度。农业是我国的第一产业，自古以来就是国民经济的基础。民以食为天，农业关系到每个人的利益，关系到我们日常的饮食生活。农业、农村、农民问题是关系国计民生的根本性问题。没有农业的现代化，就没有国家的现代化。党的十八大以来，在以习近平同志为核心的党中央坚强领导下，坚持把解决好"三农"问题作为全党工作重中之重，持续加大强农惠农富农政策力度，扎实推进农业现代化建设，全面深化农村改革，农业农村发展取得了历史性成就，为党和国家事业全面开创新局面提供了重要支撑。近年来，我国粮食生产能力跨上新台阶，农业供给侧结构性改革迈出新步伐，农民收入持续增长，农村民生全面改善，中国农业发展取得了突破性的成就。

（1）农村产业结构调整取得巨大成就，农民收入获得极大提高。改革开放以来，我国农村产业结构调整取得了历史性成就，我国乡镇企业、农村服务业蓬勃发展。据中国国家统计局资料显示，新中国成立初期，我国乡村劳动者占93.29%，非农产业劳动者包括乡村党政群管理人员在内，只占5.08%；1978年，中国城镇人口占17.9%，乡村人口占82.1%；2006年，中国城镇人口上升至43.9%，乡村人口下降至56.1%；2017年，中国城镇人口8亿1 347万人，城镇人口占总人口比重（城镇化率）为58.52%，乡村常住人口5亿7 661万人，占总人口比重的41.48%。改革开放30年，我国农民收入获得了极大提升，收入来源结构获得了巨大变化。1978年，中国农民人均年纯收入为134元，2011年，中国农民人均年纯收入达到了6 977元，2017年，中国农民人均年纯收入达到了25 974元。1978年，中国农村没有解决温饱的农民总量大概是2.5亿人，到2016年年底没有解决温饱农民的数量减少到不足450万人。

（2）主要农产品数量大幅增长，质量迅速提高。中国不仅人口众多，可用耕地资源有限，而且耕地存在减少的趋势，使中国农产品生产保障问题更为严峻。但是，从1979年实行改革开放后粮食的年增长幅度不断提高，据中国国家统计局资料显示，1978年，我国粮食总产量在3 000亿kg，2017年，全国粮食播种面积11 222万hm^2，粮食单位面积产量5 506kg/hm^2，中国粮食总产量达到61 791万t。

（3）农业装备设施水平明显提高，初步形成了农业技术体系。新中国成立特别是我国实施改革开放以来，我国努力加强农业基础设施和农业技术体系建设，农业机械化水平和农田水利、交通、通信等农业基础设施条件得到了显著的提高。通过多年的努力建设，目前，我国已初步形成了农业生物育种和良种繁育技术、高效缓释肥料施用技术、高效节水浇灌技术、设施农业生产技术、农产品深加工技术、高效病虫害综合防治技术等系列化农业技术体系。

2. 存在的问题

虽然经过多年来的发展，我国农业产生了较快的发展，但是仍然存在着许多需要解决的问题。

（1）农业经营模式方面。目前，我国大多数地区仍然是精耕细作的小农经营模式，尤其是在一些不发达地区。随着市场经济的深入发展，特别是中国加入WTO后，这种模式因为其经营的灵活性不足和低效性已经越来越不能适应激烈的市场竞争，经营走向困难。这就要求我国农业的经营策略要全局考虑，制定合理的生产结构，并能根据市场的变化而及时改变生产的品种和数量，经得起市场的跌宕起伏。小农经济经营模式下经营者往往只注重眼前利益，根据目前市场行情来决定生产什么，而且产品非常单一，结构很不合理。这样可能在短期内收益会比较明显，但是由于盲目的大量的生产，该产品的市场很快出现饱和，价格迅速下降，收获不到好的收益后，农业经营者们只能又再投入大量的资金去经营新的产品，再次走上追逐、失利、转营的怪圈。小农经济经营模式严重影响了我国农业生产者的积极性和我国农业的市场竞争力。

（2）农业生产过程方面。传统农业生产过程中存在着"手段落后+管理粗放"的现象，农场生产效率亟待提高，急需强化现代化信息农具技术和产品的深度应用，实现精细化管理。随着我国适度规模农业政策的推广，许多农场依靠高水肥、高能源投入、低人力成本的驱动方式，生产得到了快速发展。由于管理手段落后和管理模式粗放，导致了生态环境恶化、农业产值和生产效率低、生产成本随人力成本逐年增高等问题，使农场的经济效益和社会效益与原定目标严重背离。当前我国传统农业生产的弊端主要包括4个方面：一是农场棚室的温、光、水、气、肥等小气候环境调控能力差，低温高湿加重了作物病害发生和蔓延；二是农场信息化、智能化程度低，劳动强度大，人均管理面积小，劳动生产率低；三是农场管理效率低下，每天产生的数据都是手抄嘴报，工作繁琐、容易出错，数据采集滞后，无法及时进行相关数据的统计分析，生产较为盲目；四是过量施肥加剧了连作障碍，土壤酸化、次生盐渍化、养分和生态失衡现象突出。目前我国大多数农业生产还停留在粗放初级阶段，现代化信息技术与农业生产的结合投入有限，导致中国农业面临尴尬局面。对于很多以家庭为单位的农业经营方式来说，农产品的产量不稳定，经营者靠天吃饭，农产品的产量受天气、气候的影响很大，而目前经营者的技术不足以趋利避害从而达到稳产，往往是风调雨顺的年份产量好，收入相对高，遇上自然灾害将严重影响产量。同时，丰收年的时候所有的经营者都获得产品产量上的大丰收，但是供大于求，价格上不去；产量不好的时候收成不好，经营者辛苦一年下来，除去大量的化肥、农药等的投入后，最终获得的利润非常有限。中国目前很多地方的农业生产的机械化、自动化还很低，特别是西部一些偏远贫困地区更是如此，生产效率和产量难以跟农业发达国家相提并论。生产效率低带来的问题就是难以形成规模效益。同时由于生产技术粗糙，化肥、农药的过量使用使得农产品在质量上也得不到保证，从农产品农药超标的报道的频率就可见一斑。在市场经济前提下，产品性价比的高低在很大程度上决定了该产品占有市场份额的多少。据调查，我国果品中优质果仅占总产量的40%左右，能达到礼品果标准的产品只占总产量的5%左右，大量为中下等果，特别是外观较差。进口水果与我国同类水果批发价格水平相当，但整体质量明显要高，从而影响了我国水果的市场竞争力。同时，农产品的存储和保鲜的技术还存在有待改善的地方，也从一定程度上影响了我国农产品的质量和销量。

（3）农产品销售方面。农业产业链过程中出现"产销脱节+渠道单一"的现象，农产品营销模式亟待转型，急需通过信息手段及时反馈市场信息，实现科学化决策。目前，相当一部分农场是沿用自己的传统经验和传统渠道进行经营管理。由于对信息化的认知能力不足，与外界的信息交流不畅，对市场信息、消费需求、价格优势等缺乏有效掌控。农场的生产部门和销售部门缺乏有效的信息化管理工具，导致生产种植与市场销售不匹配。销售部门不能精确了解农场的生产计划和作物的采摘期、预采量等信息，无法根据地里的农产品生产情况提前制订精细的销售计划；而生产部门也不清楚销售部门的合同订单量，不能按需生产。农场因此走入了"以产定销"的尴尬局面，往往导致农产品生产旺季销售不畅，出现库存积压，甚至烂在地里，严重影响了农场的经营效益。同时，传统的农业生产者忽略了品牌形象的塑造。一个好的品牌形象就是巨大的无形资产，然而农产品市场上还难找到很受消费者青睐和信赖的本地农产品品牌。此外，对农产品进行深加工不仅可以提升产品自身的附加值，而且可以增加产品的多样性，促进拓宽产品销售市场，提升产品市场竞争力，但是中国农产品市场上交易多数都是初级产品，没有注重产品的价值的进一步挖掘，缺少对产品的深加工。

（4）农产品质量方面。当前我国大部分农产品存在着"品质不高+标准缺失"的现象，农场产品质量难以保障，急需加强农产品标准化和溯源技术的研发推广，实现透明化生产。许多农场缺乏长效经营思想，在田间种植管理过程中，规范化和全程化的观念不强，缺乏一个从种到收的规范化操作方案，往往遇到问题才开始想办法，"头痛医头，脚痛医脚"，阻碍了现代农场的集约化发展。在生产环节的农业投入品使用方面，农场的随意性较大。生产者往往受经济效益的驱动，不会实施一些成本较高、技术操作有难度的防治技术，而是偏好使用见效快、成本低的违禁农业投入品，或者为抓住市场价格的有利时机，不遵循农药、兽药等农业投入品安全间隔期或休药期等规定，造成蔬菜有机磷超标、肉制品中的抗生素超标、残留孔雀石绿的水产品等农产品安全事件发生。另外，由于信息技术的缺失，多数农场都未能建立起有效的农产品生产履历追踪系统，客户不了解农产品的生产过程，无法建立对产品的信任和对农场品牌的忠诚度，难以实现优质优价。

（5）基础设施建设方面。当前我国信息基础设施建设发展相当迅速，农业信息设施建设已有一定基础，但是在当前信息化发展如此迅速的情况下，农业信息网络服务的基础设施建设仍然相对落后，尤其是农村基层设施不能满足信息化建设的需要。与城市相比，通信、广播电视和互联网等信息基础设施在农村发展存在很大差距。同时，我国农业信息数据库建设和应用不够，缺乏相关应用软件，信息资源整合度不高，信息资源单调，信息实用性较差。目前农业信息来自文献的多，来自市场的少；宏观信息多，微观信息少；综合信息多，专业信息少；滞后信息多，超前预测性动态信息少，这其中，尤其缺乏分析和预测的信息，因此农民不能根据获得的信息较好地分析农产品生产和市场状况，使农业信息对农民的生产经营指导性差，阻碍了农民对信息资源的有效利用。

（二）新农业

新时期我国农业发展战略的转型，已开始从过去的以自给自足农业为主转向以市场化农业为主，从过去的以经验型农业生产技术为主转向以现代农业技术为主，从过去的以资源消耗型为主转向农业可持续发展为主，从过去的农业支援工业、城乡分割的体制转向工业反哺农业、城乡协调发展的体制。2018年中央一号文件指出，始终把解决好农业、农村、农民问题作为全党工作的重中之重，把城乡发展一体化作为解决"三农"问题的根本途径；必须统筹协调，促进工业化、信息化、城镇化、农业现代化同步发展。实现现代化建设大业，最艰巨、最繁重的任务在农业现代化。随着农业产业结构调整，农村劳动力转移，新的信息技术、工程技术、生物技术在农业产业链各环节中应用，新农业也得到迅猛发展。

新农业是指在农业生产、流通、消费等各个环节全面运用现代化信息技术和智能装备，集成应用计算机与网络技术、物联网技术、音视频技术、现代通信技术及专家智慧与知识，实现整个农业产业链科学化和智能化运营的过程。新农业的范围包括农业产前、产中和产后整个过程中信息技术的应用。新农业的产生可以有效解决传统农业发展过程中出现的各种问题，是实现农业现代化的必经途径。新农业是用现代工业装备农业、用现代科学技术改造农业、用现代管理方法管理农业、使传统农业转变为具有当代世界先进水平的现代化农业的过程；是建立高产优质高效农业生产体系，把农业建成具有显著效益、社会效益和生态效益的可持续发展的农业的过程；也是大幅度提高农业综合生产能力，不断增加农产品有效供给和农民收入的过程。在向新农业迈进的进程中，农业机械化是实现新农业的基础，生产技术科学化是实现新农业的动力源泉，农业产业化是实现新农业的重要内容，农业信息化是实现新农业的重要技术手段，劳动者素质的提高是实现新农业的决定因素，农业发展可持续化是实现新农业的必由之路。

农业物联网技术及其产业化应用是推动新农业产生和发展的重要切入点，是推动我国农业向"高产、优质、高效、生态、安全"发展的驱动力，是促进农民增收，实现农业发展，实施乡村振兴战略的重要举措。当前国家各部门都非常重视以农业物联网技术及其产业为代表的新农业的建设工作，颁布了一系列的政策法规。2015年中央一号文件题为《关于加大改革创新力度 加快农业现代化建设的若干意见》，这是自2004年以来中央一号文件连续第12年聚焦"三农"，将农业现代化发展作为我国经济发展的重要组成部分。2016年8月29日农业部印发《"十三五"全国农业农村信息化发展规划》（农市发〔2016〕5号）要求"加快物联网、大数据、智能装备等现代信息技术与种植业（种业）、畜牧业、渔业、农产品加工业生产过程的全面深度融合和应用，构建信息技术装备配置标准化体系，提升农业生产精准化、智能化水平"；强调"在设施农业领域大力推广温室环境监测、智能控制技术和装备，重点加快水肥一体化智能灌溉系统的普及应用"。2016年10月17日，国务院印发《全国农业现代化规划（2016—2020年）》（国发〔2016〕58号），要求"加快实施'互联网+'现代农业行动，加强物联网、智能装备的推广应用，推进信息进村入户，力争到2020年农业物联网等信息技术应用比例达到17%"。党的十九大报告中指出实施乡村振兴战略，提出"加快推进农业农村现代化""健全农业社会化服务体系，实现小农户和现代农业发展有机衔接"的发展战略。2017年中央农村经济工作会议提出，"促进小农户和现代农业发展有机衔接，推进'互联网+现代农业'，加快构建现代农业产业体系、生产体系、经营体系，提高农业创新力、竞争力和全要素生产率，加快实现由农业大国向农业强国转变"的要求。

二、新农业的主要特征

（一）具有相对性和动态性的概念特征

新农业是一个相对和动态的农业形式，是从传统农业向现代农业转化的过程和手段。其内涵随着技术、经济和社会的进步而变化，表现出时代性；又基于国家自身的历史背景、经济发展水平和资源禀赋的不同而呈现出区域性；又由于经济的全球化而具有世界性。新农业既包括生产资料、生产技术、生产组织管理的创新，又包括资源配置方式的优化，以及与之相适应的制度安排，因而其内涵又具有整体性。

对于新农业来说，其概念特征主要表现为：农业经营方式需要采用先进科技和生产手段，发展农户合作，形成多元化、多层次、多形式的经营服务体系，用现代物质条件装备农业，用现代科学技术改造农业，现代产业体系提升农业，用现代经营形式推进农业，用现代发展理念引领农业，培养新型农民发展农业，提高农业自动化、机械化和信息化水平，提高土地产出率、资源利用率和农业劳动生产率，提高农业素质、效益和竞争力。

（二）农机装备实现技术突破

新农业的重要标志之一是农业生产过程中每个环节是否实现机械化作业。目前我国离实现机械化生产的目标还相距甚远，"十二五"规划要求我国农业装备要在小麦全程机械化基本实现的基础上，加强其他主要农作物全程机械化生产装备的研发，主要集中在提升水稻、玉米、马铃薯、棉花、油菜、甘蔗和甜菜等主要农作物耕种、收获及产后处理等环节机械化水平，并向产前、产中、产后全过程机械化延伸。装备研发重点包括小麦联合收获机增设干燥功能部件，解决收获后遇到雨天不能及时干燥使小麦发霉的问题；具备广泛适应性功能的玉米联合收获机，适应不同行距与不同垄作的玉米栽培模式的机械化作业；马铃薯播种收获现有机型均不成熟，急需开发适应不同土壤、不同品种（包括脱毒微型优种）的新机具，尽快实现马铃薯播种和收获的机械化生产；棉花机械化生产装备主要针对实现机械化育苗移栽，根据不同栽培地区棉花生长和棉花成熟一致性情况研发适合作业要求的收获机械。

新农业发展过程中，要求信息农具和农艺技术要更加协调，两者需紧密结合，农具要适应农艺要求，为现有耕作制度和农艺技术服务，而农艺应按照机械化生产的特点和机具作业适应性进行改革，尽可能使所有的农业技术都能实现机械化生产。当前适合农艺要求的装备正在不断涌现出来，如垄作、套作不同作物（玉米套种大豆等）的作业装备，深施肥播种联合作业装备等。从农艺上培育成功利于机械化生产的作物品种，可提高机械化作业效率和减少损耗。农业装备不是简单地进行机械作业，要进行规模化、标准化和精准化作业，才能达到高产、高效，先进的农艺措施也只有实现机械化作业，才能广泛应用于新农业生产过程中。

新农业的重要标志是优质、高效、低耗、无污染和可持续发展，因此需要大力发展节种、节肥、节药、节水、节能和环保低碳的农业装备。如使用电能的农用动力机，带有处理拖拉机尾气的装置，计算机视觉定靶施药装置，自动控制的精密播种机，化肥分层深施作业装备，激光平地机，带有GPS、GIS的精准农业作业装备，注水播种机等。这类装备要满足性能和目标要求，涉及机电技术、自动控制技术、信息技术、生物工程技术等多领域新技术的应用，是农业装备发展的重点。

（三）信息农具协调发展

信息感知设备的技术研发。伴随着新农业的发展和满足人们不断提高的生活消费需求，发展的设施农业、工厂化农业、休闲农业、有机农业等，以及对农产品品质要求的提高，相应的信息农具也应适应新农业的发展需求。如温室环境控制装备需要的温、光、水、肥、气信息综合监测，植物生长、生理信息监测，土壤信息监测，精准农业装备需要的环境信息、作物信息、地理信息监测，农产品品质实时监测，水质及农药残留监测，禽产品品质实时监测等，这些生命生理信息在生产中需要与作业装备、系统、设施等配套的信息农具，涉及生物信息技术、光谱技术、计算机视觉等高新技术和工程手段的应用，是新农业信息农具的主要发展方向。

农业智能作业装备技术研发。新农业的发展方向是在农业生产过程中实现智能化生产，全面解放农业劳动力，作业实现自动化或远程计算机控制，生产流程按农艺标准化基于物联网技术实现智能化管理和作业，人们尽享高新技术和智能装备带来的轻松、精准和效益。智能型现代农业装备应用于农业生产是新农业发展的必然要求，目前国内已有相关的研发案例，例如温室中用于喷药、除草、采摘的智能机器人，用于农田作物、林业植保喷药的无人飞机，物联网技术支持的遥感或无线通信传输的远程控制灌溉、施肥、施药等作业装备，畜牧工程中的自动饲喂系统，自动配料机等。现代农业装备的发展加快了新农业的发展进程，而发展中的农业生产技术、农业生物工程技术、生物信息技术，以及先进的农业生产过程管理等又推进了智能作业装备的创新，使智能作业装备必将吸收引入其他领域的高新技术，如自动控制、新材料新工艺、无线传输与遥感、物联网、计算机视觉、高光谱、电磁场、生物传感等技术来提高作业装备的技术水平，以适应新农业生产的需求，提高新农业生产机械化作业水平，实现新农业的精准化、标准化、智能化发展。

（四）涉农人员农业信息科技教育不断加强

日本、英国等国家在推进新农业发展的过程中，都涉及对相关人员进行农业信息科技方面的教育，这不仅有利于涉农人员事先对先进农业信息技术进行评估，提高他们应用先进信息技术的积极性，而且有利于他们在具体应用农业信息技术时能够得心应手，从而推动农业信息技术的传播。我国农民数量众多，农村教育水平较低，农民整体文化水平不高，高科技的农业信息技术，虽然能够转变农业生产方式，提高农业生产效率，但在落后的农村很难推广应用，我国涉农人员的信息技术水平严重阻碍了新农业的发展。所以，在新农业的发展过程中，我国要通过农村信息服务站、"阳光培训"工程、专题培训班、网络学校、远程教育等多种方式，开展多层次、全方位的农民信息化知识和技能培训，提高涉农人员的信息科技水平，为我国新农业的发展提供最基本的保障。

第三节　信息农具对发展新农业的重要作用

一、信息农具是提高土地产出率、资源利用率和劳动生产率的基本支撑条件

传统农业基本上是靠天吃饭，浇水、施肥、打药全凭经验、靠感觉，虽然随着社会的发展，农业生产技术也不断进步和发展，但还是需要大量人工，尤其是设施园艺、设施蔬菜等附加值高的生产领域，劳动力成本逐年加大。随着农业生产成本的持续上升，依靠拼资源、拼投入的粗放农业发展道路已难以为继，农产品质量安全水平难以满足人民生活水平提高的需求，农产品竞争力难以满足国际竞争的要求，农业生产环境也在持续的恶化，传统农业生产遇到了瓶颈。信息农具可以全面采集各种环境数据，包括土壤的、空气的、水质的和动植物生理的，对农业生产、种植过程中作物的关键数据进行提取；通过摄像头来监控动植物的生长情况、健康状况等；通过补光灯、灌溉等环境控制设备，来调整动植物的生长环境。借助低功耗广域网、ZigBee等多种技术实现数据回传，与传感网技术相融合，把传感器感知到的农业生产信息无障碍、快速、安全、可靠的传送到所需

的每个地方。通过云计算、数据挖掘、知识本体、模式识别、预测、预警、决策等智能信息处理平台，实现农业环境数据的分析、预测、决策、调控等，供上层应用采纳，以保障种植策略科学合理。终端用户将传感器和摄像头采集的数据汇总收集后，经过分析决策，来控制农业设备的运行，使动植物处于最适宜的生长环境，从而提高作物产量，有效提高土地产出率、资源利用率和劳动生产率，达到节本增效的目的。

信息农具提高了土地利用率。土地利用指人类有目的的开发和利用土地资源的活动，即人类利用掌握的一切技术手段，开发出越来越多，可供生产的土地资源，并在有限的土地资源上创造出最大的经济效益。农业土地利用率，就是农业生产活动过程中，如何用最低的土地利用成本创造出最大的农业效益，包含两层含义：一是总的土地面积中有多少土地被开发和运用于农业，从量的方面说明人类开发土地、发展农业的能力；二是指在有限的农业用地上，生产出多少农产品，创造出多少农业效益，在质的方面说明人类利用土地、发展农业的能力。由于目前的农业用地面积已经很大，没有开发的空间，因此有限的农业用地上，生产出更多的农产品，是提高土地利用率的根本途径。农业离不开浇水、施肥、打药等农事管理，传统农业农具信息化水平低，农业信息获取技术手段落后，主要是通过人工经验的方式获取和调控环境信息，浇水、施肥、打药全凭经验，靠感觉，靠世代积累下来的传统经验发展，并把这些经验与方法一代代相传，在作物不同生长周期凭经验靠感觉"模糊"处理的问题。由于植物生长和农业环境的复杂性，主观判断有可能出现遗漏，而依靠感觉也会造成误判，难以实现温度、湿度、光照等环境的精确调控和水、肥、药等精准供给，作物产量难以实现大幅度提高。信息农具可以对农业资源环境、动植物生长信息实时监测和采集数据，获取动植物生长发育状态、病虫害、水肥状况以及相应生态环境的实时信息，并通过对农业生产过程的动态模拟和对生长环境因子的科学调控，优化农作物生长环境，从而达到提高作物产量和品质，提高土地产出率的目的。如大棚种植蔬菜时，首先，利用信息农具前端采集产品（如光照传感器、温度传感器、湿度传感器、CO_2浓度传感器等）实时监测采集大棚内部的环境数据（如光照、温度、湿度、CO_2浓度）及视频图像等信息；然后，通过网络传输到云计算中心，经过作物生长模型分析，可手动或远程自动控制智能卷帘、智能风机、喷淋滴灌、内外遮阳、顶窗侧窗、加温补光、CO_2气肥机等信息农具环控设备，保证温室大棚内环境最适宜作物生长；还可以利用病虫害模型准确预测病虫害的发生时间和程度，以便于提前做好防护措施甚至直接阻断病虫害的发生，从而保证大棚蔬菜的最佳生长环境，提高蔬菜的产量和质量。以大棚蔬菜为例，随着农业环境数据的持续累积和完善，农业精准化水平不断提高，单位面积收益增加了3~10倍。信息农具可以帮助农民科学种植，提高效益，实现农业生产的标准化、网络化、数字化，为农作物大田生产和温室精准调控提供科学依据，提高作物产量和质量，进而提高土地利用率。

信息农具提高了资源利用率。资源利用率包含两层含义：一是指各类农业资源被开发利用的比率，体现了现有农业资源开发和利用的广度；二是指农业资源开发利用的效率，它体现了农业资源开发和利用的深度，现在资源利用率一般指后者。资源深度高效的利用，一方面可以减少农业生产的投入，提高农业生产效率；另一方面，也是更重要的，可以减少资源浪费，保护农业生态环境，实现农业可持续发展。如传统经验的大水漫灌的灌溉方法，水分利用率只有40%左右，在农田灌溉中，我国大部分灌区定额高出作物实际生态需水量2~5倍，同时肥料利用率低下。信息农具水肥一体机系统可根据监测的土壤水分、养分等信息，结合作物种类的需肥规律，设置周期性自动水肥实施计划或按照用户设定的配方、灌溉过程参数自动控制灌溉量、吸肥量、肥液浓度、酸碱度等水肥过程的重要参数，实现对灌溉施肥的定时、定量控制，使肥料随着灌水进入作物根系附近，不会在深层流失，既满足了作物生长所需的水肥，充分提高水肥利用率，实现节水、节肥的效果。据统计，信息农具水肥一体化节水率30%~60%，节肥率10%~30%，利用病虫害防治模型开发的智能施药系统可节省农药15%~20%。除此之外，还避免了人工经验过度施药造成的农业生产中对其他生物带来生存危机，滥用肥料导致的土壤结构失衡和环境污染，过度灌溉会造成土壤的板结和盐碱化，从而保护生态环境安全。

信息农具提高了劳动生产率。劳动生产率是指劳动者在一定时期内创造的劳动成果与其相适应的劳动消耗量的比值。劳动生产率水平可以用同一劳动在单位时间内生产某种产品的数量来表示，单位时间内生产的产品数量越多，劳动生产率就越高；也可以用生产单位产品所耗费的劳动时间来表示，生产单位产品所需要的劳动时间越少，劳动生产率就越高。对农业而言，劳动生产率是指平均每个农业劳动者在单位时间内生产的农产品量或产值，或生产单位农产品消耗的劳动时间。随着社会的发展，越来越多的农村青壮年男性选择外出务工，使得留在农村从事农业的劳动力数量减少，年龄老化，有些地方甚至出现了季节性的劳动力短缺。农业兼业化、副业化倾向显现，农民对农业生产的某些环节无力顾及，甚至退出传统生产领域，劳动力短缺成为制约农业发展的重大问题之一。由于信息农具自动化、智能化和机械化程度远高于传统农业，能大大提高劳动生产率。从国内外的经验来看，通过信息农具可以实现一个劳动力一年种1万亩（1亩≈666.7m²，全书同）地、产1万t粮食。以设施农业为例，设施农业是一种劳动密集型的精细化农业，如卷帘操作，为保证温室内的温度，温室大棚种植过程中，每天早上必须卷起帘子以便于阳光射入温室内，提高温室内的温度，傍晚必须放下帘子，减少温室内热量的散失。仅卷帘放帘一项，每座温室每天需要1个人固定1h时间拉帘子、放帘子，现在通过信息农具手机端10min就可以完成。以前一个劳动力只能经营1~2座日光温室，通过信息农具，可以实现一个劳动力管理20~30个温室，劳动生产率大大提高。除此之外，使用信息农具劳动者无需到现场就能管理农业生产，大大减轻生产者的工作强度，经营主体借助一台电脑或一部智能手机就可时时观测棚内蔬菜生长情况，单位劳动力对日光温室的经营能力将大幅提升。

二、信息农具是推进生态、有机、绿色农业，推动农业可持续发展的有力工具

信息农具将大量的传感器节点构成监控网络，通过各种传感器采集信息，以感知为前提，实现人与人、人与物、物与物全面互联。

信息农具可以进行：①农业生产环境的实时感知和监测。通过对养殖水体溶解氧、pH值、电导率、温度、水位、氨氮、浊度、土壤水分、电导率及氮磷钾等养分传感器，动植物生产环境温度、湿度、光照度、降水量、风速风向、CO_2、H_2S、NH_2信息传感，动植物生理信息感知、RFID、条码等农业个体识别感知、作物长势信息、作物水分和养分信息、作物产量和农业田间变量信息、田间作业位置信息和农产品物流位置等信息感知，实现农业生产全过程环境及动植物生长生理信息可测可知，将数据通过移动通信网络传输给服务管理平台，为农业生产科学化、智能化决策提供可靠数据来源。②智能化管理控制。信息农具中的智能化控制体系，根据前端传感器采集的土壤湿度、空气湿度、温度等环境数据，及时地按作物需求对保温系统、自动喷灌系统等基础性设施进行调控，确保农作物拥有最佳的生长环境，同时减少水、肥、药等资源的浪费，从而能够实现农产品的优质、高产、高效。③查询功能。信息农具的软件可以实时查询温室（大棚）内的各项环境参数、历史温湿度曲线、历史机电设备操作记录、历史照片等信息；还可以查询当地的农业政策、市场行情、供求信息、专家通告、物流信息等，进行有针对性的综合信息服务。

使用信息农具，可以实现：①科学栽培。经过传感器数据剖析可推断土壤适合栽培的作物种类，经过气候环境传感器能够实时收集作物成长环境数据。②精准操控。经过布置的各种传感器，体系迅速依照作物成长的请求对栽培基地的温湿度、CO_2浓度、光照强度等进行调控。③精准高效。与传统农业栽培方法不一样，物联网农业栽培方法以主动化、智能化和长途化为基本思路，比手工栽培模式更精准更高效。④大数据。传统农业很难将栽培过程中的一切监测数据完好记录下来，而物联网农业可经过各种监控传感器和网络体系将一切监控数据保存，便于农业产业结构调整和生产管理模式优化。

信息农具可以实现农产品生产、加工、流通和消费等信息的获取，通过智能农业信息技术实现农业生产的基本要素与农作物栽培管理、畜禽饲养、施肥、植保及农民教育相结合，提升农业生产、管理、交易、物流等环节智能化程度，从而可以以最少的或最节省的投入达到同等收入或更高的收入，并改善环境，高效地利用各类农业资源，取得经济效益和环境效益。信息农具改变了传统农业中依靠经验粗放的生产经理管理模式，改善了农产品的质量与品质，调整了农业的产业结构，确保了农产品的产量和质量，高效地利用各种各样的农业资源，取得可观的经济效益和社会效益，是推进生态、有机、绿色农业的有力工具。

生态农业方面，信息农具能通过数据获取、分析和应用，按照生态学原理和经济学原理，结合现代科学技术成果和现代管理手段，以及传统农业的有效经验，建立起资源、环境、效率、效益兼顾的综合性农业生产体系，以此获得较高的经济效益、生态效益和社会效益。一方面，信息农具能提高太阳能的固定率和利用率，减少水肥药的使用，提高生物能的转化率，实现废弃物的再循环利用等，促进物质在农业生态系统内部的循环利用和多次重复利用，以尽可能少的投入，求得尽可能多的产出，并获得生产发展、能源再利用、生态环境保护、经济效益等相统一的综合性效果，使农业生产处于良性循环中。另一方面，信息农具通过传输、大数据等信息技术在农业生产、加工、流通、销售等环节和农民生活中的创新应用，转变农业发展和农民生活方式，转变农业生产者、消费者观念和组织体系结构，推进家庭农场、农民合作社、龙头企业的融合发展，完善农业社会化服务体系，建立一个有机农业与无机农业相结合的综合体和各种生产主体相融合的综合系统工程，推进生态农业的发展。

有机农业方面，信息农具有助于严格控制农药、肥料、生长调节剂和畜禽饲料添加剂等人工合成物质的使用，同时监测生产过程中有机物质（有机肥、有机饲料、有机农药）的使用情况，解决现代农业发展中过度使用人工合成化学物质带来的一系列问题，如严重的土壤侵蚀和土地质量下降，农药和化肥大量使用对环境造成污染和能源的消耗等，还有助于提高农民收入，发展农村经济，推进有机农业发展。

绿色农业方面，信息农具通过智能化的水肥控制、智能除虫、智能施药等方式，能够以"绿色环境""绿色技术""绿色产品"为主体，将传统以过分依赖化肥、农药的化学农业转变为依靠生物内在机制的生态农业，以绿色农业特定的生产方式生产并加工销售无污染的安全、优质、营养类食品，无公害农产品，绿色食品和有机食品，推进绿色农业的发展。

信息农具农业产业链中，通过智能、高效地整合信息资源、土地资源、水资源和石油资源等，优化资源配置，减少农业生产过程对环境的污染，实现物理环境与人类社会的和谐、可持续发展，以确保当代人类及其后代对农产品的需求不断得到满足，实现农业可持续发展。

三、信息农具是实现"三链重构"，加快发展"新六产"的重要物质保障

党的十一届三中全会以来，农村家庭联产承包责任制的实施曾一度调动了农民的生产积极性，又因为相对减少了农民上缴公粮的数量，农民的生活水平一度得到了较大的改善。政府对乡镇企业的建设热情，又一度吸引了农村剩余劳动力，增加了部分农民群众的非农业收入。因此，在20世纪80年代，农业和农村改革让农民群众得到了实惠。但是，在90年代，农村各种提留、各种税费，又几乎迅速从农民腰包里掏光了这些"改革红利"。2006年，国家正式取消农业税，然而，被取消农业税后的农民发现从事农业生产已经越来越不挣钱，甚至成了赔本的行当。于是，近年来农村大片土地被荒置，很少有人愿意留在农村用传统方式进行农业生产。为了节省人工成本，喷施除草剂代替了锄草，纯施化肥代替了混施农家肥；为了追求产量而过量施用化肥、滥用激素，不仅降低了农产品的品质，而且造成了土地退化、水体富营养化；为减少病虫害损失，滥用农药已经引起全社会相当普遍的农产品安全危机感。同时，国家进口的粮食等农产品也越来越多，引起了国家的粮食安全问题。除了食品安全、粮食安全问题，农村土地分散经营与现代生产力发展水平不适应的问题也越来越突出，严重制约着农业机械化、现代节水灌溉技术、绿色生态农业技术的应用。总之，经过多年的发展，我们国家农业经过了"十二连增"，应该说总量问题得到了比较好的解决。但是，随着城镇化加快、人们的消费结构和水平也明显提高，人们对优质、绿色的农产品需求越来越旺盛，造成一般的农产品不缺，但是优质、绿色农产品紧缺，有的品种供大于求，但有的品种供给不足，供求关系不均衡问题，农业产业结构中仍存在突出的结构性矛盾突出问题。从国际上看，我国农业发展也面临着严峻的国际竞争，因此进行"三链重构"，发展"新六产"势在必行。"三链重构""新六产"，从本质上讲就是把新技术、新业态和新模式引入农业，实现产业链延伸、价值链提升、供应链贯通，就是"三链重构""新六产"。产业链延伸，即1+2+3，第一产业接二连三向后延伸；第二产业接一连三双向延伸；第三产业接二连一向前延伸。价值链提升，即$1 \times 2 \times 3$，一产的1份收入，经过二产加工增值为2份收入，再通过三产的营销服务形成3倍效益，综合起来是6份收入，产生乘数效应。供应链贯通，就是产销直接对接，减少流通环节。

延伸产业链离不开信息农具。要突破三产界限，延伸农业链条，拓展农业产业功能，提升农业发展内涵离不开信息化的数据支撑。以信息化的思路发展农业，推动了农业与工业融合发展。用发展工业信息化的理念发展农业信息化，把初级有机产品加工成食材，推动一产连接二产，促进生产环节由传统种植、养殖向深加工方向转变。通过网络，可以有效使传统农业与休闲农业、观光农业与文化旅游产业等深度融合，打造农业产业化经营"升级版"。

提升价值链离不开信息农具。信息农具可以生产出优质、生态、绿色、安全的农产品，为产品质量安全保驾护航。在蔬菜大棚种植过程中，过去大棚土壤由于过量浇水、施肥和用药，不仅使农产品有毒有害物质残留超标，影响销售价格，还浪费了资源，污染了土壤。利用信息农具，智能监测与调控大棚内的光、温、水、肥、气等参数，按照作物的需求，合理的浇水、施肥和喷洒农药，并把每个过程都记录下来，通过信息农具生产出的有机农产品，既提高了产量也提高了质量，即使单卖这些初级产品也比普通产品值钱，并且有助于拓展产品的销售市场。信息农具还降低了农产品的生产成本，全智能化的作物种植设计，一旦设定监控条件，可完全自动化运行，不需要人工干预。同时农田信息的获取和联网，还能够实现自然灾害监测预警，帮助用户实现对农业设施的精准控制和标准化管理，全面实现农业信息的即时传输与实时共享，减少人工投入，降低成本。信息农具平台中的产品质量追溯系统通过在生产环节给农产品本身或货运包装中加装RFID电子标签，并在运输、仓储、销售等环节不断添加、更新信息，从而搭建的农产品安全溯源系统，加强了农业生产、加工、运输到销售等全流程数据共享与透明管理，实现农产品全流程可追溯，提高了农业生产的管理效率，促进了农产品的品牌建设，提升了农产品的附加值。

贯通供应链离不开信息农具。信息农具充分利用互联网的易用性、广域性和互通性，为从事涉农领域的生产经营主体提供在网上完成产品或服务的销售、购买和电子支付等服务，以电商为核心的新型供应链，使农业生产者与消费者面对面，减少流通环节，实现产销直接对接，促进农业全环节升级、全链条升值。另一方面，将智能化、信息化、数据化、可视化、一体化的理念融入到农产品冷链物流中，农产品冷链物流运输过程中全程温控、车辆跟踪、货物查询等功能，实现农产品运输过程从田头到餐桌、从初级产品到终端消费的无缝对接。通过完善的电商平台和冷链物流服务，使农民直接享受到第三产业带来的收益。如截止到2017年年底，山东省特色农产品在线经营企业和商户达到10万多家，全年农产品电子商务交易额约600亿元，网络零售额约100亿元，建成淘宝村108个、淘宝镇12个，培育了"农商1号""点豆""杞农云商"等知名农产品电商平台，农民收益大幅度提高。

做优"新六产"离不了信息农具。运用信息农具各类传感器、RFID、视觉采集终端等感知设备，广泛的采集大田种植、设施园艺、畜禽水产、农产品物流等领域的现场信息，通过建立数据传输和格式转换的方法，充分利用无线传感器网络、电信网和互联网等多种现代信息传输通道，实现农业信息的多尺度的可靠传输，最后将获取的海量农业信息进行融合、处理，并通过智能化操作终端实现农业的自动化生产、最优化控制、智能化管理、系统化物联、电子化交易。信息技术推动农业发展向集约型、规模化转变，提升农业现代化水平，包括实现以人力为中心的生产模式转向以信息和软件为中心的生产模式，从而不断提高农业资源利用率和劳动生产率，并不断改造传统农业、提升农业现代化水平，此外，还可以利用传感器节点构成的监控网络实现自动化、智能化、远程控制，从而提高流通组织化程度的目的，促进农业电子商务和现代物流发展，促进农业生产、经营、管理、服务全产业链的深度融合。

第二章　信息农具的前端产品——感知与控制

第一节　农业环采设备

一、农业环境单参数无线采集节点

随着现代信息技术的发展，农业信息远程测控的现代化、智能化程度不断增强，新型的农业信息远程测控系统，可在大面积的作物生产现场布置信息采集的传感器节点及执行器节点。

通过对温室内的空气温湿度和土壤温湿度等参数进行连续监测和采集，形成量化数据。根据采集的数据总结出作物生长所需的最佳环境，通过本地监控系统和远程监控系统实现自动调节，以创造满足作物生长环境的需求。

气候是长时间内气象要素和天气现象的平均或统计状态，时间尺度为月、季、年、数年到数百年以上。农田气候一般指距农田地面几米内的空间气候，是各种动物、植物和微生物赖以生存的空间气候。农田气候要素包括太阳辐射、大气温度、大气湿度、风速等。农田气候随时间、地点、空间发生变化，对农田作物的生长、发育与产量影响巨大。采集与处理农田气候信息，以便对农业生态环境进行模拟、调节和控制。

（一）空气温湿度无线传感节点

空气温湿度在作物生长的不同阶段均对植株的生长有重要影响，传统设施农业生产中，生产管理者通过手持温湿度测量仪对设施内部空气温室度进行测定，传统的监测方式效率低下。

空气温湿度无线传感节点（图2-1），能够对农业环境空气温湿度进行实时在线监测；代替了传统低效的空气温湿度测控手段，让远程查看、分析数据更加方便；能够对空气温湿度进行实时的采集，并进行数据传输，方便使用者远程查看、使用数据。

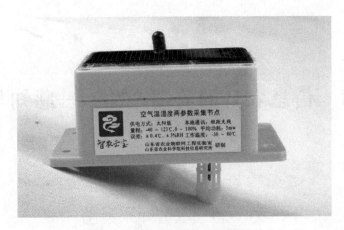

图2-1 空气温湿度无线传感节点

1. 产品功能及技术指标

（1）功能要点。

●数据采集：实时监测温室大棚内空气温湿度数据；

●电量信息采集：实时获取设备电池剩余电量信息；

●数据组包：按既定通信协议对空气温湿度、剩余电量等数据组包传输；

●数据校验：数据包的组包过程中含有数据校验信息，确保数据传输过程中数据不出现任何错误；

●无线通信：将按既定协议组包的采集数据，通过SI4432无线通信模块与网关节点通信，将组包数据上传至网关节点；

●错误处理：若程序因内在或外界因素跑飞，系统可通过看门狗程序实现系统的重启，保证系统长时间在线。

（2）产品特色。

●集成光电转换模块及锂电池，实现光能供电，无需市电供应；

●集成无线模块，实现无线传输，无需电缆连接；

●附带可变高度不锈钢立杆及支架，立杆插地式安装，在棚内任意位置即插即用，安装、使用方便灵活。

（3）技术指标。

●温度测量范围：-40～60℃；

●温度测量精度：±0.4℃；

●湿度测量范围：0～100%RH；

●湿度测量精度：±3%RH；

●工作环境：-30～80℃，0～95%RH；

●供电方式：太阳能供电，3.7V 2 000mAh锂电；

●通信方式：433MHz无线通信；

●功耗性能：平均功耗≤5mW，至少支持连续7个阴雨天正常工作；

●外形尺寸：132mm×69.5mm×63mm（长、宽、高，不含外部天线及传感器）；

●安装方式：可变高度不锈钢立杆插地式安装或吊装。

2. 技术原理

农业环境单参数无线传感节点均由传感器数据采集模块、数据通信模块、单片机功能模块、电源模块4部分组成。各个节点的信息采集模块根据不同的传感器应用不同的处理电路，数据通信模块、单片机功能模块、电源模块一致，该部分技术原理在后续章节不再赘述。

（1）电源模块。根据传感节点的现场应用环境，选用太阳能板充电的锂电池作为系统的心脏，提供稳定、充足的电能以确保整个系统安全、可靠运行。锂电池具有能量密度大（重量轻、体积小），使用寿命长，环保等优点。锂电池容量为3.7V/1 500mAh。可连续支持系统在7个阴雨天条件下正常工作。

（2）单片机功能模块。单参数传感节点需要长期在设施生产环境下工作，对可靠性以及功耗要求较高。德州仪器（TI）公司MSP430系列超低功耗微控制器的主要优点是超低功耗和丰富的片上集成功能，非常适合信号采集、电池供电设备等应用领域。考虑到系统所需的I/O口数量、Flash容量及测量精度等因素，选用MSP430G2553作为系统主控芯片。

（3）数据通信模块。SI4432是Silicon Labs公司推出的一款完整的、体积小巧的、低功耗无线收发模块，可工作在240~960MHz频段范围内，且最大输出功率可以达到+20DBm，设计良好时收发距离最远可达2km。SI4432可适用于无线数据通信、无线遥控系统、小型无线网络、小型无线数据终端等领域。产品采用433MHz无线通信，节点布控较为简单。

（4）空气温湿度传感器。SHT11传感器是一款含有已校准数字信号输出的温湿度复合传感器。它应用专利的工业CMOS过程微加工技术，具有极高的可靠性与卓越的长期稳定性。传感器包括一个电容式聚合体测湿原件和一个能隙式测温元件，具有数字式输出、免调试、免标定、测量精度高、响应速度快、抗干扰能力强、免外围电路及全互换的特点，满足设施蔬菜领域需要。

其中，温度传感器（Temp Sensor）采用由能隙材料制成的温度敏感元件，湿度传感器（%RH Sensor）采用电容性聚合体湿度敏感元件，2个传感器输出的信号被放大后送入一个14位ADC，转换成数字信号再送给I2C总线接口，最后通过I2C接口以串行方式输出。校验存储器（Calibration Memory）存储在恒湿或恒温环境下的校准系数，用于测量过程中的非线性校准。

空气温湿度参数采集流程如图2-2所示。

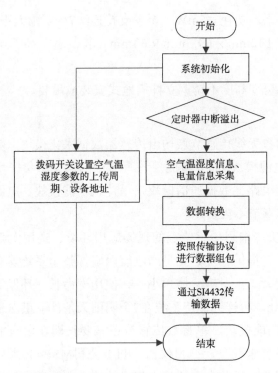

图2-2 空气温湿度参数采集流程

拨码开关设置上传周期，上传时间到达后，单片机读取SHT11依次发送的空气温度、湿度数据，处理后转换成温湿度值。之后采集电池电量信息，根据传输协议将数据打包上传，完成一次数据的采集，同时等待下一次时间的到来。

该产品的主要功能是对农业现场的空气温湿度数据以及提供电能的电池电量信息进行实时采集，并传输到网关节点。

（二）土壤水分无线传感节点

土壤水分无线传感节点（图2-3），能够对土壤水分进行实时的采集，并进行数据传输，方便使用者远程查看、使用数据。能够对农业环境土壤水分在线实时监控；代替了传统低效的土壤水分测控手段，让远程查看、分析数据更加方便；农业环境土壤水分无线采集节点采用433MHz无线通信，太阳能供电，节点布控较为简单。

1.产品功能及技术指标

（1）功能要点。

●数据采集：实时监测作物生长环境中的土壤含水量数据；

●电量信息采集：实时获取设备电池剩余电量信息；

●数据组包：按既定通信协议对土壤水分、剩余电量等数据组包传输；

●数据校验：数据包的组包过程中含有数据校验信息，确保数据传输过程中数据不出现任何错误；

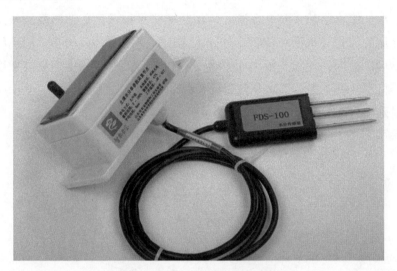

图2-3　土壤水分无线传感节点

●无线通信：将按既定协议组包的采集数据，通过SI4432短距离无线通信与网关节点通信，将组包数据上传至网关节点；

●错误处理：若程序因内在或外界因素跑飞，系统可通过看门狗程序实现系统的重启，保证系统长时间在线。

（2）产品特色。

●集成光电转换模块及锂电池，实现光能供电，无需市电供应；

●集成无线模块，实现无线传输，无需电缆连接；

●附带可变高度不锈钢立杆及支架，立杆插地式安装，在棚内任意位置即插即用，安装、使用方便灵活。

（3）技术指标。

●测量范围：0～100%（m^3/m^3）；

●测量精度：±3%（m^3/m^3）；

●探针材料：不锈钢；

●工作环境：−30～80℃，0～100%RH；

●供电方式：太阳能供电，3.7V 2 000mAh锂电；

●通信方式：433MHz无线通信；

●稳定时间：通电后1s内；

●功耗性能：平均功耗≤8mW，支持连续7个阴雨天正常工作；

●外形尺寸：132mm×69.5mm×63mm（长、宽、高，不含外部天线及传感器）；

●安装方式：可变高度不锈钢立杆插地式安装或吊装。

2. 技术原理

土壤水分传感器基于介电理论并运用频域测量技术，能够精确测量土壤和其他多孔介质的体积含水量。传感器外壳采用工程塑料、环氧树脂（黑色阻燃）密封制成，可以长期深埋在土壤中而不会受到损坏，具有高精度、高灵敏度、防水性能好等特点，可实现土壤水分含量的长期动态连续监测。

数据采集、处理及上传流程如图2-4所示。

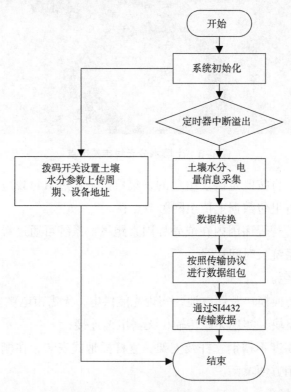

图2-4　土壤水分参数采集流程

土壤水分传感器上传数据为4～20mA信号，在电路中首先被转换成电压信号，接入单片机的AD接口。拨码开关可以设置上传周期，上传时间到达后，单片机采集AD信号，过滤、处理后转换成温度值，根据传输协议将数据打包上传，完成一次数据的采集，同时等待下一次时间的到来。

该产品的主要功能是对农业现场的土壤水分数据以及提供电能的电量信息进行实时采集，并传输到网关节点。

（三）土壤温度无线传感节点

土壤温度无线传感节点（图2-5）实时精确采集监测作物生长环境中的土壤温度数据。集成光电转换模块，实现光能供电，无需市电供应；集成无线模块，实现无线传输，无需电缆连接。即插即用，安装、使用方便灵活。

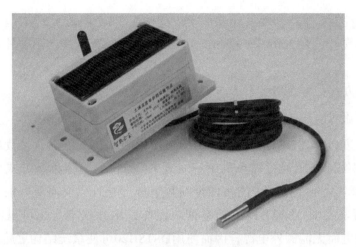

图2-5 土壤温度无线传感节点

1. 产品功能及技术指标

（1）功能要点。

● 数据采集：实时监测作物生长环境中的土壤温度数据；

● 电量信息采集：实时获取电池剩余电量信息；

● 数据组包：按既定通信协议对土壤温度、剩余电量信息组包传输；

● 数据校验：数据包的组包过程中含有数据校验信息，确保数据传输过程中数据不出现任何错误；

● 无线通信：将按既定协议组包的采集数据，通过SI4432短距离无线通信与网关节点通信，将组包数据上传至网关节点；

● 错误处理：若程序因内在或外界因素跑飞，系统可通过看门狗程序实现系统的重启，保证系统长时间在线。

（2）产品特色。

● 集成光电转换模块及锂电池，实现光能供电，无需市电供应；

● 集成无线模块，实现无线传输，无需电缆连接；

● 附带可变高度不锈钢立杆及支架，立杆插地式安装，在棚内任意位置即插即用，安装、使用方便灵活。

（3）技术指标。

● 测量范围：-10~60℃；

● 测量精度：±0.5℃；

● 探针材料：不锈钢；

● 通信方式：433MHz无线通信；

● 供电方式：太阳能供电，3.7V 2 000mAh锂电；

● 工作环境：-30~80℃，0~100%RH；

●功耗性能：平均功耗≤5mW，至少支持连续7个阴雨天正常工作；

●外形尺寸：132mm×69.5mm×63mm（长、宽、高，不含外部天线及传感器）；

●安装方式：可变高度不锈钢立杆插地式安装或吊装。

2. 技术原理

土壤温度传感器DS18B20与传统的热敏电阻相比，能够直接读出被测温度并且可根据实际要求通过简单的编程实现9～12位的数值读数方式，可以分别在93.75ms和750ms内完成9位和12位的数字量。并且，仅需要一根总线（单线接口）即可实现对DS18B20的信息读写操作，单总线本身也可以向所挂接的DS18B20供电而无需额外电源，因而使用DS18B20可使系统结构更趋简单，可靠性更高。

土壤温度参数采集流程如图2-6所示。

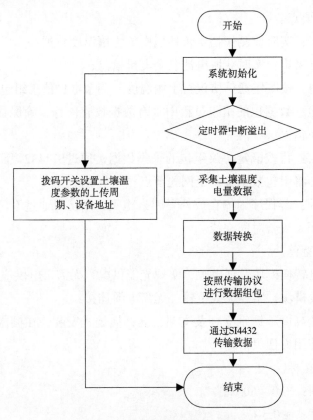

图2-6　土壤温度参数采集流程

根据DS18B20的传输特点，MCU根据设定的时间（拨码开关设置上传周期）读取DS18B20的数据，转换成温度值，之后读取电池电量信息，按照协议将数据打包传输给网关节点，完成一次数据的采集。

该产品的主要功能是对农业现场的土壤温度数据以及提供电能的电量信息进行实时采集，并传输到网关节点。

（四）CO_2浓度无线传感节点

CO_2浓度无线传感节点（图2-7），实时精确采集监测作物生长环境中的CO_2气体浓度数据。集成光电转换模块，实现光能供电，无需市电供应；集成无线模块，实现无线传输，无需电缆连接。即插即用，安装、使用方便灵活。

图2-7　CO_2浓度无线传感节点

1. 产品功能及技术指标

（1）功能要点。

● 数据采集：实时监测作物生长环境中的CO_2气体浓度数据；

● 电量信息采集：实时获取电池剩余电量信息；

● 数据组包：按既定通信协议对CO_2浓度、剩余电量信息组包传输；

● 数据校验：数据包的组包过程中含有数据校验信息，确保数据传输过程中数据不出现任何错误；

● 无线通信：将按既定协议组包的采集数据，通过SI4432短距离无线通信与网关节点通信，将组包数据上传至网关节点；

● 错误处理：若程序因内在或外界因素跑飞，系统可通过看门狗程序实现系统的重启，保证系统长时间在线。

（2）产品特色。

● 集成光电转换模块及锂电池，实现光能供电，无需市电供应；

● 集成无线模块，实现无线传输，无需电缆连接；

● 附带可变高度不锈钢立杆及支架，立杆插地式安装，在棚内任意位置即插即用，安装、使用方便灵活。

（3）技术指标。

● 测量范围：0 ~ 10ml/L；

● 测量精度：± 0.03ml/L；

● 工作环境：0 ~ 50℃，0 ~ 95%RH；

● 通信方式：433MHz无线通信；

● 供电方式：太阳能供电，3.7V 2 000mAh锂电；

● 功耗性能：平均功耗≤8mW，支持连续7个阴雨天正常工作；

● 外形尺寸：132mm × 69.5mm × 63mm（长、宽、高，不含外部天线及传感器）；

● 安装方式：可变高度不锈钢立杆插地式安装或吊装。

2. 技术原理

CO_2浓度传感器具有0.5 ~ 4.5V模拟线性电压信号输出，浓度越高电压越高。也可通过串口UCHAR输出，串口UCHAR信号可直接接单片机IO口。采用NDIR红外技术对CO_2具有很好的选择性；模块重量轻、体积小巧、使用安装方便，具有使用寿命长、稳定性高、响应快等特点。

CO_2浓度传感节点工作流程如图2-8所示。

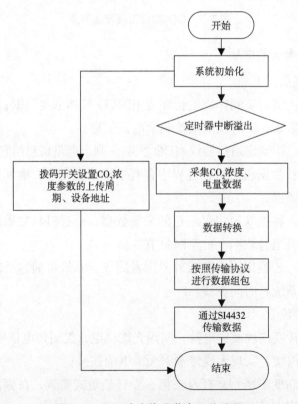

图2-8　CO_2浓度传感节点工作流程

根据CO_2浓度的传输特点，MCU按照一定周期读取传感器的数据，转换成CO_2浓度值，之后读取电池剩余电量，按照协议将数据组包传输给网关节点，完成一次数据的采集。

（五）光照强度无线传感节点

光照强度无线传感节点（图2-9），实时精确采集监测作物生长环境中的光照强度数据。集成光电转换模块，实现光能供电，无需市电供应；集成无线模块，实现无线传输，无需电缆连接。即插即用，安装、使用方便灵活。

图2-9 光照强度无线传感节点

1. 产品功能及技术指标

（1）功能要点。

●数据采集：实时监测作物生长环境中的光照强度数据；

●电量信息采集：实时获取电池剩余电量信息；

●数据组包：按既定通信协议对光照强度、剩余电量信息组包传输；

●数据校验：数据包的组包过程中含有数据校验信息，确保数据传输过程中数据不出现任何错误；

●无线通信：将按既定协议组包的采集数据，通过SI4432短距离无线通信与网关节点通信，将组包数据上传至网关节点；

●错误处理：若程序因内在或外界因素跑飞，系统可通过看门狗程序实现系统的重启，保证系统长时间在线。

（2）产品特色。

●集成光电转换模块及锂电池，实现光能供电，无需市电供应；

●集成无线模块，实现无线传输，无需电缆连接；

●附带可变高度不锈钢立杆及支架，立杆插地式安装，在棚内任意位置即插即用，安装、使用方便灵活。

（3）技术指标。

● 测量范围：0 ~ 65 535lx

● 最小分辨率：1lx

● 通信方式：433MHz无线通信；

● 供电方式：太阳能供电，3.7V 2 000mAh锂电；

● 工作环境：−30 ~ 80℃，0 ~ 100%RH；

● 功耗性能：平均功耗≤5mW，至少支持连续7个阴雨天正常工作；

● 外形尺寸：132mm×69.5mm×63mm（长、宽、高，不含外部天线及传感器）；

● 安装方式：可变高度不锈钢立杆插地式安装。

2. 技术原理

BH1750是一种用于两线式串行总线接口的数字型光照强度传感器集成电路。利用其高分辨率可以探测较大范围的光照强度变化（1 ~ 65 535lx）。传感器内置16bitAD转换器，直接数字输出，省略复杂的计算，省略标定，不区分环境光源，接近于视觉灵敏度的分光特性，可对设施蔬菜种植环境下的光照强度进行1lx的高精度测定。

光照强度参数采集流程如图2-10所示。

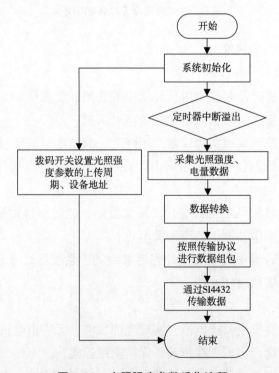

图2-10 光照强度参数采集流程

BH1750与MCU为SPI通信，拨码开关可以设置数据上传周期，MCU读取光照值及剩余电量值，重新组包，通过443MHz无线通信上传至网关节点。

二、农业环境多参数无线传感节点

不同于单参数无线传感节点分散式独立安装的特点，农业环境多参数无线传感节点（图2-11）将空气温室度、土壤温度、土壤水分、光照强度、CO_2浓度等设施蔬菜环境的常规六参数集成到一起，通过液晶屏本地实时显示，同时通过433MHz无线通信的方式，将六参数数据上传到网关节点。

图2-11 农业环境多参数无线采集节点

1.产品功能及技术指标

（1）功能要点。

● 数据采集：实时监测作物生长环境中的常规六参数数据；

● 电量信息采集：实时获取电池剩余电量信息；

● 数据组包：按既定通信协议对六参数、剩余电量信息组包传输；

● 数据校验：数据包的组包过程中含有数据校验信息，确保数据传输过程中数据不出现任何错误；

● 无线通信：将按既定协议组包的采集数据，通过SI4432短距离无线通信与网关节点通信，将组包数据上传至网关节点；

● 错误处理：若程序因内在或外界因素跑飞，系统可通过看门狗程序实现系统的重启，保证系统长时间在线。

（2）产品特色。

● 集成无线模块，实现无线传输，无需电缆连接；

● 附带可变高度不锈钢立杆及支架，立杆插地式安装。

（3）技术指标。

●核心处理器：ARM Cortex-M3内核，36MHz；

●通信方式：433MHz无线；

●本地显示：LED液晶屏；

●工作温度：−10~60℃，0~95%RH；

●供电方式：AC220V；

●安装方式：可变高度不锈钢立杆插地式安装。

2. 技术原理

空气温湿度传感器、土壤温度传感器与中央处理器通过IIC总线方式通信，光照强度传感器与中央处理器为SPI通信，土壤水分传感器、CO_2浓度传感器输出为模拟信号，接入中央处理器的AD接口。中央处理器按照设置好的采集周期，定时采集六参数数据，在液晶屏上实时显示，同时通过433MHz无线传输到网关节点。

多参数无线传感节点工作流程如图2-12所示。

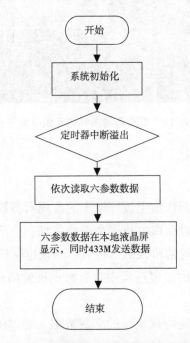

图2-12　多参数无线采集节点工作流程

三、无线网关节点

无线网关节点（图2-13）通过无线传输方式连接各无线采集节点，实现数据汇集和转发；将采集数据实时上传至山东省农业物联网云服务平台；同时可接收云平台下传的控制指令，实现反馈控制。

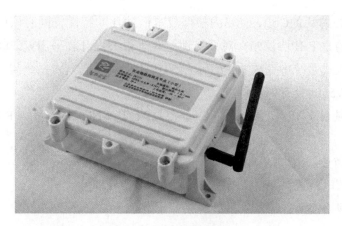

图2-13　无线网关节点

1.产品功能及技术指标

（1）功能要点。

●采集棚内各无线传感节点的数据，实现数据汇集和转发；

●本地与远程双向传输，即时转发上行数据与下行指令；

●自动连接至山东省农业物联网云服务平台（智农云平台），将采集的数据实时上传至云平台，并接收云平台下传指令，实现反馈控制；

●附带可变高度不锈钢立杆及支架，立杆插地式安装，在棚内任意位置即插即用，安装、使用方便灵活。

（2）技术指标。

●核心处理器：ARM Cortex-M3内核，36MHz；

●本地通信方式：433MHz无线通信（采集）+RS485有线通信（控制）；

●远程通信方式：以太网/GPRS；

●数据采集频率：可进行远程设置和调整；

●工作环境：-40～80℃，0～100%RH；

●供电方式：AC220V；

●防护等级：IP65；

●外形尺寸：163mm×145mm×72mm（长、宽、高，不含外部天线）；

●安装方式：立杆插地或壁挂安装。

2.技术原理

无线网关节点有信息采集模块、数据通信模块、单片机功能模块、电源模块4部分组成。

为实现直接联入以太网，与其他联网的设备实现数据共享的目的。无线网关节点采用STM32微控制器和W5500芯片搭建的网络系统，结构简单、易于实现，该嵌入式以太网系统是基于STM32芯片与W5500高速以太网控制芯片的，它充分发挥了STM32芯片的Cortex-M3内核低成本低功耗的特性，同时该设计直接使用W5500固化的TCP/IP协议站，对系统性能有了很大提升。采用W5500以太网接口芯片，在嵌入式系统中完成TCP/IP通信的功能，实现嵌入式系统与以太网网络的互联互通。W5500具有如下特点。

●支持硬件TCP/IP协议：TCP，UDP，ICMP，IPv4，ARP，IGMP，PPPoE；

●支持8个独立端口（Socket）同时通信；

●支持掉电模式；

●支持网络唤醒；

●支持高速串行外设接口（SPI模式0，3）；

●内部32k字节收发缓存；

●内嵌10BaseT/100BaseTX以太网物理层（PHY）；

●支持自动协商（10/100-Based全双工/半双工）；

●不支持IP分片；

●3.3V工作电压，I/O信号口5V耐压；

●LED状态显示（全双工/半双工，网络连接，网络速度，活动状态）。

无线网关节点工作流程如图2-14所示。

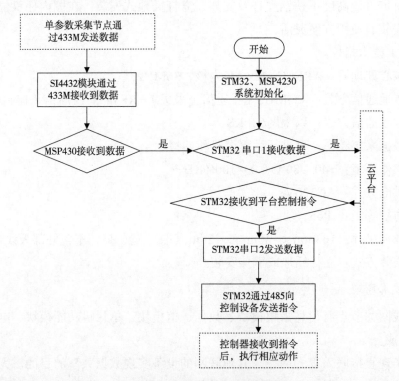

图2-14　无线网关节点工作流程

四、农业环境多参数采传一体节点

在农业领域需要实时检测大田、果园环境信息（空气温湿度、光照强度、风向、风速）和土壤墒情信息（土壤水分、土壤温度）。海水或淡水养殖，需要实时采集水上气象参数（空气温湿度、光照强度、风速、风向）和水下水质参数（溶解氧浓度、水温、盐度）。农业环境多参数采传一体节点（图2-15）是一款可同时监测大田、果园环境信息及水上信息的多功能采传一体设备，具有自动采集、自动记录、远程通信等功能。

图2-15　农业环境多参数采传一体节点

1. 产品技术指标

（1）主要技术指标。

●以太网远程传输，即时转发上行数据；

●可远程设置和调整数据采集频率；

●本地RS485通信，标准MODBUS协议；

●可接入8路支持RS485通信传感器；

●IP65防水壳体，AC220V市电供电；

●可变高度不锈钢立杆插地安装。

（2）空气温湿度参数指标。

●温度测量范围：-40～60℃；

●温度测量精度：±0.4℃；

●温度测量范围：0～100%RH；

●湿度测量精度：±3%RH；

● 工作温度：-40 ~ 85℃；

● 供电方式：DC12V；

● 功耗性能：平均电流≤1mA；

● 通信方式：RS485通信。

（3）光照强度参数指标。

● 量程范围：0 ~ 200 000lx；

● 测量精度：±5%；

● 工作环境：-20 ~ 55℃，0 ~ 95%RH；

● 工作电压：DC12 ~ 24V；

● 工作电流：约5mA；

● 通信方式：RS485通信。

（4）土壤温度参数指标。

● 测量范围：-40 ~ 60℃；

● 测量精度：±0.5℃；

● 供电方式：DC12V；

● 通信方式：RS485通信。

（5）土壤水分参数指标。

● 测量范围：0 ~ 100%；

● 测量精度：±3%（m^3/m^3）；

● 工作温度：-10 ~ 60℃；

● 供电方式：DC12V；

● 稳定时间：通电后1s内；

● 探针材料：不锈钢；

● 通信方式：RS485通信。

（6）其他参数指标：略。

2. 技术原理

该设备由传感器、数据采集器和嵌入式系统3部分组成。设备采用模块化设计，可根据用户需要（测量的环境要素）灵活增加或减少相应的模块和传感器，任意组合、方便快捷的满足各类用户的需要。与云平台相连可分项查看数据，按需要生成图表实现统计分析和准确预报。

该节点（主设备）与传感器（从设备）之间通过基于RS485的Modbus-RTU进行通信。当Modbus主设备想要从一台从设备得到数据的时候，主设备发送一条包含该从设备站地址、所需要的数据以及一个用于检测错误的CRC校验码。所有其他设备都可以接收到这条信息，但是只有地址被指定的从设备才会作出反应。接收端根据同样的规则校验，以确定传送是否出错。

基于RS485的Modbus-RTU通信协议通信数据包格式为：

0xaa	设备地址	功能类型	数据长度	数据高位	数据地位	校验码

农业环境多参数采传一体化节点数据采集流程如图2-16所示。

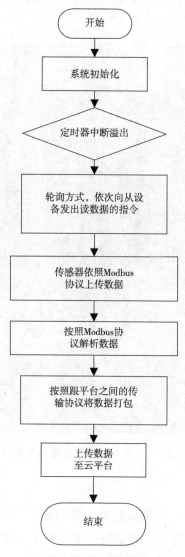

图2-16　"智农云宝"多参数采传一体节点

"智农云宝"多参数采传一体节点根据设置的采集时间以轮询方式询问各传感器，各传感器收到指令后上传相应数据，多参数采传一体节点依照与平台间的协议，对数据进行解析、从组、打包、上传，完成数据的采集。

该设备具有技术先进、测量精度高、数据容量大、运行稳定可靠等突出优点，可广泛用于农业科技园区、试验基地、家庭农场等单位。

五、农业环境气象信息采集站

农业环境气象信息采集站（图2-17）是一款集农田气象环境数据采集、存储、传输和管理于一体的物联网采集系统，按照世界气象组织WMO气象标准研制开发，可同时监测空气温度、空气湿度、光照强度、土壤温度、土壤水分、风速、风向、雨量等诸多要素，具有自动采集、自动记录、实时时钟、远程通信等功能。

图2-17　农业环境气象信息采集站

1. 主要功能

该设备由气象传感器、气象数据采集器和嵌入式软件3部分组成。设备采用模块化设计，可根据用户需要（测量的气象要素）灵活增加或减少相应的模块和传感器，任意组合、方便快捷的满足各类用户的需要。与云平台相连可分项查看数据，按需要生成图表实现统计分析和准确预报；通过手机App软件可以随时随地掌握气象变化情况。

2. 产品技术指标

（1）主要技术指标。

●核心处理器：ARM Cortex-M3内核，36MHz；

●远程通信方式：以太网；

●本地通信方式：RS485总线；

●采集频率：可进行远程设置和调整；

●工作温度：−40～60℃；

●供电方式：AC220V。

（2）空气温湿度参数指标。

●温度测量范围：−40～60℃；

●温度测量精度：±0.4℃；

●湿度测量范围：0～100%RH；

●湿度测量精度：±3%RH；

●供电方式：DC12V；

●功耗性能：平均电流≤1mA；

●采用13层百叶箱壳体：内径Φ61mm，外径Φ138mm；

●通信方式：RS485通信。

（3）土壤温度参数指标。

●测量范围：−10～60℃；

●测量精度：±0.5℃；

●供电方式：DC12V；

●通信方式：RS485通信。

（4）土壤水分参数指标。

●测量范围：0～100%；

●测量精度：±3%（m^3/m^3）；

●工作温度：−10～60℃；

●供电方式：DC12V；

●稳定时间：通电后1s内；

●探针材料：不锈钢；

●通信方式：RS485通信。

（5）光照强度参数指标。

●量程范围：0～200 000lx；

●测量精度：±5%；

●工作电压：DC12～24V；

●工作电流：约5mA；

●工作环境：−20～55℃，0～95%RH；

●通信方式：RS485通信。

（6）风速参数指标。

● 量程范围：0～30m/s；

● 启动风力：≥1级风；

● 工作电压：DC12～24V；

● 通信方式：RS485通信；

● 工作环境：−20～50℃，0～95%；

● 安装方式：水平支架安装，确保风速数据准确。

（7）风向参数指标。

● 量程：0～360º；

● 启动风力：≥0.8m/s；

● 工作电压：DC12～24V；

● 通信方式：RS485通信；

● 平均功耗：≤300mW；

● 工作环境：−20～55℃，0～95%；

● 安装方式：水平支架安装，确保风向数据准确。

（8）雨量参数指标。

● 测量范围：0～4mm/min；

● 分辨率：0.2mm；

● 测量误差：±3%（测试雨强2mm/min）；

● 通信方式：RS485通信；

● 工作电压：DC12～24V；

● 工作环境：−10～80℃，0～95%；

● 承水口径：ϕ200mm+0.6mm，外刃口角度45º；

● 安装方式：水平支架安装，确保雨量数据准确。

（9）其他参数指标：略。

3. 技术原理

气象信息采集站由传感器、数据采集器和嵌入式系统3部分组成。气象信息采集站（主设备）与传感器（从设备）之间通过基于RS485的Modbus-RTU进行通信。当Modbus主设备想要从一台从设备得到数据的时候，主设备发送一条包含该从设备站地址、所需要的数据以及一个用于检测错误的CRC校验码。总线上所有其他设备都可以接收到这条信息，但是只有地址被指定的从设备才会作出反应。接收端根据同样的规则校验，以确定传送是否出错。

气象信息采集站工作流程如图2-18所示。

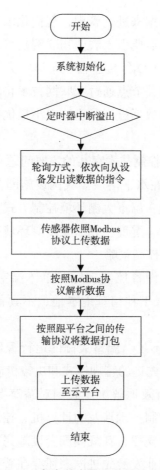

图2-18 气象信息采集站工作流程

气象信息采集站根据设置的采集时间以轮询方式询问各传感器，各传感器收到指令后上传相应数据，气象信息采集站依照与平台间的通信协议，对数据进行解析、重组、打包、上传，完成数据的采集。

该产品具有技术先进、测量精度高、数据容量大、运行稳定可靠等突出优点，可广泛用于农业科技园区、试验基地、专业合作社、家庭农场等。

第二节 农业环控设备

一、温室大棚一体化控制器

我国是人口大国，对蔬菜等农产品的需求量大，为了打破季节性和地域性对蔬菜种植的影响，很多地方已经采用温室大棚等设施类型进行生产。目前温室大棚生产大部分还处于粗放式管理阶段，设施内的灌溉、光照、施肥等大多依照传统的种植经验，没有精确数据来进行管理，现代化水平远远落后于发达国家。要实现温室大棚的精细管理，需要引入农业物联网技术，充分利用空气温湿度、土壤温度、土壤水分、光照、CO_2 等传感器收集温室大棚信息，通过无线通信技术将数据传到网关节点上，网关节点通过互联网技术将底层数据传送到上层应用程序中，应用程序根据得到的数据进行分析，得出最优控制策略，从而达到精确控制温室大棚环境的目的。

目前我国温室大棚环境控制技术存在的主要问题有如下几方面。

（1）温室大棚环境调控水平落后。我国设施园艺以日光温室和塑料大棚为主，结构简易，设施水平低，温室大棚环境控制方式大多采用手动机械操作和单因子自动控制方式，对温度、湿度、光照强度等环境因子的调控能力弱，缺乏综合考虑多种环境因子的先进控制策略。

（2）网络化程度低。设备控制多针对单体温室大棚，缺乏对温室群的集中监控；温室大棚监控局限于种植基地本地，不具备基于广域网络的远程监控功能。

（3）生产过程科学性不足。温室大棚的运行管理和栽培技术获取停留在依靠经验管理的水平上，缺乏先进的管理模式和决策机制。

温室大棚的广泛应用有效地解决了我国对蔬菜等农产品需求日益增长的问题。但对于温室大棚综合控制技术涉及的计算机、控制、传感、生物等多方面的技术，由于缺乏核心技术的支撑，在规模配套设施完善、机械灵敏度、控制系统的全面稳定等技术方面与农业发展先进国家还存在着一定的差距。面对这样的情况，研发农业温室环境一体化控制设备就显得尤为重要。

（一）温室大棚一体化控制器概述

温室大棚一体化控制技术是综合性非常强的一门技术，它是当代农业生物学技术、环境工程学技术、自动控制技术、计算机网络技术、管理科学技术等多种技术的综合应用，其主要目的是改善环境条件，使作物生长在最佳的环境状态，从而达到调节作物的产期，并且促进作物的生长发育，降低病虫害发生，进而使作物的质量、产量等得到大幅度的提升。

基于我国国情，设计研发一套效率高、成本低，并且具有独立性知识产权的设施蔬菜大棚一体化控制器非常重要。与传统温室大棚控制方式相比，设施大棚一体化智能控制系统有重大的现实意义。首先，可以提高温室大棚控制的自动化水平，改变了以往根据经验粗放管理的作业模式，通过分析设施大棚一体化控制器采集的数据，可以实现对作物生长环境的精确控制，促进作物生长，提高作物产量；其次，农业环境一体化控制器还可以嵌入自动控制模型，能够根据温室大棚内的环境参数进行自主调节，节省了人工劳动成本。因此，开发一套功能完善的温室大棚环境一体化控制器，具有重大的经济效益与社会意义。

温室大棚环境一体化控制器主要包含以下两个功能。

（1）监测功能。温室大棚环境一体化控制器可在线监测温室大棚空气温度、空气湿度、土壤水分、土壤温度、光照强度、CO_2浓度6种对农作物影响显著的环境因子，还可以监测温室大棚内一些控制设备的状态信息。同时，这些环境参数信息和设备状态信息可以上传到远程服务器，通过网络浏览器和手机App能够进行远程查询。

（2）控制功能。控制功能主要是通过农业环境一体化控制器对温室大棚内的辅助设备进行控制，以使温室大棚内的环境能够达到适合农作物生长的状态。系统控制指令的下达包括手动和自动两种方式。手动控制方式包含两部分：一是在温室大棚现场内，通过一体化控制器的触摸屏和一些机械开关按钮的方式控制设备启停；二是脱离现场，通过手机App，或者通过网络浏览器登录云服务平台进行远程手动控制。自动控制方式需要在农业环境一体化控制器或者云服务平台端嵌入智能控制策略，能够根据采集到的环境参数信息，进行自主调控，将温室大棚环境保持在适宜的水平。

（二）温室大棚环境控制技术发展趋势

随着现代农业、工业技术及计算机技术的发展与进步，温室大棚环境控制系统也正在向着智能化、信息化、优质、高效、低耗等方向发展。以温室大棚为例，介绍一下温室大棚控制技术的发展趋势。

（1）多影响因子控制方式。温室大棚内的空气温度、空气湿度、光照强度、CO_2浓度等相互之间具有很强的耦合性，其中某一环境因子的变化将对其他环境因子产生影响，所以单因子控制方法将难以实现温室大棚内环境的调节，这就要求控制方式由单因子控制向多因子控制方向发展，提高温室大棚环境控制的效果。

（2）控制方式智能化。随着科学技术的飞速发展，温室控制系统的自动化水平不断提高，由原来单一的数据采集和控制，向着以专家系统为代表的智能化系统发展。由于温室环境的控制过程极其复杂，它是具有变量多、耦合强、干扰大、非线性、时滞性的复杂系统，其数学模型难以建立，因此常规的工业控制方法很难实现。美国、荷兰、日本等一些温室技术比较先进的发达国家，开始将模糊控制、神经网络控制、遗传算法等先进的控制算法应用到温室控制系统中，温室生产基本实现了自动化及智能化。

（三）影响温室大棚环境的主要因素及调控方法

在露天培育条件下，农作物不可避免地经历大风、霜冻和高温等不利环境条件，造成作物减产甚至绝收，而温室大棚内部的环境条件可以通过各类设备调控持续保持在适宜水平，可有效提高作物产量与质量。温室大棚生产过程中需要调控的环境因子主要包括空气温度、空气湿度、光照强度和CO_2浓度，关于土壤方面主要有土壤温度、土壤湿度等。

（1）空气温度和土壤温度。空气温度是温室大棚里最重要的环境因子，作物的光合作用过程和呼吸作用过程都与空气温度密切相关。作物在不同生理过程中对空气温度的要求不同，根据该生理特点，不同作物及同一作物的不同生长发育阶段需要保持不同的温度水平。此外，一般作物生长需要保持一定的昼夜温差，先进的变温管理模式将一天分为更多时间段，每个时间段内将温度维持在不同水平上，因此在温室大棚温度调控过程中需要制定科学的温度管理模式。

土壤温度影响着植物的生长、发育和产量的形成。土壤中各种生物化学过程，如微生物活动所引起的生物化学过程和非生物化学过程，都受土壤温度的影响。土壤温度很大程度上取决于空气温度，空气温度上升会引起土壤温度上升，空气温度降低会引起土壤温度的降低，只是土壤温度的变化幅度没有空气温度变化幅度大。

空气温度的调控过程主要包括升温和降温两个方面。升温方式主要包括热水采暖、热风采暖和电热采暖等方式；降温方式主要包括通风、遮阳和水分蒸发等方式。需要注意的是，空气温度和空气湿度之间具有强烈的耦合关系，升温和降温都会影响到大棚空气湿度变化，制定控制策略时需要考虑它们之间的相互影响。

（2）空气湿度和土壤湿度。水分是作物生长发育所需的极其重要的环境因子，水分占作物生理组成的绝大部分，作物一般含水量为60%~80%，作物光合作用、呼吸作用和蒸腾作用等生理过程都离不开水的参与，空气湿度和土壤湿度共同决定温室大棚内部的水环境。不同作物在不同生长时期对水分的要求不同，空气湿度和土壤湿度的调控应根据作物种类和生长阶段的不同而进行。

土壤水分对农作物的生长起到重要作用，土壤中所含的水分以及在给植物施肥时，植物通过根部毛细导管吸收；同时，作物进行光合作用所产生的有机物质，需要通过植物体内的水才能运送到植物体的各个部分。如果土壤中严重缺水，则会使作物严重脱水致使细胞死亡，从而导致作物枯死；土壤水分太多，则会导致土壤中氧气含量少，作物的根部呼吸作用减弱，从而导致作物减缓营养吸收，会发生作物沤根，严重的会使植物萎蔫甚至死亡。

温室大棚本身是一个密闭的微环境，空气湿度一般处于较高的水平，所以空气湿度的调节一般多为降湿操作。温室大棚通风是降低空气湿度最简单有效的方式，此外，也可通过除湿器降湿，其原理为采用吸湿材料吸附空气中过多的水分。土壤湿度的调节主要依靠滴灌和喷灌等先进的灌溉方式精确调节所需要的灌溉量。

（3）光照强度。光照强度对作物光合作用具有重要影响。光合作用积累有机物的速率随着光照强度的增大而加快，但光照强度超过临界值"光饱和点"后，该速率将不再加快而是保持在一定水平。当光照强度降低到某一水平后，作物的生长发育受到限制，需要人工补光操作提高光照强度，该水平上的光照强度称为"光补偿点"。因此，光照强度过低或过高都不利于作物生长。

对光照强度的调节主要涉及补光操作和遮光操作，前者主要利用人工光源在自然光不足的情况下提高设施内光照强度，或在光照时间不足情况下延长光照时间；后者利用遮阳网等设备降低设施内光照强度，以免作物长时间处于强光和高温的条件下。

（4）CO_2浓度。光合作用积累有机物的速率除了受水分和光照影响外，CO_2浓度也是一个重要的因子，被称为农作物的"粮食"。多数农作物的光合作用所需的CO_2浓度为0.1%左右，而大气中的CO_2浓度仅为0.03%左右，达不到作物所需的理想浓度，这严重限制了农作物产量，需要在特定情况下人工补充CO_2。但CO_2浓度过高也会限制农作物生长，浓度过高会使作物叶面气孔关闭，降低光合作用强度。

温室大棚生产过程中多进行提高CO_2浓度的措施。在光合作用过多地消耗掉设施内的CO_2时，可通过通风和CO_2施肥等操作提高CO_2浓度。

温室大棚内部环境是一个多变量、非线性、大惯性、强耦合的复杂系统。各类环境因子并不是彼此孤立存在，而是相互影响的，对一种环境因子的调控过程必然会带来其他环境因子的改变。例如，加热设备提高空气温度的同时也在降低空气湿度；通风操作同时降低温度、湿度和CO_2浓度。因此，采用人工经验管理方式和单功能自动控制方式，难以将温室大棚环境因子维持在最佳状态。温室大棚环境调控需要综合考虑各种环境因子的影响，而温室大棚智能控制技术发展使温室大棚的最优控制成为可能。

二、网络结构与控制模式

依据温室大棚环境控制目标及参数特点，以物联网技术为支撑，设计了温室大棚智能控制系统，实现温室大棚环境参数的全面感知、可靠传输与智能处理，达到温室大棚自动化、智能化、网络化和科学化生产的目标。

（一）网络结构

系统基于典型物联网体系架构，大体沿用了基本的3层结构设计，包括感知层、网络层和应用层，如图2-19所示。

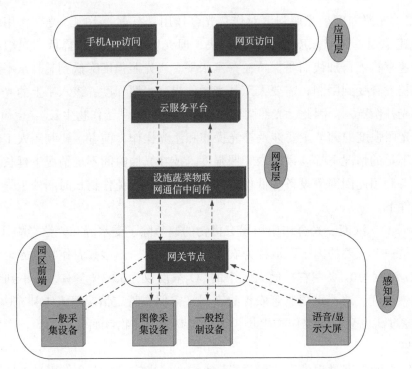

图2-19　系统整体结构

（1）感知层是物联网的底层，其功能主要是通过传感器采集物体上的各类信息。感知层是对温室大棚小气候环境信息进行全面感知，为温室大棚的自动控制和智能决策提供准确、科学、全面的依据，是农业物联网最核心和最基础的部分。同时，感知层还包括一些控制设备，能够根据采集到的节点数据对环境信息进行调节，从而使温室大棚保持在适合作物生长的环境下。

（2）网络层的主要功能是通过各类通信协议，将感知层中采集的信息传输至云服务平台，云服务平台层则是以云计算为核心，将传感器在物体上采集到的数据进行汇总和处理。网络层建立在局域网、移动通信网和互联网的基础上，实现应用层和远程用户对感知层数据的获取和决策命令的下达。在网络层的通信协议中，主要分为近距离通信、远距离蜂窝通信、远距离非蜂窝通信三大类，常见的近距离通信有蓝牙、RFID、NFC、ZigBee等，远距离蜂窝通信主要有GSM（2G）、LTE（4G）以及NB-IoT等，远距离非蜂窝通信常见的有WiFi和LoRa。不管使用什么样的方式进行组网，最终的目的是要将感知层的数据传送到云服务平台，并且能够将应用层下发的控制指令传送到感知层的控制设备上。

（3）应用层是物联网产业链的最顶层，是面向用户的应用。应用层通过对获取的温室大棚各类信息进行融合、处理、共享，获得准确可靠的环境信息，为温室大棚的自动控制和精准运行提供决策指导，本书设计的农业一体化控制器就是面向用户的一种集数据显示、设备控制等于一体的集控系统。

（二）控制模式

温室大棚环境一体化控制器控制方式如图2-20所示。温室大棚环境一体化控制器需要放置在园区前端，主要控制方式分为手动控制和自动控制两种模式。

手动控制模式下，既可以在温室大棚内通过一体化控制器触摸屏或者设备操作按钮进行设备控制操作，也可以通过手机App或者云平台进行远程手动操控设备，远程模式下，控制指令通过互联网将指令送到一体化控制器，然后进行设备控制操作。

自动控制模式下，一方面，通过在一体化控制器内嵌入自动控制模型，一体化控制器能够根据采集到的环境信息进行自我调节，自主进行设备操控，给作物创造最适宜的生长环境；另一方面，也可以在云服务平台上嵌入自动控制模型，通过对数据库中采集的大量数据进行分析，得出最优控制策略，最后将设备控制指令下发到一体化控制器上，从而调节温室大棚环境参数。

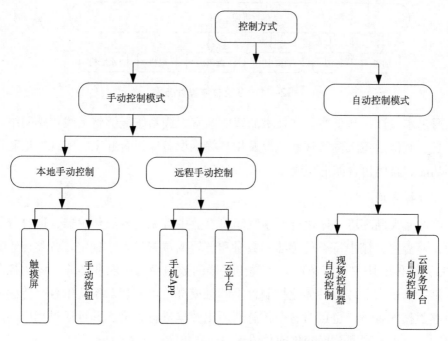

图2-20　温室大棚环境一体化控制器控制方式

（三）系统功能设计

本系统选取温室大棚内的空气温度、空气湿度、光照强度、土壤温度、土壤水分以及CO_2浓度来作为系统的被控制量，其中将空气温度和空气湿度作为主要的被控对象，将加热、加湿、遮阳网、天窗/侧窗、风机、水肥一体机等执行机构作为控制手段，对温室大棚内的环境状态进行调控，从而使温室大棚内的环境达到植物生长所需条件的最佳状态。设计的温室大棚环境一体化控制器其系统总体结构，如图2-21所示，主要由3部分组成：农业环境一体化控制器、带433无线传输模块的采集节点以及执行机构。

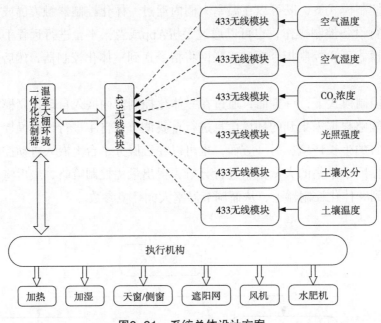

图2-21　系统总体设计方案

通过本设计，基于物联网技术的智能温室大棚系统能够将无线传感网络、执行设备、智能温室大棚管理系统以及用户终端设备等组合起来，实现本地和远程控制功能，具体包含如下功能。

1. 数据查询

该温室大棚环境一体化控制系统涵盖农业中常见的各类传感器，通过分析和研究，对温室大棚中每类传感器的数量和部署的位置进行了确定。各类传感器通过433无线传输协议进行组网，各类传感器的数据最终在农业环境一体化控制器处汇聚。通过农业环境一体化控制器上的触摸屏，可实现对系统中各个传感器节点采集数据的查看，也可对各个传感器历史数据进行查询，并可通过相应的历史曲线图，直观地观察数据变化的总体趋势。

2. 系统控制

系统控制功能可分为手动控制和自动控制两种方式。手动模式即用户通过自己长期的管理经验来人为地下发控制指令。自动控制模式下可以进行控制规则的添加，系统能够根据规则作出相应决策，下发控制设备动作的命令。

3. 连接云平台

农业环境一体化控制器能够将采集到的环境参数信息上传到云服务平台，同时还可以接收云服务平台下发的控制指令。

4.报警功能

温室大棚环境一体化控制器还具备报警功能。当环境参数达到设置的阈值，一是可以通过一体化控制器的触摸屏看到"红色报警框"显示报警信息，二是能够进行手机App推送报警、手机短信报警等报警功能。

（四）本地手动控制

为了提高现场控制系统的人机交互能力，现场一体化控制系统配备彩色触摸屏，用户在触摸屏上可以实现参数查询、参数设置和设备控制等功能，一体化控制器外观如图2-22所示。

图2-22　温室大棚环境一体化控制器

触摸屏的应用不但使控制过程更加清晰与灵活，还减少了按钮和仪表等仪器的使用，控制流程如下。

通过点击触摸屏界面上的"环境调控"按钮，就会进入环境调控界面。环境调控界面包含几个小版块：通风机控制、暖风机控制、补光灯控制、门锁控制等。

以通风机控制为例，当发现温室大棚内空气温度过高，需要打开通风机的时候，点击"通风机控制"小版块下面的"开启"按钮，按下按钮之后触摸屏通过RS485的通信方式将控制指令信息发送到一体化控制器内的设备控制板卡。

控制板卡上的单片机收到指令后，打开与通风机相关联的开关继电器，此时通风机已经打开。

当通风机已经开启之后，控制板卡还会监测此时通风机的状态，以确保通风机是否已经开启。不论通风机是否开启，控制板卡都会将通风机此时的状态返回到触摸屏，触摸屏上会显示此时通风机的状态，这样用户通过触摸屏就能观察到设备的当前状态。

当触摸屏接收到设备状态信息之后，不仅是将设备状态显示在触摸屏界面上，同时还要将设备的状态经过网关节点返回到云服务平台，以便远程观察设备的运行状态。

此时本地手动控制开启通风机流程完毕，如果需要关闭通风机，按下关闭通风机的按钮之后，具体的流程同开启通风机是一样的。

（五）远程手动控制

远程手动控制涉及云管理技术。云管理技术是一门综合多学科交叉的技术体系理念，其中主要内容涉及云计算技术、计算机网络通信技术、无线传感技术、数据安全保密技术等。云管理通过借助这些技术组建大型的数据资源池，在平台上完成对数据的大容量存储，统计分析与在线管理功能，同时具有超高的安全保密协议，不必担心重要资料的泄露。

在传统计算环境中，软件安装在用户的计算机上，当用户同时运行和管理多个软件时，需要在不同窗口之间进行切换；在云计算环境中，软件将安装在云端，用户借助浏览器通过网络远程使用软件，对软件的全部操作都在浏览器中完成，当需要在不同软件之间切换时，仅需在浏览器的不同页面之间切换即可。

用户可以通过登录手机App或者云平台界面来进行设备控制。手机端和云平台端远程控制方式和流程是一样的。以云平台远程控制过程进行说明，云平台控制界面如图2-23所示。

通过"控制状态"界面，可以对温室大棚内的设备进行远程操控，以大棚卷帘控制为例。

（1）当需要"收帘"时，可以点击"收帘"按钮，当前界面会提示"指令已发送成功"。

（2）控制指令会经过农业物联网通信中间件，下发到温室大棚网关节点。

（3）温室大棚网关节点收到云平台发来的控制指令，将控制指令信息发送到一体化控制器上。

（4）一体化控制器对控制指令进行解析后，将指令发送到控制板卡。

图2-23　云平台设备控制界面

（5）控制板卡单片机收到指令后，进行收帘操作，同时，控制板卡会检测此时卷帘的状态，并将卷帘状态返回到一体化控制器，此时，触摸屏上会显示"正在收帘"的状态。

（6）除了要在触摸屏上显示当前卷帘状态以外，同时还要将状态发送到云服务平台，卷帘状态通过温室大棚网关节点返回到云平台界面，在云平台端控制状态下面的卷帘板块的状态栏会显示"正在收帘"，同时下方会显示操作时间，此时完成"收帘"操作。

传统的农业生产模式已经跟不上我国的现代化步伐，农业管理也需要与时俱进。在温室大棚的控制系统中引入云管理技术不仅可以实现对环境参数的更及时、更精确地调控，使作物生长迅速，增加作物产量，提高人们的生活水平；同时也体现了信息技术进步对农业的巨大推动作用。基于云管理技术的温室大棚控制系统不仅能带来良好的经济效益，对社会来说也会产生深远的影响。

（六）自动控制

在自动控制模式的设计中，重点在控制规则的确定，规则的核心为条件判断。影响作物生长状态的环境参数较多，系统可以允许各类规则的定义和添加，如空气温度、空气湿度、光照强度等参数条件。以番茄为例，番茄是适宜在温暖气候中生长的植物，温度范围控制在15～33℃均能正常生长，其中白昼生长温度值和各个生长周期的温度值会有一定的差异。一般而言，以日间22～25℃、夜间15～18℃时为番茄最优生长温度。温度过高或过低都会使番茄停止生长或产生病变甚至引起死亡。假设预先设定高温阈值为35℃，当实时采集温度数据低于预设值则控制系统不动作；当实时数据高于预设值时，发出相应报警并发出相应控制指令，触发降温设备进行工作，确保番茄适宜的温度环境。

自动控制模式下，一体化控制器能够根据采集到的环境信息自己进行设备调控。由于温室大棚环境具有非线性、时变、大时滞、多变量耦合等特征，因此对温室大棚很难建立一个精确而又实用的数学模型，常规控制很难在温室大棚环境控制中达到理想的控制效果。

智能控制是指使用类似于专家思维方式建立逻辑模型，模拟人脑智力的控制方法进行控制，智能控制一般具有以下优点。

（1）可以不完全依赖工作人员所具有的专业知识水平。

（2）可以预测温室大棚环境的变化状态，提前作出预判断，从而尽可能解决温室大棚环境参数调节大和滞后的问题。

（3）由于其全局统筹控制，可以解决各设备在进行调节时相互协调的问题，进而减少控制系统的超调和振荡。

（4）可以实现自适应控制功能，根据作物的生长状态、环境参数的变化状态和各调节单元的运行状态自动调节作物的生长环境，实现最优生长。

智能控制最大的进步是将先进的控制算法加以应用，进而能够确保控制系统的稳定运行和控制精度，具有良好的鲁棒性。模糊控制是一种在不需要对被控对象建立精确数学模型的基础上，利用人的经验来控制不确定系统的一种控制策略。模糊控制是一种非线性智能控制方法，它不需要获得准确的研究对象模型，而是将人的知识和经验总结提炼为若干控制规律，并转化为计算机语言，从而模仿人的思维进行控制。这种策略正适合应用在温室大棚这种不易确定数学模型的复杂的控制系统中。

传统控制方法均是建立在被控对象精确数学模型的基础之上的，随着系统复杂程度的提高以及一些难以建立精确数学模型的被控对象的出现，人们开始探索一种简便灵活的描述手段和处理方法对此类复杂系统进行控制。结果发现，依靠操作人员的丰富实践经验可以得到比较好的控制结果，即在被控对象没有精确数学模型的情况下，控制策略可以模拟人的思维，然后把自然语言植入计算机内核。也就是说，模糊控制是建立在人思维模糊性基础上的一种智能控制方式。它的控制过程是用模糊语言控制规则来描述的而不需要用精确的数学公式来表示状态方程和传递函数。模糊控制在控制系统中的基本思想就是通过计算机来实现人的控制经验。

在温室大棚的环境中，可以将控制模型嵌入到一体化控制器内，本地控制器根据采集到的环境信息，根据模型算法得出控制策略，从而代替人工进行温室大棚环境调节；也可以将控制模型嵌入到云计算的监控平台上，云平台对数据进行算法分析，通过农业物联网通信中间件将控制指令发送到温室大棚网关节点，从而控制执行机构进行动作。不管采取哪种方式，最本质的控制算法都是一样的，都能够根据温室大棚环境信息进行自主调节，使环境达到作物生长的最佳状态。

模糊控制系统的基本组成原理，如图2-24所示。模糊控制是以模糊集合理论、模糊语言及模糊逻辑为基础的控制，它是模糊数学在控制系统中的应用，是一种非线性智能控制。模糊控制是利用人的知识对控制对象进行控制的一种方法，通常用"if条件，then结果"的形式来表现，所以又通俗地称为语言控制。一般用于无法以严密的数学表示的控制对象模型，即可利用人（熟练专家）的经验和知识来很好地控制。因此利用人的智力模糊地进行系统控制的方法就是模糊控制。

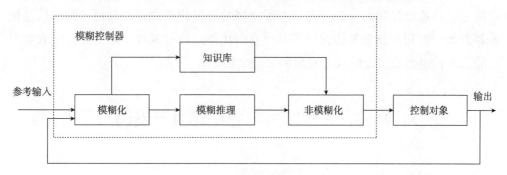

图2-24 模糊控制基本原理

它的核心部分为模糊控制器。模糊控制器的控制规律可以由计算机、单片机通过编写程序来实现。实现模糊控制算法的过程是：首先，从采集节点获取被控制量的精确值，然后将此量与给定值比较得到误差信号E；一般选误差信号E作为模糊控制器的一个输入量，把E的精确量进行模糊量化变成模糊量，误差E的模糊量可用相应的模糊语言表示；从而得到误差E的模糊语言集合的一个子集e（e实际上是一个模糊向量）；再由e和模糊控制规则R（模糊关系）根据推理的合成规则进行模糊决策，得到模糊控制量u为：

$$u = eR$$

式中，u为一个模糊量。为了对被控对象施加精确的控制，还需要将模糊量u进行非模糊化处理转换为精确量，得到精确数字量后，经数模转换变为精确的模拟量送给执行机构，对被控对象进行第一次控制；然后，进行第二次采样，完成第二次控制，这样循环下去，就实现了被控对象的模糊控制。

针对模糊控制的研究还在不断深入，模糊控制理论仍在快速发展，模糊控制未来将向着如下方向发展。

（1）自校正模糊控制方法。这种方法可以对模糊控制中的模糊控制规则等参数进行实时调整，使模糊控制具有自学习性和自适应性。

（2）多变量模糊控制方法。主要用来解决温室大棚这种具有多种输入变量和输出变量的强耦合系统，这种系统比单输入单输出系统更加贴近实际工程项目，多变量间的耦合问题和控制规则的急剧增加是研究的重点。

（3）专家模糊控制方法。这种方法灵活应用专家系统，将专家系统对知识的表达方法融入模糊控制，使模糊控制更加智能。

（4）智能模糊控制方法。将模糊控制算法与智能优化算法（如遗传算法、蚁群算法等）相结合，可以对模糊控制规则进行在线寻优，大大改善模糊控制的品质。

农业物联网即通过部署传感装置、计算设备、执行设备以及通信网络，实现"人、机、物"的相互连通。随着物联网在农业方面的应用日趋广泛和成熟，物联网技术将全面渗透到智能温室大棚控制领域，包括对农业对象的信息识别、定位追踪、环境监控和综合管理等。在温室环境智能化监控、产品可追溯和信息融合等方面，物联网技术都体现出了其独有的优势。物联网技术是世界设施农业发展的趋势，也是我国设施农业发展的必经之路。

第三节　作物水肥与动物营养设备

一、水肥一体化精量施用系统

（一）水肥一体化概念

水肥一体化技术在国外叫做"Fertigation"，由"Fertilization（施肥）"的Ferti和"Irrigation（灌溉）"的gation组合而成，意为灌溉和施肥结合的一种技术，我国翻译为水肥一体化。水肥一体化是将灌溉和施肥融为一体的农业新技术，是精确施肥与精确灌溉相结合的产物。借助压力系统或者地形自然落差，根据土壤养分含量和作物种类的需肥规律与特点，将可溶性固体或液体肥料配制成肥液，与灌溉水一起，通过可控管道系统均匀、准确地输送到作物根部土壤，浸润作物根系发育生长区域，使主根根系土壤始终保持适宜的水肥含量。

（二）发展历史及意义

水肥一体化技术起源于无土栽培技术，早在18世纪，英国科学家John Woodward利用土壤提取液配置了第一份水培营养液。1838年，德国科学家斯鲁兰格尔鉴定出来植物生长发育需要15种营养元素。1859年，德国科学家Sachs和Knop提出了使植物生长的第一个营养液的标准配方，该营养液直到今天还在使用。1920年，营养液的制备达到标准化，但这些都是在实验室内进行的试验，尚未应用于生产。1929年，美国加利福尼亚大学的W F Gericke教授，利用营养液成功地培育出一株高7.5m的番茄，采收果实14kg，引起人们极大的关注，被认为是无土栽培技术由试验转向实用化的开端。

第二次世界大战期间，水培在生产上起到了相当大的作用。在Gericke教授指导下，泛美航空公司在太平洋中部荒芜的威克岛上种植蔬菜，用无土栽培技术解决了向航班乘客和部队服务人员供应新鲜蔬菜的问题。英国农业部也对水培进行了应用，1945年伦敦英国空军部队在伊拉克的哈巴尼亚和波斯湾的巴林群岛开始进行无土栽培，解决了蔬菜靠飞机由巴勒斯坦空运的问题。在圭亚那、西印度群岛、中亚的不毛沙地上，科威特石油公司等单位都运用无土栽培为他们的雇员生产新鲜蔬菜。由于无土栽培在世界范围内不断发展，1955年9月，在荷兰成立了国际无土栽培学会。当时只有一个工作组，成员12人。而到1980年召开第五届国际无土栽培会议时，会员人数已发展到45个国家的300人。20世纪以来，水肥一体化技术在无土栽培的基础上得到快速发展。1964年，随着以色列政府大力发展滴灌技术，著名的耐特菲姆公司成立，全国43万hm²耕地中有20万hm²采用加压灌溉系统。据不完全统计，全世界目前关于无土栽培的研究机构在130个以上，栽培面积也不断扩大。在新西兰，50%的番茄靠无土栽培生产；在意大利的园艺生产中，无土栽培占有20%的比重；在日本无土栽培生产的草莓占总产量的66%、青椒占52%、黄瓜占37%、番茄占27%，总面积已达500hm²。荷兰是无土栽培面积最大的国家，1986年统计已有2 500hm²。目前无土栽培技术已在全世界100多个国家应用发展。

我国水肥一体化技术的发展始于1974年，1980年我国第一代成套灌溉设备研制生产成功，1996年新疆维吾尔自治区引进了滴灌技术，经过了3年的试验研究，研究开发了适合大面积农田应用的低成本滴灌带。1998年开展了干旱区棉花膜下滴灌综合配套技术研究与示范，研究了与滴管技术相配套的施肥和栽培管理技术。

进入21世纪以来，我国高效节水灌溉特别是微灌技术得到了快速发展。截至2014年年底，我国高效节水灌溉工程面积达到1 606.7万hm²，包括低压管道输水灌溉826.7万hm²、喷灌313.3万hm²、微灌466.7万hm²。微灌发展最为迅速，微灌面积从2001年的21.53万hm²增加到2014年的466.7万hm²，年增微灌面积31.87万hm²，其中"十一五"期间年均新增微灌面积约30万hm²，"十二五"期间年均新增微灌面积约60万hm²，是"十一五"发展速度的2倍。全国微灌面积占全国高效节水灌溉面积的29%，微灌在水资源紧缺、生态脆弱、灌溉依赖程度高的西北地区发展较快。2014年西北6省区微灌面积达到的312.67万hm²，占全国微灌的67%，其中，新疆（含兵团）微灌工程面积高达290.27万hm²，占全国微灌工程面积的62%，占西北地区微灌面积的93%。2012年东北4省（区）节水增粮行动项目实施以来，微灌面积增长迅速，微灌面积由2011年年底的36.67万hm²发展到2014年的98.8万hm²，占全国微灌面积的21%。南方地区发展微灌面积33.67万hm²，占全国微灌总面积的7%，主要集中在山区、丘陵地区的果园、大田蔬菜、经济作物上。

从历史来看，农业文明的标志就是人类对作物生长发育的干预和控制程度。实践证明，对作物地上部分环境条件的控制比较容易做到，但对地下部分的控制（根系的控制）在常规土培条件下是很困难的。水肥一体化技术的出现，使人类获得了包括无机营养条件在内的，对作物生长全部环境条件进行精细控制的能力，从而使得农业生产有可能彻底摆脱自然条件的制约，完全按照人的愿望，向着自动化、信息化和工厂化的生产方式发展。这将会使农作物的产量得以几倍、几十倍甚至成百倍地增长。

水肥一体化可以缓解日益严重的耕地紧缺问题，从资源角度看，耕地是一种极为宝贵的、不可再生的资源，由于水肥一体化可以将许多不宜耕种的土地加以开发利用，所以使得不能再生的耕地资源得到了扩展和补充，这对于缓和及解决日益严重的耕地问题有着深远的意义。水肥一体化不但可以使地球上许多荒漠变成绿洲，海洋、太空也将成为新的开发利用领域。水肥一体化技术在日本已被许多科学家作为研究"宇宙农场"的有力手段，太空时代的农业已经不再是不可思议的问题。

水资源问题是世界上日益严重威胁人类生存发展的大问题。随着人口的不断增长，各种水资源被超量开采，某些地区已近枯竭，水资源紧缺也越来越突出。控制农业用水是节水的措施之一，而水肥一体化技术，避免了水分大量的渗漏和流失，使得难以再生的水资源得到补偿，它必将成为节水型农业、旱区农业的必由之路。但是，水肥一体化技术在走向实用化的进程中也存在不少问题，突出的问题是成本高、一次性投资大，管理人员必须具备一定的科学知识，需要较高的管理水平；另外，进一步研究矿质营养状况的生理指标，减少管理上的盲目性，也是有待解决的问题；此外，水肥一体化中的病虫害防治、基质和营养液的消毒、废弃基质的处理等，也需进一步研究解决。

水肥一体化在我国刚刚起步，还未广泛用于生产，特别是硬件设施条件，供液系统工程本身，还未形成专门生产行业。由于种种因素限制，栽培技术与农业工程技术还不能协调同步，致使水肥一体化技术在我国发展的速度不如发达国家那样迅速。但是随着科学技术的发展，以及这项新技术本身固有的种种优越性，已向人们显示了无限广阔的发展前景。

我国是一个水资源匮乏的国家。水资源总量占世界第六位，人均淡水资源占有量列世界第109位，约为世界平均的1/4，人均占有量仅为2 300m³。单位耕地灌溉用水仅有178m³/亩，而且在时空分布上极为不均匀。淮河流域及其以北地区国土面积占全国面积的63.5%，水资源量却仅占全国的19%。与此同时，我国雨水的季节性分布不均，大部分地区年内夏、秋季节连续4个月降水量占全年的70%以上。再加上我国农业用水比较粗放，耗水量大，灌溉水有效利用系数仅为0.5左右。水资源缺乏，农业用水效率低不仅制约着现代农业的发展，也限制着经济社会的发展。与此同时，我国劳动力匮乏且劳动力价格越来越高，使水肥一体化技术节省劳动力的优点更加突出。目前，年轻人种地的越来越少，进城务工的越来越多，这导致劳动力群体结构极为不合理，年龄断层严重。在现有的农业生产中，真正在一线从事生产劳动的劳动者年龄大部分在40岁以上，若干年后，当这部分人没有劳动能力时将很难有人来代替他们的工作。劳动力短缺致使劳动力价格高涨，现在的劳动力价格是5年前的2倍甚至更高，单凭传统的灌溉、施肥技术，仅劳动力成本就很难承担。

综上所述，在我国推广水肥一体化技术，能够有利于从根本上改变传统的农业用水方式，提高水分利用率和肥料利用率，有利于改变农业的生产方式，提高农业综合生产能力，改变传统农业结构，促进生态环境保护和建设。

（三）水肥一体化精量施用系统

水肥一体化精量施用系统（图2-25）分为混肥式水肥一体机精量施用系统和注肥式水肥一体机精量施用系统两大类，是按照"实时监测、精准配比、自动注肥、精量施用、远程管理"的设计原则，安装于作物生产现场，用灌水器以点滴状或连续细小水流等形式自动进行水肥浇灌，实现对灌溉、施肥的定时、定量控制，提高水肥利用率，达到节水、节肥，改善土壤环境的目的。

图2-25　水肥一体机精量施用系统

水肥一体化精准施量水肥设备分为两个大部分，远程通信系统和水肥一体机本地控制系统。远程通信系统包括环境数据的采集和水肥数据的采集。利用环境采集节点，采集生产现场空气温度、空气湿度、土壤水分、土壤温度、空气中CO_2浓度、光照强度等环境数据，通过4432无线通信，上传到网关，再通过网关上传到相关的服务器平台。在平台端，根据采集到的环境数据进行分析判定，通过电脑或者手机，进行远程的操纵，远程控制水肥一体机。比如，在土壤湿度过低时，提醒我们及时给土地浇水。在温度过高时，避免大量浇水，防止作物因为温度变化而死亡。同时，将水肥一体机的用水用肥数据通过网关回传到平台端，为智能分析提供数据支持。

水肥一体机本地控制系统又可以分为执行部分和控制部分。控制部分采用PLC控制，利用触摸屏进行显示和操作，还可通过平台（包括电脑和手机）进行水肥一体机的远程操作。人机交互部分MCGS昆仑通态串口屏，通过RS232接口实现触摸屏与无线收发模块的交互，通过RS485接口实现控制器和触摸屏的连接。触摸屏主要实现系统状态、数据等的显示以及用户设置参数的输入等功能。控制器硬件采用西门子224PLC实现控制功能。可以对3个电机实现控制，同时对多个区域的电磁阀进行并行选择处理。采用流量计采集流量信号，每路流量计均可以实现对该路流量进行单独采集。水流量传感器主要由塑料阀体、水流转子组件和霍尔传感器组成。它装在进水端，用于监测进水流量，当水通过水流转子组件时，磁性转子转动并且转速随着流量变化而变化，霍尔传感器输出相应脉冲信号，反馈给控制器，由控制器判断水流量的大小，进行调控。

执行部分主要是微型注肥泵和离心泵，每个泵均有对应的电磁阀和流量计。离心泵进行水的通断，注肥泵进行肥料的通断。通过控制水肥的通段时间，可以调制不同的肥料浓度。

水肥一体化精准施量水肥设备实现了以下功能。

（1）手动/时间/流量/远程控制功能。水肥一体机包括4种控制方式，分别是手动控制方式、时间控制方式、流量控制方式和远程控制方式。用户可以根据实际情况进行灌溉施肥控制。当自动系统出现故障时，可采用手动系统进行控制，增加了系统控制的灵活性。

（2）定时定量灌溉施肥功能。根据用户设定的不同作物多个阀门的灌溉施肥量、灌施起始时间、灌施结束时间、灌水周期等，系统可实现一个月内多个阀门的自动灌溉施肥控制。

（3）条件控制灌溉施肥功能。利用土壤水势传感器监测土壤的含水量，进行自动灌溉施肥控制。当土壤水势达到设定水势上限时，计算机自动启动系统进行施肥灌溉。当达到设定水势下限时，灌溉施肥停止，计算机自动记录该阀门灌水量，其他阀门按此灌溉施肥量依次进行，这种控制方式可实现多个阀门的无人值守灌溉施肥控制。

（4）数据统计与分析功能。系统可记录每个阀门每天的灌溉施肥量和灌溉施肥次数，为分析统计提供数据支持。

二、智能化电子饲喂站

随着畜牧养殖业与加工业的快速发展和推进，从畜禽类（猪、鸡、禽类等）饲养饲料的生产加工的机械化应用，经过30多年不断提升和研发，在饲料生产加工工艺和机械化装备成套系统的匹配，已经优化完善了畜禽饲料生产加工的先进工艺，走上了畜禽养殖规模化、集约化和成套机械化装备的生产流水线，形成了工厂化的生产技术管理模式。

以母猪散养饲喂系统为例。母猪散养精确饲喂系统是以电脑软件系统作为控制中心，用一台或者多台饲喂器作为控制终端，由众多的读取感应传感器为电脑提供数据，同时根据母猪饲喂的采食量模型，由电脑软件系统对获得的数据进行运算处理，处理后指令饲喂器的机电部分进行下料，达到对母猪的数据管理及精确饲喂管理。

猪佩戴电子耳标，用耳标读取设备进行读取，来判断猪只的身份，传输给计算机，管理者设定该猪的怀孕日期及其他的基本信息，系统根据终端获取的数据（耳标号、体重）和计算机管理者设定的数据（怀孕日期）运算出该猪当天需要的进食量，然后把这个进食量分量、分时间的传输给饲喂设备为该猪下料。同时系统获取猪群的其他信息来进行统计计算，为猪场管理者提供精确的数据进行公司运营分析。

产品基本功能如下：①实现饲喂和数据统计运算的全自动功能。②耳标识别系统对进食的猪只进行自动识别，系统内对应的饲喂量指令饲喂器进行精料饲喂。③系统对每次进食猪只耳标标号、进食时刻、进食用时、进食量，并根据怀孕天数自动计算出当天的进食量。④管理员可单独针对一头猪进行指定时间段饲喂量手工调整，确保猪只存在差异情况下的精确饲喂。⑤系统对控制设备的运行状态、测定状况、猪只异常情况进行全面的检测及系统报警。⑥系统实现实时传输、定时数据备份功能，电脑系统明确显示当前进食猪的状态。⑦简单稳定、可靠的门禁系统，确保给每一头采食的猪只提供单独、不受外界影响的采食环境。

母猪电子饲喂站的优点：①散养母猪，适量运动，提高母猪自身免疫力。②避免因限位栏引起的肢蹄病、泌尿系统疾病、难产等，大大降低母猪淘汰率。③自动化饲喂实现整个生产过程的高度自动化控制，降低劳动成本投入。④精确化饲喂，个体精细管理，更科学，同时减少饲料浪费。⑤避免因长期使用限位栏给母猪带来的心理伤害，增加动物福利。⑥实现了生产数据管理的高度智能化。⑦大大提高母猪的生产率和返情率。

三、智能投饵系统

饲料是水产养殖中最主要的可变成本，一般占养殖总成本的50%～80%。养殖管理的一个重要内容就是将饲料成本控制到最低，既减少饲料浪费，节省成本，又降低残饵污染导致局部水域环境恶化的可能性。但投饵量过低，又会降低养殖对象的生长速度，延长养殖周期，导致单位渔获其他可变成本以及养殖风险的增加。因此，投饵过多或不足，都将导致养殖效益的非最大化和整套养殖系统效率的降低。另一方面，养殖对象对饵料的需求量、生长速度及其饲料转化率都是随着环境条件（包括水温、水质、溶解氧浓度、流速、光照强度和白昼的长度等）的改变而改变的，也与饲料的品质和养殖对象的生理因素（如年龄、成熟度、性别、激素水平以及内源性的生长规律等）等密切相关，这些因素使养殖对象的必需饲料量具有不确定性，几乎不可能通过计算而获得精确数值。操作者常常难以精确地做到掌握最适宜满足养殖对象需求的投饵水平。为了加强饲料投喂的精确性，减少残余饲料量，降低饲料成本和劳动力成本，人们开始了自动投饵系统的研发。

（一）全球发展进程

传统的自动投饵机只能根据编好的程序或者设置好的时间间隔投喂固定的饲料量。虽然随后投饵量均可调，但是投饵速度是不可调的。这种早期的自动投饵仅仅重复投饵料这个动作，不能根据养殖的改变而作出投饵量和投饵时间的相应改变。需求式投饵机作为一种可能的替代方案，研究者发现占有统治地位的个别鱼需要饵料时会靠近饲料出口，但这种投饵机也只适用于被训练成会懂得使用这种投饵机的鱼类，在其他鱼类养殖上则不能适用这种投饵机。

（二）智能投饵系统

随着对鱼类生理学、营养学和认识学的不断深入，开发出了能在线计算饲料量的投饵机。这种投饵机配备了各种监测设备，具有相当的自动判断养殖对象对饲料需求的量，被认为是具有高适应性的智能投饵系统。

目前的监测手段主要是气力提升和水下摄像。国内现行的人工投饵通常是使用勺子、铁锹等手工工具抛洒饲料，并且用人眼凭经验来判断养殖对象需求的饲料量。随着水网箱养殖朝越来越大、越来越深的方向发展，凭人眼观察判断而进行投饵的盲目性也越来越突出。国外判断鱼饵投食情况的简单办法是利用气力提升泵和水下摄影机。当提升泵提升上来的残余饵料颗粒的数值达到一个显著值时，操作者就可以停止投饵。此外，一些养殖场也在投饵时使用水下摄像机来观察摄食情况。气力提升和水下摄像也仅仅只是操作者对投饵判断的一种协助手段而已，可靠性和自动化水平均有待提高。简单的气力提升经加装残余饵料计算器和收集残余饵料的装置等自动化改进后可成为气力提升系统。在残余饵料达到一个设定值时自动停止投饵。水下摄像方面,今后可能会将画面、视频分析软件和摄像机结合起来使用,做到全自动判断残饵量并自动关闭投饵机。

除气力提升和水下摄像外,传感器也是一种常用的监测手段。传感器系统收集到的数据可以直接作为自动控制程序中的变量来控制投饵。目前常用的主要是红外传感器和水底声波传感器。红外传感系统的基本原理是用设置在养殖容器下方的传感器测试沉降到残饵收集装置中的残余饲料颗粒数量;当散落到收集装置中的饲料达到软件设定的边界值时,说明鱼已经吃饱,可以停止投饵。声波传感系统的基本原理为传感器朝水面安装在养殖容器下方,生成鱼和饲料颗粒的影像图片,通过影像图片监视残饵量或者养殖对象的行为来决定是否停止投饵。

一般情况下,鱼位置的改变跟鱼食欲的变化是相关的。当鱼饥饿时,鱼将浮到水面去抢食饵料;当鱼的食欲开始降低时,这种聚集到水面的趋势也会降低。投喂饵料时如果鱼聚集在网箱的底部,通常说明鱼已经吃饱了。当然,鱼位置的改变有时候也是由掠食动物(凶猛鱼类或海鸟)的攻击、水质的改变或鱼病引起的。利用软件分析鱼群位置和密度信号可以为投饵机的控制系统提供基本的参考数据。

据近年的统计资料显示,鱼类和虾类养殖产量在中国水产养殖总产量中所占的比重正在逐年增大。此外,中国水产养殖所用的饵料正逐步从大量使用低值野杂鱼向人工配合料转变。水产养殖业对人工配合饲料的需求正在逐步增大。相对于水产养殖业发展的数量和规模,中国水产养殖配套设施的研发方面则相对滞后,机械化和自动化程度均较低。其中比较突出的是目前国内缺少与大型深水网箱养殖、高密度工厂化养殖、水库大水面网箱养殖和大面积池塘养殖等相配套的自动投饵装备和技术。饵料的投喂基本上还是养殖户根据个人经验进行的。因此,开展自动投饵装备和技术方面的研究,研制和生产符合中国国情的、操作相对简便且经济性较高的自动投饵装备和技术已成为当务之急。强化养殖配套研发、推广,改变养殖配套设施滞后制约养殖业发展的现状,提高养殖的自动化水平是今后水产养殖行业规模经营的发展趋势。

第四节 动植物病害监测预警设备

我国作为一个发展中的农业大国,农业问题始终是关系中国经济社会发展的根本问题,农业作为国民经济的重要基础产业,对经济社会的发展和人民生活起着极为重要的保障作用。目前,我国用7%的耕地养活世界上20%以上的人口,农业科技在这方面作出了巨大的贡献。但是随着人口不断的增长,耕地的大量被侵占和环境的不断恶化,加上农产品价格低,农业收益差,农业生产环境艰苦,我国的农业发展正面临着严峻的考验。为使农业得到持续稳定的发展,技术替代资源的发展道路是未来农业的必然选择。

中国是世界人口大国,经济发展在区域上具有不平衡性,人们对农作物的需求差异很大,既要能满足量上的供应,又要有质的保证,我国农业生产承担着前所未有的巨大压力。21世纪的农作物安全问题直接影响我国乃至全世界的稳定和发展,备受世人瞩目。所以农作物安全的理解应该从量和质上综合考虑,目前我国对农作物安全的研究大都集中在农作物安全的供需预测、资源供给、技术装备、结构调整等几个方面,而动植物病害对农作物安全的影响还未得到人们应有的重视。

据联合国粮农组织(FAO)估计,谷物生产因病害损失10%,棉花生产因病害损失12%,全世界因病害生物所造成的经济损失高达1 200亿美元,相当于中国农业总产值的1/2,美国的1/3,日本的2倍,英国的4倍多。1990年我国小麦条锈病大流行,减产25亿kg;1993年我国南方稻区稻瘟病大流行,减产稻谷150亿kg。全国农业技术推广服务中心资料表明,近3年,我国病虫草鼠害年均发生面积达54亿亩,虽然经过防治挽回大量经济损失,但是每年仍然损失粮食4 000万t,约占全国粮食总产量的8.8%,其他农作物如棉花损失率为24%,蔬菜和水果损失率降为20%~30%。植物病害不仅降低农产品的产量,而且还影响农产品的质量,主要表现在农产品的品质、外观和保质期在一定程度上变差、变坏或变短。例如,马铃薯病毒会导致马铃薯的薯块变小;甘薯受细菌性枯萎病害后,薯块容易变成褐色,易腐烂,具有苦臭味道,并且不容易煮烂。

我国是世界农药使用大国,每年平均发生病虫害1.80亿~1.87亿hm^2/次,施用农药的防治面积为1.53亿hm^2/次作业,据陈同斌等人的统计,我国目前受农药污染的耕地面积已超过1 300万~1 600万hm^2,每年遭受的经济损失十分惊人。仅是粮食一项,受农药和"三废"污染的粮食达828亿kg,年经济损失(以粮食折算)达230亿~260亿元。2000年5月份农业部农药检定所组织北京、上海、重庆、山东和浙江5省(市)的农药检定所,对50个蔬菜品种、1 293个样品的农药残留进行抽样检测,农药残留量超标率达30%,残留浓度高者为允许残留量的几倍甚至几十倍。全美资源保护委员会和儿童科学院调查指出,自1950年以来,儿童癌症患者增加908%,成年人肾癌上升109.4%,皮肤癌上升321%,淋巴癌上升158.6%,这不得不怀疑和化学农药有着很大的关系。

在我国,随着动植物重大病虫害频繁成灾,严重制约种植业,如果再不进行重视,采取一定的措施,那么对我国农业的发展将会造成一个很大的影响,对全国人民的健康生活也会有所损害。加强与重视动植物病害监测的研究,不但可以增加人们对于病害来临的时间预测,并将病害消灭在萌芽阶段,还可以尽可能的减少农作物的损失,来进一步保障农产品的品质,还可以全国范围内的降低农药、化肥的使用量，提高农产品的绿色安全，保证人民吃的安全。21世纪是个信息化时代，高科技技术迅猛发展，对社会生产力的进步发挥着巨大的推动作用，飞速发展的计算机信息技术，加速了全社会以及全球的信息化，从而推动世界范围内产业结构的调整和升级，开创了世界经济发展的新时代，也必然会对未来的农业发展带来前所未有的影响。以农业现代化、自动化、信息化为基础的"精准农业"思想带给走向知识经济时代人们以利用信息技术和现代农业科技成果经营农业的技术思想的革命。如何利用21世纪的高科技技术来进行动植物病害的监测与预警，将是这个时代高技术农业发展的必然选择。

一、作物病虫害自动测报系统

众所周知，病虫害对农作物造成了极大的损失，病虫害会使农作物经济受损，产量减少，质量下降。以往人们用喷洒农药来解决病虫害问题，长期以来，由于化肥和农药的大量使用，带来了农药残留、土壤板结和环境污染等一系列生态问题，直接威胁着人类的健康。科学研究表明，人类肿瘤、血液病和神经系统等多种疾病的发生与环境和食品的污染存在直接关系。随着农业技术的发展和不断改进，作物病虫害预防采取农业、物理、生物措施与药剂防治相结合的方法，不仅可以达到事半功倍的效果，而且可以大大的降低防治成本，减少农药用量和环境污染。

进入21世纪初，知识经济与经济全球化进程明显加快，科学技术发展突飞猛进，科技实力的竞争成为世界各国综合国力竞争的核心，农业科学技术已成为推动世界各国农业发展的强大动力，以农业生物技术和信息技术为特征的新的科技革命浪潮正在世界各国全面兴起。而这场新的农业科技浪潮中，美国、日本、德国等发达国家，印度、巴西等发展中国家，近年来都在制定实施新的农业科技发展战略，改革农业科技体制与运行机制，加大农业科研投入，加快农业科技创新步伐，抢占农业科技发展的制高点。这既对我国农业科技提出了严峻的挑战，更提供了迎头赶上新的农业科技革命，实现农业科技跨越式发展的历史性机遇。

（一）作物病虫害现状及发展动态

植物病害是指植物受到其他生物的侵害或者由于不适应的环境条件而引起的正常生理机能的破坏。植物得病以后，它的新陈代新发生一定的改变，这种改变可以引起植物细胞和植物外部形态的改变，使得植物表现不正常，这种外部的改变称作是症状。通过症状来判断植物染病的原因和确定其受害程度称为植物病害的诊断。

植物病害的类型分为两种，浸染性病害和非浸染性病害。浸染性病害是由病原生物浸染而引起的病害。比如，植物的锈病是由真菌引起，在多种植物中均可以为害。植物的非浸染性病害是由于不适应的环境条件而引起的，植物由于营养物质缺乏而引起的缺素症，由环境中的有害气体而引起的污染性病害，由于杂草的疯涨而引起的杂草病害等。

植物的病害绝大部分可引起全身症状，但是由于其致病的病原物的不同，形成了对植物主要为害部位的不同。比如，植物的锈菌、半知菌主要为害植物的叶片，引起植物发生锈病、叶斑病。尽管植物病害的症状是各种各样的，但是绝大多数的病害症状或多或少均会在植物的叶子上表现出来，叶子颜色、形状、纹理发生变化，出现病症、斑纹分布。

（二）作物病虫害自动测报技术概述

数字农业是用数字化技术，按人类需要的目标对农业所涉及的对象和全过程进行数字化和可视化的表达、设计、控制、管理的农业。作为全面促进农业、农村可持续发展的数字化农业技术，其发展具有非常重大的战略意义。数字农业将工业可控生产和计算机辅助设计的思想引入农业，把信息技术作为农业生产力的重要要素，参与到农业各个环节中，并使之成为不可缺少的组成部分。将信息技术引入农业发展，如农作物的病虫害自动测报技术的实现等，是具有非常重要的实际应用价值的。农田的害虫种类繁多，数量庞大，常见的有数百种。长期以来，我国多沿用黑光灯诱集害虫、人工识别的测报方法，其效率、准确度和实效性与测报人员的综合素质密切相关，主观因素比较大，影响了测报的准确性和实效性。由于农业田间害虫监测预报的不准确与不及时，错过防治时机，从而导致目前在我国仅害虫一项每年粮棉损失达13%～16%，因此农田害虫的实时、准确的识别，是现代农业的一种必然应用趋势，也是当今数字农业迫切需要研究和解决的问题。

（三）作物病虫害自动测报技术国内外研究现状

目前，国内外在检测农作物害虫方面主要有诱集、声测、近红外等方法。谷物害虫分类的主要方法是以其外部形状特征为依据，借助显微镜观察昆虫的整体颜色、斑点、花纹特征以及触角、头部、背部、腹部、口器、复眼、腿部、翅、毛和刺的形态结构特征，与已有准确记录的模式标本进行人工对照鉴别。由于人工检测的效率低下、信息素的合成困难、环境噪声的干扰等原因，不能准确地在线检测出谷物害虫的种类、密度等信息，难以满足病害虫检测的要求。因此，国内外对农作物害虫的检测技术有大量的研究。

1. 作物病虫害自动测报技术国外研究现状

数字农业在国外的研究已经达到了一个比较高的水平，具体体现在农业中应用计算机处理农业数据，建立数据库，开发农业知识工程及专家系统，应用标准化网络技术，开展农业信息服务网络的研究与开发等方面。在信息采集与动态监测方面，遥感发挥了巨大的作用。因此，以数字农业技术为指导的农业田间害虫的自动识别和检测也同样达到了较高的水准。

美国学者Zayas等采用机器视觉技术对散装小麦仓中的一种甲虫——谷成虫进行了研究。他们采用多光谱分析和模式识别的技术相结合来检测害虫，结果表明该法具有较高的识别率，但残缺粮粒、草籽、害虫的姿态等因素对检测结果有较大的影响。另外，自1971年美国的Kuwahara等人报道了粉斑螟、印度谷螟等信息素的化学结构以来，迄今为止已有20余种信息素分子结构被鉴定出，涉及仓储害虫近30种，其中印度谷螟、谷斑皮囊、银谷盗、米象等十几种主要仓储害虫的信息素已能够进行人工合成。在最近十几年的时间里，英国、美国、意大利与加拿大等几个国家先后在仓储害虫信息素的结构鉴定、活性鉴定、筛选、仓储害虫的监测、诱捕器的研制以及直接防治诱杀法、迷向法等应用研究方面开展了较为系统和深入的试验探索，并已在诸多方面取得很大进展。其中利用害虫生物特性如趋光性、信息素和引诱剂的诱集尤为重要。日本在对为害果树最严重的梨小食心虫和桃小食心虫的迷向防治试验中，防治效果达到了梨小食心虫被害果率为对照区的1/3，桃小食心虫被害果率为对照区的1/6，试验的主要树种有苹果、梨、桃、梅等。对苹果透翅蛾、桃潜叶蛾、卷叶娥类等害虫的迷向试验也取得了良好效果。

2. 作物病虫害自动测报技术国内研究现状

在我国，虫害测报技术虽然已经取得了一定的应用，但是仍然难以满足目前粮库中害虫检测的要求，其主要原因是在准确地在线检测害虫的种类、密度等信息的问题上，都或多或少地存在一些不足。《"十五"粮食行业科技发展规划》中已明确提出当前存在的主要问题之一是应用基础研究和软科学研究需要加强，将通过信息技术等高科技带动粮食技术的发展缺乏前瞻性研究，粮食科技工作遵循的首条基本原则是跟踪世界粮食科技发展前沿与解决实际问题相结合，研制害虫传感器，实现粮虫害的自动化检测、智能分析与自动控制，以完善安全储粮综合治理专家决策支持系统。由此可见研究有效的害虫在线检测技术，准确的给出害虫的种类、密度等信息，可为害虫的综合防治提供科学的决策依据，也具有重要的实际应用价值。

国内外许多学者在害虫的综合预测模型方面也做了大量的研究工作，而预测模型准确的测报结果是以准确的害虫在线检测为前提的。利用信息技术构建结构简单、预报准确、自动化程度高的病虫害自动测报系统，更是具有重大的实际意义。王士举、王朔等人利用仓储害虫的吃食和爬行声进行仓储害虫检测可行性设计方案，对粮库和中草药仓库采集的声信号进行傅里叶频谱分析，根据声信号的强度确定害虫种群的数量，由其基波频率可以成功确定害虫的种类以及成虫还是幼虫。邱道伊、张洪涛等人设计了大田害虫实时检测系统。其中诱集传输机构可自动诱集并调整害虫姿态，使其平稳经过摄像视区，同时运用神经网络分类器对常见的9种害虫成功的进行了分类。中国农业大学IPMIDT实验室利用自行开发的软件Bugviser对温室白粉虱自动计数，精准率达到90%以上。目前计算机视觉技术已经非常适合麦蜘蛛、潜叶蝇、红蜘蛛、蚜虫和粉虱等微小害虫种群密度的估算，另外，针对植株体本色而设计的信息视觉技术也得到了一定的发展。为了克服传统RGB三基色相机图像颜色重建的缺点，冯洁等提出用多光谱相机捕获植物光谱图像的方法，根据图像捕获位置和观测位置照明光源的情况重建出植物病虫害的真实色彩，试验结果表明16个通道的多光谱图像能够重建出植物病虫害的颜色。

（四）作物病虫害自动测报技术的发展趋势

信息技术和农作物病虫害防治工作的结合具有十分积极的意义。由于具有检测效率高、成本低、劳动小、无污染等优点，现有的自动测报系统已经能够达到粮食保质、保量和保鲜的目的，推广应用将具有社会效益和经济效益。信息技术在农作物病虫害防治工作中的应用可在如下两个方面。

在信息素诱捕方面，昆虫信息素对人、畜及其他生物无任何毒性，对生态环境无任何污染即无公害问题的生物制剂开始为人们所关注。利用害虫的信息素防治害虫无疑是今后发展的方向，虽然目前它们还不能完全代替农药防治，但应该作为综合防治体系的重要部分，可以减少农药使用，达到保护环境、保护害虫天敌、保护生态的目的。

在信息技术与害虫检测技术的结合方面，计算机视觉技术、传感器技术、地面和高空监测技术集成等勾画出了未来农作物病虫害监测的基础。田间取样，包括取样标准、图像质量、样品有无其他噪声干扰等是目前此技术面临的问题，传感器技术基于传统诱剂技术，适用于对性诱剂有趋性害虫，包括棉红铃虫、梨小食心虫、杨树透翅蛾和亚洲玉米螟等害虫的自动化监测，同时对害虫预测、农药使用和天敌释放有重要的指导意义，传感器技术也可以利用害虫声监测技术对农作物中的害虫进行检测。与传统的农产品害虫检测方法相比，此方法具有快速、准确、灵敏度高、价格低廉等优点。不同物种声信息存在一定差异，因此储粮害虫声特征可以作为种类鉴别的一种，而在未来，大尺度区域性的害虫数量、为害程度和分布面积将可以利用点面和高空遥感监测技术等获得。

虽然目前农田病虫害的检测技术的研究在实际应用中具有一定的效果，但依然难以满足广泛的害虫检测的要求。加之现实情况中害虫的种类非常复杂，且害虫种类有上升的趋势，使得一些检测方法在实际应用的过程中受到一定的限制。因此，需要不断的研究和探索新的、有效的储粮害虫的检测方法，为害虫的综合防治提供可靠的、科学的决策。

（五）作物病虫害自动测报系统

基于上述背景下，国内很多研究学者针对病虫害自动测报系统进行了研究，很多学者在国内外自动测报技术的基础上进行研发病虫害自动测报系统，但大部分理论研究中的测报系统并没有投入到实际应用中。国内在智能农业方面做的比较超前的就是托普仪器，一家专业致力于中国农业仪器发展的公司，他们研发的病虫害测报系统已投入生产使用中。有关病虫害自动测报系统介绍如下。

1. 害虫性诱智能测报系统

该害虫性诱智能测报系统采用安放性诱剂诱杀害虫的原理，集害虫诱捕、数据统计、数据传输为一体，实现了害虫的定向诱集、分类统计、实时报传、远程监测、虫害预警的自动化、智能化。可通过更换诱芯，实现对不同害虫进行监测。该害虫性诱自动监测系统具有性能稳定、操作简单、设置灵活等特点，可广泛应用于农业害虫、林业害虫、仓储害虫等各种害虫监测领域。该害虫性诱智能测报系统的功能特点如下。

（1）人机远程交互。不受距离、地域限制。即使远在他乡，只要能上网，就可以及时了解监测区内病虫害发生状况。

（2）测报多样。配置3mm、5mm、8mm间距的网盘，用户可根据需要灵活、方便、快捷、自由的更换、满足果树害虫、农业害虫、仓储害虫、检验害虫等几百种常见害虫的测报。

（3）统计精确。虫口数量统计正确率90%以上，能够相对准确的反映区域内害虫发生动态，为病虫害预防提供科学依据。

（4）信息反馈多样。随诱随报、定时反馈。可根据需要，对重点监测害虫，随诱随报，也可设定某一时间，将设定时间段内的害虫情况汇总后反馈。

（5）手机App软件操作简单。可在软件中设置地址信息、高压类型、诱芯种类、数据上报时间、工作时间等信息；可通过时间周期查询虫情信息，并可以以曲线、柱状、列表形式直观展示；可在软件中查看SIM卡工作状态、电量、诱芯及告警信息；可在软件中直接切换到其他虫情设备查看虫情数据及工作状态，实现统一管理。

2. 远程拍照式虫情测报灯

带拍照虫情测报灯也叫远程拍照式虫情测报灯、可视化虫情测报灯、虫情监测系统、虫情信息采集系统、虫情信息自动采集分析系统等，是新一代图像式虫情测报工具。采用不锈钢材料，利用现代光、电、数控集成技术，实现了虫体远红外自动处理、传送带配合运输、整灯自动运行等功能。在无人监管的情况下，可自动完成诱虫、杀虫、虫体分散、拍照、运输、收集、排水等系统作业，并实时将环境气象和虫害情况上传到指定智慧农业云平台，在网页端显示识别的虫子种类及数量，根据识别的结果，对虫害的发生与发展进行分析和预测，为现代农业提供服务，满足虫情预测预报及标本采集的需要。目前软件可自动识别的虫子有褐飞虱、白背飞虱、大螟、稻纵卷叶螟等虫体。其功能特点如下。

（1）安卓系统智能控制，全中文液晶显示，7寸电容屏显示与操作。

（2）整体结构采用不锈钢，采用光、电、数控技术，自动控制。

（3）测报灯内置工业级高清摄像头，手动拍照、自动拍照均可。

（4）可定时拍照上传至系统管理平台，在平台实现计数、报表分析，做到全天候无人值守自动监测野外虫情信息。也可通过网页端和手机端远程进行拍照和工作模式更改等设置。

（5）开启白色传送带即可将虫体输送至摄像头下方，拍照清晰；传送带可将拍摄后的虫体送至接虫盒，即虫体拍摄一次，处理一次，传送带上无虫体堆叠。

（6）可远程设置工作模式、手动控制拍照、诱虫灯开启、加热管通断、震动电机开关、传送带开关等。

（7）诱捕原理。紫外线诱虫灯发出令害虫敏感的光线致使害虫飞扑，撞击玻璃屏落到杀虫仓。

（8）3G/RJ45等多种联网模式，可随时随地联网管理。内置GPS定位功能，可在地图中查看设备站点等数据。

（9）散虫装置。散虫盘上带波浪条纹及震动电机，烘干后的虫体可均匀散落平铺在传送带上。

（10）远红外加热处理害虫，虫体致死率不小于98%，完整率不小于95%。

（11）光控。晚上自动开灯，白天自动关灯（待机），夜间工作状态下，不受瞬间强光照射改变工作状态。

（12）时控。根据靶标害虫生活习性规律，设定工作时间段。

二、生猪健康红外热成像监测系统

随着我国家畜养殖业向规模化、自动化、集约化迈进，养猪业也不例外，且近些年来随着养猪企业生产规模放大、饲养数量增多，集约化程度提高。我国市场经济的快速发展也带动了生猪育种产业及其产品的快速流通。养猪经营产业生态化、规模化导致猪场和个体经营扩大生产，盲目引种，忽视了卫生防疫工作，特别是规模较大的个体养猪专业户，普遍存在轻视疾病的防治工作倾向。我国对疫病的防控基础还比较薄弱，防疫、检疫、监测手段不够健全和完善，基层防疫队伍不稳定，缺乏大规模养殖业控制疫病的手段和经验。我国各地养殖的规模和防疫条件各不相同，且差异较大。除去规模化的养殖方式外，在欠发达的农村仍然以散养为主，养殖条件较差。正是由于这种规模化和散养并存，规模化猪场除了要防治本场内部疫病的发生和从外地传染病的传入外，还要防止从周围农村传染病的传入，这为规模化猪场传染病的防治工作带来了不小的压力和难度。

因此智能化、自动化监测系统能够快速测定生猪的健康状况，做到疫情的早发现、早处理、早治疗，对提高我国生猪的养殖成功率，提高养殖企业的经济效益有着重要的意义。

（一）生猪健康监测国内外研究状况

20世纪50年代，美国、德国、丹麦等欧美发达国家出现小规模的工厂化养猪企业，而且其发展很迅速，慢慢的形成了一整套比较完善的养猪工艺模式、配套设备以及一些比较成熟的饲养管理技术。

19世纪80年代开始，欧美国家开始对生猪养殖中自动投喂系统的设备进行研究，通过采用液体饲料投喂向自动化饲喂的转变，同时也为后期生猪养殖实现自动化打下了坚实的基础。人工饲喂是将饲料用专用的车辆运送到饲料库中，再通过人工把饲料一份份地投放到饲料槽中，人工饲喂劳动强度大，效率低下，饲料装卸频繁，容易受到污染等。后期的液体饲喂就方便很多，养殖场直接从加工厂用车辆运输已经匹配好的液体饲料，然后送到储料塔中，通过管道直接输送到生猪食槽中，这样的饲喂方式减少了饲料在运输中受到污染的概率，而且饲料损耗小，同时减少了劳动力，提高了生产效率。自动化饲喂技术的越来越成熟，使很多养殖企业开始考虑使用整个养殖系统的自动化装备，随着科学技术的突飞猛进，高新技术的不断更新，计算机技术和传感器技术的逐渐成熟，让生猪养殖自动化成为现实。20世纪90年代，BigDuctchman公司成功设计出了生猪养殖自动化管理的系统，该系统能够对养猪场的环境因子如温度、湿度等自动检测并通过上位机对猪舍环境进行调节，同时还可以对生猪进食参数信息进行检测。

几十年来，不管是发达国家还是发展中国家，现代化养殖都得到了迅速发展。大规模的现代化养猪场越来越多，有些养猪企业已达年出栏几十万头的规模，甚至有些超过100万头的规模，在发达国家现代化养殖场所提供的猪肉总量占全国产量的80%左右，其猪场的智能化、集约化程度较高，计算机等高科技设备被广泛应用。尤其是全自动的生猪生长性能测定系统的应用，保证了欧美等发达国家养猪产业的迅猛发展。近几年来，美国奥斯本工业公司、法国兴业公司、德国必达公司等少数公司设计生产了全自动化的测定系统。该系统技术先进，全自动化，精确度高，大大提高了生猪养殖水平的发展，从而推动了整个养猪业的进步。在国外，世界上较大的生猪养殖公司大多选择了美国奥斯本工业公司的生猪生长性能测定系统作为他们的育种工具，部分种猪场使用了法国或德国生产的全自动化测定系统，借此提高生长性能测定的准确性，提高生长性能测定的水平。

目前，我国在生猪养殖规模和设备上正快速追赶发达国家的水平，但是在我国，养猪业的信息化技术还在起步阶段，只是用于猪的育种方面的技术和饲料配方，对于猪的饲喂精细化、环境控制人性化和信息化还是一片空白。国外已经在猪的自动识别、精确控制喂料，舍内环境自动控制及网络在线控制方面取得很好的成绩。所以说，一套符合我国国情具有高性价比的生猪健康状况测定系统是十分有必要的，对于提高我国现代养猪生产水平具有十分重要的意义。

（二）生猪健康监测系统功能介绍

生猪健康状况自动监测系统的基本原理是：首先利用FRID射频识别模块对生猪无源电子耳标的识别，通过对电子耳标识别，从而辨识出每头生猪的个体身份信息，然后测定每年生猪个体的数据比如自身体温、环境温度、每头的进食量、每头进食的次数等。生猪健康状况测定系统在每个饲养场中安装一台测定站，每个测定站内可以饲养13～15头生猪。监测的基本流程如下：当带有电子耳标的生猪进入测定站进食时，测定站的射频识别系统立即识别出进站进食生猪的电子耳标号，此时系统响应，测量食槽重量同时红外测温模块响应，测量生猪耳背体温（此处生猪的皮肤最薄，温度也最接近生猪体温），如果体温超过阈值，系统报警，当这一采食过程结束后，系统会自动记录测定生猪进入和退出测定站的时间、测定生猪进入前及退后料槽重量变化，其中料槽的重量之差即为测定的生猪此次的进食量。同时，系统测量食槽剩余量是否足够下一头生猪进食，如果不够，系统自动搅拌电机，给食槽添加新的饲料。根据猪的习性，每头测定生猪每天都会按照等级顺序进入测定站采食13～15次，系统将每头测定生猪每次的采食量自动累加成为每天的采食量和每天测定的生猪体温记录下来并更新到数据库中。

系统能够连续准确的记录生猪测定站内每头生猪每天的采食量、采食次数、采食的时间等，并且全天候记录生猪的体温状况和猪舍的温度状况。

生猪健康自动测定系统运用的是上位机和下位机的相互协调的工作方式，上位机主要是由计算机来担当，其主要是将下位机测定的数据先存入数据库，然后利用上位机管理软件系统对采集的数据进行数据分析。下位机是由一台或者多台从机组成，每个从机就是一个测定站，测定站的主要工作是对进入测定站内进食每头生猪的身体参数进行测定，并把测得数据先存在存储器上，然后等待上位机命令，通过通信速配器的传输，把数据传导到上位机的数据库中。因为RS-485通信可以实现超远距离的通信，而RS-232适合在近距离的通信，所以下位机测定站通过RS-232和通信速配器相连，而上位机通信通常在很远的距离。

第五节 农业智能作业装备

经过半个多世纪的发展，我国农业机械化事业取得了长足的进步。但是，我国的农业机械化水平和农业装备的技术水平同发达国家还有很大的差距。农业劳动生产率低于世界平均水平，与发达国家相差几十倍甚至上百倍。目前，我国农业装备的综合技术水平仅相当于发达国家20世纪60—70年代的水平，研发和创新的技术储备严重缺乏，适用品种少、水平低，而且可靠性差，远远不能够适应现代农业生产发展的需要，严重滞后于农业生产技术的发展。随着全球现代化科学技术的进步，以及计算机技术、传感与检测技术、信息处理技术、控制技术和全球定位技术等发展，农业机械也向高度自动化、信息化和智能化方向发展。农业机械的自动化、信息化和智能化，代表了当今发达国家的农业机械现代化的水平，是农业现代化重要标志之一。为使我国农业机械化能有一个飞跃性的发展，使之在全面建设小康社会和建设"现代农业"的事业中发挥更大的作用。

农业智能装备是指综合运用机械电子、光学物理、传感控制、信息通信等现代高新技术，辅助人类高效、简便、安全、可靠地完成农业特定目标任务的硬件或硬件的系统总称。农业智能装备与传统装备区别在于，通过设计和技术的创新，在复杂多变的农业作业环境下，其具有更好的易用性、可靠性、有效性以及人与机、机与物之间交互性，其工作运行表现为更高、更快、更好，特点如下。

（1）提高机器作业的技术性能。过程监视、控制、诊断和通信。

（2）实现节本增效和利于改善生态环境。包括节约物资、降低作业成本和能源消耗以及减少对土壤、水体和动植物的污染。

（3）过程的精准操作。包括及时获取过程信息和精准执行过程控制指令。

（4）改善劳动者的操作条件，包括良好的人机接口以及操作方便性、安全性和舒适性。

（5）开发基于卫星定位系统实施精准农作的智能控制农业机械、支持农田作业的科学管理决策。

一、智能导航技术及装备

精准农业将是我国未来发展的大势所趋和发展的新潮流。它就是采用全球导航卫星系统信息技术和各种先进的传感器，实现智能化、自动化及污染少的现代化农业。智能农机是精准农业的核心，更是未来发展的方向和研究重点，智能农机使农机操作人员从复杂繁忙的工作中解放出来，增加了农田工作的机械效率，降低了人为工作时出现的偏差。以往的非智能农业机械工作时，依靠操作人员的驾驶经验，走直线和保证结合线的精度很困难，偏航经常发生，重复播种和漏播也经常发生，这些都增加了农业成本以及减小了土地的使用率，因此智能农机是很有必要的。

农机的智能化体现在行走上，考虑到在农业生产中的特殊地形，如何使得农机进行自主化行走，这正是智能导航相关的研究工作。提到导航，不得不说一下和导航相关的几个导航系统及技术。

（一）智能导航技术

GNSS即全球导航卫星系统（Global Navigation Satellite System）包括美国的GPS（Gloabal Positioning System）、俄国的Glonass、欧盟的Galileo以及我国的北斗卫星导航系统。GNSS技术是精准农业的重要基础以及关键技术，在农田工作的每个过程都有应用，如农田整平、田地电子地图绘制、田地和作物信息采集、无人驾驶、精准播种、变量施放肥料、变量喷洒农药、产量监控、农业机械监控等。

1. 全球定位系统

全球定位系统GPS具有全球性、全天候、不间断地精准导航以及定位功能，有较好的抗干扰性以及保密性。GPS系统最基本的特点是"多卫星、较高的轨道、较高的频率、精准的测量、精准的测距"。由此产生的特点如下：①全球覆盖连续导航定位。②高精度三维定位。GPS可以不间断的让用户得到三维信息、速度大小以及精准时间信息。③定时导航定位。

2. 伽利略系统

伽利略系统（Galileo）是未来精确度很高的以及全部开放的定位系统。系统组成：①卫星星座。三个不相互依赖的圆形轨道，30颗卫星（27颗是用作工作，3颗是用作备用）。卫星的轨道倾角i=56°；卫星的公转周期T=14h23m14S恒星时；轨道高度H=23 616km。②地面系统。在欧洲建立2个控制中心，在全球构建监控网。③定位原理。与GPS相同。④定位精度。导航定位精度相较于当今其他系统都不低。

3. 俄罗斯的GLONASS

GLONASS系统，能够提供给世界上所有的军用和民用，全天候和不间断提供精度较高的定位、速度和时间信息。在测定坐标位置、测量速度和测量时间的精度上GLONASS高于GPS。

4. 中国的北斗卫星

我国自己建设，独立运作，可以和当今其他卫星导航系统融合使用，北斗将来能在全球范围内为各类用户提供全天候精度较高、可靠性较高、定位准确的导航服务，精度可以实现用分米、亚米级，并且北斗有自己的优点，就是定位报告以及短报文服务功能。在核心技术领域的快速发展，北斗导航系统击破了美、欧等发达国家对我国的技术封锁。我国所涉及的"中国芯"应用处理器是我国全部自主研发的CPU/DSP核，包含指令集、编译器等软件工具链和一切核心技术，都具有百分之百自主知识产权，并且具有国际领先水平的多线程处理器架构，而且在提供多核处理器处理能力的同时，能够共享大部分硬件资源。

（二）RTK自动导航技术的发展

RTK是当今全球，能够实时获得厘米等级定位精度的较领先的卫星定位差分改正技术，是一个较领先的使用较多的定位方式。在黑龙江省胜利农场RTK自动导航系统启动仪式上，凯斯纽荷兰机械贸易（上海）有限公司向胜利农场，转交了自动导航基准站（RTK高精度），在全国范围内，首家把这个技术使用在自己的农场上。RTK自动导航技术在该局的大量使用，预示着东北农田农业机械标准化工作水平以及农业机械化水平又上升到非常高的高度。精度较高的无人驾驶导航技术的应用，可以为降低污染、增大田地使用率等方面，提高作物产量与经济效益，降低对土地的多次碾压等方面带来的不利。随着系统的升级，农田耕种、起垄、施肥等方面将全面进入自动导航作业阶段。农田作业水平的提高，进一步能够使农业生态化、农业标准化、农业可持续化、农业效益化的水平加大。

（三）智能导航技术的应用

近年来，随着中国农业机械化的迅速普及，约翰迪尔智能农业的代表作AutoTrac自动导航系统也更受到中国用户的支持与认可。凭借与约翰迪尔拖拉机整合度更高，RTK信号更加稳定，通用性更佳，可靠性更强，适用性广且拆装方便等显著优势，AutoTrac自动导航系统迅速成为了农场、合作社等用户的不二之选。自动导航农机如图2-26所示。

图2-26　自动导航农机

　　AutoTrac是约翰迪尔精准农业的入门级产品，在中国推出的AutoTrac自动导航产品有ATU和ATI，可实现自动对行。以上产品均可以使用不同精度等级的信号，SF1信号精度为19~23cm，全新的StarFire6000接收器使用的SF3信号精度为正负3cm，而采用RTK基站，可以达到正负2.5cm。

　　ATU为通用型自动导航系统，采用电机驱动，目前主要用于6B和6J系列拖拉机上，安装简便，通用性强，仅仅需要30min即可从一台机器转移到另一台机器上。自动导航拖拉机如图2-27所示。

图2-27　自动导航拖拉机

　　ATI为集成自动导航系统，采用液压驱动，7M拖拉机、8R拖拉机、S系列收割机、8000系列青贮机等先进机型都预留了快速接口，可以实现即插即用，更加方便快捷。并且可以实现更加出色的转向控制。

　　AutoTrac自动导航系统的组件之一——2017年全新推出的StarFire6000接收器优势更为显著。采用精度为3cm的SF3信号，SF3信号在一年内具有重复性，信号收集时间小于30min，增强了越过遮盖区域后的信号搜索能力。多卫星跟踪，保障信号的稳定性，USB快速编程仅需3min。

　　AutoTrac自动导航系统几乎可以在任何土地状况下，准确地操控机器的转向，主要用于起垄、播种、收获等作业，起到走直线的效果，并能充分优化机器效率，减轻操作员疲劳，大大延长驾驶员的作业时间，提高作业量。AutoTrac自动导航能够优化农业生产的投入，大大减少农机具往复线的重叠，节省时间、燃料、种子、肥料等各项农业生产成本，提升整地、播种、收获机具的工作效率，助力用户最大化机械投资收益。

二、智能机器人采摘技术及装备

随着电子计算机和自动控制技术的迅速发展、农业高新科技的应用和推广，农业机器人已逐步进入农业生产领域中，并将促进现代农业向着装备机械化、生产智能化的方向发展。近年来，我国不断加快推动农业机械化的步伐，致力提升现代农业水平，以缩小与发达国家在农业现代化方面的差距。随着农业机械化的快速发展，用于农业生产的特种机器人得以问世，并逐渐成为农业技术装备研发的重要内容。农业机器人的出现和应用改变了传统的农业劳动方式，促进了现代农业的发展。随着新的农业生产模式和新技术的发展与应用，农业机器人将成为农业生产的主力军。采摘机器人（图2-28）作为农业机器人的重要类型具有很大的发展潜力。采摘是农业生产中季节性强、劳动强度大、作业要求高的一个重要环节，研究和开发采摘的智能机器人技术对于解放劳动力、提高劳动生产效率、降低农业生产成本、保障新鲜果蔬品质，以及满足作为生长的实时性要求等各个方面都有重要的意义。

图2-28　采摘机器人

（一）采摘机器人的特点

工业领域是机器人技术的传统应用领域，目前已经得到了相当成熟的应用；而采摘机器人工作在高度非结构化的复杂环境中，作业对象是有生命力的新鲜水果或者蔬菜。

同工业机器人相比，采摘机器人具有以下的特点。

（1）作业对象娇嫩、形状复杂且个体状况之间的差异性大，需要从机器人结构、传感器、控制系统等方面加以协调和控制。

（2）控制对象具有随机分布性，大多被树叶、树枝等掩盖，增大了机器人视觉定位难度，使得采摘速度和成功率降低，同时对机器手的避障提出了更高的要求。

（3）采摘机器人工作在非结构化的环境下，环境条件随着季节、天气的变化而发生变化，环境信息完全是未知的、开放的，要求机器人在视觉、知识推理和判断等方面有着相当高的智能。

（4）采摘对象是有生命的、脆弱的生物体，要求在采摘过程中对果实无任何损伤，从而需要机器人的末端执行具有柔顺性和灵巧性。

（5）高智能导致高成本，农业或农业经营会很难接受，而且采摘机器人的使用时间较短、存在一定的季节性、对一定的空间移动性也有要求、智能化设备利用率不高、故障率比较高等这些目前存在的缺点，是限制采摘机器人无法推广使用的重要因素。

（6）操作采摘机器人的劳动者大多是农民，并不是具有机电知识的工程师，所以说在采摘机器人的设计中一定要使其具有高可靠性和操作简单、界面友好的特点。

（二）国内外采摘机器人的研究进展

果蔬采摘机器人的研究开始于20世纪60年代的美国（1968年），采用的收获方式主要是机械震摇式和气动震摇式。其缺点是果实易损、效率不高，特别是无法进行选择性的收获，在采摘柔软、新鲜的果品方面还存在很大的局限性。但在此后，随着电子技术和计算机技术的发展，特别是工业机器人技术、计算机图像处理技术和人工智能技术的日益成熟，采摘机器人的研究和开发技术得到了快速的发展。发达国家根据本国实际，纷纷开始农业机器人的研发，并相继研制出了嫁接机器人、扦插机器人、移栽机器人和采摘机器人等多种农业生产机器人。农用机器人技术的发展有效促进了发达国家农业生产过程的自动化、智能化和精准化发展。进入21世纪以来，农业劳动力不断向其他产业转移，农业劳动力结构性短缺和日趋老龄化渐已成为全球性问题。设施农业、精确农业和高新技术的快速发展，特别是人工作业成本的不断攀升，为农业机器人的进一步发展提供了新的动力和可能。

目前，日本、荷兰、法国、英国、意大利、美国、以色列、西班牙等国都展开了果蔬收货机器人方面的研究工作，涉及的研究对象主要有甜橙、苹果、西红柿、樱桃、西红柿、芦笋、黄瓜、葡萄、甘蓝、菊花、草莓、蘑菇等，但这些收获机器人目前都还没有实现真正的商业化。

采摘是水果和蔬菜生产中最重要的环节之一，直接影响到果品的市场价值。自1983年第一台西红柿采摘机器人在美国诞生以来，采摘机器人的研究和开发历经了20多年，日本和欧美等国家相继立项研究采摘苹果、柑橘、西红柿、西瓜和葡萄等职能机器人。相比，农用机器人在中国无论是研发还是应用还处于起步阶段，具体表现在投资少、发展慢、技术差距大等方面。20世纪90年代中期，国内才开始了农业机器人技术的研发。伴随着工业化、城镇化和现代化的快速发展，农用机器人的研发范围才逐步扩大。目前在耕耘机器人、除草机器人、施肥机器人、喷药机器人、蔬菜嫁接机器人、收割机器人、采摘机器人等方面均有研发。国内外有关于采摘机器人的研究成果如下所示。

1. 西红柿采摘机器人

日本松下公司开发出一款番茄采摘机器人（图2-29），搭载其自产的图像传感器，能够实现番茄的无人采摘。现已在日本农户进行试用，松下希望进一步提高传感器性能，最终实现商品化，并计划在本公司的植物工程内使用这款机器人。

图2-29　番茄采摘机器人

据悉，该番茄采摘机器人使用的小型镜头能够拍摄7万像素以上的彩色图像，首先通过图像传感器检测出红色的成熟番茄，之后对其形状和位置进行精准定位。机器人只会拉搜菜蒂部分，而不会损伤果实，在夜间等无人时间也可以作业。

当采摘篮装满后，将通过无线通信技术通知机器人自动更换空篮。可对番茄的收获量和品质进行数据管理，更易于指定采摘计划。

2. 草莓采摘机器人

在比利时的一间温室中有台小型机器人（图2-30），它穿过生长在支架托盘上的一排排草莓，利用机器视觉寻找成熟完好的果实，然后用3D打印的爪子把每一颗果实轻轻摘下，放在篮子里以待出售。如果感觉果实还未到采摘的时候，这个小家伙会预估其成熟的时间，然后重新过来采摘。

图2-30　草莓采摘机器人

在加州，严格的移民政策令移民农场工的数量不断减少，而本地工人也不想干这种工作，这导致草莓种植者很难找到工人来采摘水果。在英国，英国脱欧使农业工作对东欧工人的吸引力下降，而这些工作此前大多被他们承包。如今，大多数发达国家都面临着类似的农业劳动力短缺的挑战。

"农业劳动力在眼下是不可持续的，因为从事这种工作的常常是外来人口，他们远道而来，然后忙完了再回家。要么就是一些移民，他们希望以此起步，未来再换更好的工作。"Octinion首席执行官汤姆·科恩（Tom Coen）说道。

Octinion公司开发的这台机器人可每5s摘一颗草莓，而人类的速度要稍快，平均每3s摘一个。

"我们要略慢一点，但在经济上我们是有利可图的，因为每个果实的成本是类似的。"科恩说。

Octinion基于成本约束，以及其他采摘草莓的要求开始设计这台机器人。比如，草莓的茎在采摘时不应留在果实上，因为它会在篮子里刺破其他的草莓。当果实开始包装时，更红的一面应该放在上面，以吸引消费者。机器人的视觉系统能够完成这项任务。

这台机器人设计的目的是为了与"桌面"生长系统配合，即草莓生长在一排排托盘上，而不是田野里，因为这是行业正在发展的方向。在欧洲，温室种植草莓已经成为一种标准方式，生产的草莓大多出口到了美国。Driscolls等主要生产商已经开始转向托盘生长系统，因为架高种植要更便于机器人或人类采摘。Driscolls一直在开发另一个草莓采摘机器人，但它总会把草莓割伤。而Octinion的机器人则会计算是否会擦伤草莓，如果会则不摘。

除了更便于采摘，托盘生长系统还更节水，因为系统只需浇灌草莓周围少量的土壤即可，并且单位面积产量更高。

随着全球城市化不断提高，科恩相信，垂直农业系统必然会越来越多，而机器人将帮助该系统更具经济效益。

3. 黄瓜采摘机器人

黄瓜采摘机器人（图2-31）是利用机器人的多传感器融合功能，对采摘对象进行信息获取、成熟度判别，并确定采摘对象的空间位置，实现机器人末端执行器的控制与操作的智能化系统，能够实现在非结构环境下的自主导航运动、区域视野快速搜索、局部视野内果实成熟度特征识别，以及果实空间定位、末端执行器控制与操作，最终实现黄瓜果实的采摘收获。

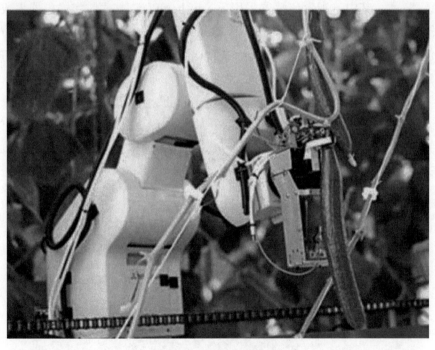

图2-31　黄瓜采摘机器人

4. 多功能葡萄采摘机器人

日本研发的葡萄采摘机器人采用5自由度的极坐标机械手，末端的臂可以在葡萄架下水平匀速运动。视觉传感器一般采用彩色摄像机，采用PSD三维视觉传感器效果更好些，可以检测成熟果实及其距离信息的三维信息。在开放式的种植方式下，由于采摘季节太短，单一的采摘功能使得机器人的使用效率太低，因此开发了多种末端执行器，如分别用于采摘和套袋的末端执行器、装在机械手末端的喷嘴等。用于葡萄采摘的末端执行器有机械手指和剪刀，采摘时，用机械手指抓住果房，用剪刀剪断穗柄。

5. 苹果采摘机器人

在我国，现已自行研制了苹果采摘机器人（图2-32），该机器人主要由两部分组成：2自由度的移动载体和5自由度的机械手。其中，移动载体为履带式平台，加装了主控PC机、电源箱、采摘辅助装置、多种传感器；5自由度机械手由各自的关节驱动装置进行驱动。此开链连杆式关节型机器人，机械手固定在履带式行走机构上，采摘机器人机械臂为PRRRP结构，作业时直接与果实相接触的末端操作器固定于机械臂上。机械臂第一个自由度为升降自由度，中间三个自由度为旋转自由度，第五个自由度为棱柱关节。由于苹果采摘机器人工作于非结构性、未知和不确定的环境中，其作业对象也是随机分布的，所以加装了不同种类的传感器以适应复杂的环境。其采用的传感器分为视觉传感器、位置传感器和避障传感器3类。其中，视觉传感器采用Eye-in-hand安装方式，完成机器人或末端操作器与作业对象之间相对距离、工作对象的品质、形状及尺寸等任务；位置传感器包括安装在腰部、大臂、小臂旋转关节处和直动关节首尾两端的8个霍尔传感器，它可控制旋转关节的旋转角度和直动关节的直行进程，另外还包括末端执行器上的2个切刀限位开关和用于提供所采摘苹果相对于末端夹持机构位置信息的两组红外光电对管；避障传感器包括安装在小臂上、左、右3个方向上的5组微动开关和末端执行器前端的力敏电阻，以求采摘机器人在工作过程中能够有效躲避障碍物。

图2-32　苹果采摘机器人

（三）采摘机器人的主要问题和关键技术

虽然国内外对于采摘机器人的研究都已经取得了比较大的进展，但是果蔬采摘机器人的智能水平还很有限，离实用化和商品化还有一定的距离。目前，采摘机器人研究领域主要存在的问题：一是果实的识别率和采摘率不高，损伤率较高。目前，识别果实和确定果实位置主要用灰度阈值、颜色色度法和几何形状特征等方法，但都存在一些问题。二是果实的平均采摘周期较长，现在的采摘机器人由于视觉、结构和控制系统等原因，很多的采摘机器人效率不够高。三是采摘机器人制造成本较高，设备利用率低，使用维护不方便。

随着传感器及计算机视觉等技术的发展，果蔬采摘机器人的研究还需在以下几个方面进行努力：一是要找到一种可靠性好、精度高的视觉系统技术，能够检测出所有成熟果实，精确对其定位。二是提高机械手和末端执行器的设计柔性和灵巧性，成功避障，提高采摘的成功率，降低果实的损伤率。三是要提高采摘机器人的通用性，提高机器人的利用率。

三、农产品品质快速无损检测技术及装备

无损检测技术是一门发展速度很快的综合工程学科，无损检测技术已经成为衡量一个国家或者地区工业发展水平的重要标志。果蔬产品品质检测技术对于水果和蔬菜的生产和消费都十分的重要，一直都是农业工程领域的重要研究课题。无损检测相对外部品质，对于果蔬产品的内部品质，像成熟度、糖含量、脂含量、内部缺陷、组织衰竭要难得多。基于外部和内部的品质参数，其无损检测也就可以大致按照其品质进行内部检测和外部检测。对无损检测而言，其要求更高，检测方法可以归纳如下。

（一）利用果蔬产品的电学特性

果蔬产品的电学特性一直是很多农业工程专家研究的一个热门课题，他们对于水果和蔬菜等大量农业物料的电或者电介质的特性测定进行过广泛的研究，并且测量的频率范围大部分集中于高频波段。通过国内外相关学者的研究结果表明，果蔬的一些介电参数与其内部品质有一定的相关性，并且介电参数的测量结果与所选择的测试频率有着密切的关系，Nelson和Lawrence等以$1\sim5MHz$频段的电容测量法分别针对单个大豆（1994）、枣椰子（1994）和美洲山核桃（1995）进行过测量研究，结果表明介电常数随果蔬种类的不同而不同，但是在某频段范围内，所测试果蔬的介电常数随频率的增加而均匀稳定地减少，介质损耗随频率的增加而呈减小趋势。国内此方面研究尚处于起步阶段，一些学者也曾对苹果、梨的电学特性与新鲜度的关系进行研究，随着水果新鲜度的降低，在切片阻止腐烂或损伤与非腐烂或无损伤的两种情况下，它们的电学特性呈相反的变化，在切片阻止已有腐烂或损伤的情况下，其等效阻抗值显著地比新鲜的正常果肉要

小，而相对介电常数及损耗因数则比正常组织要大。结果表明，水果的电学特性参数与水果品质密切相关，为实现水果在线无损品质检测和自动分级奠定了理论基础。

（二）利用果蔬产品的光学特性

由于水果或蔬菜的内部成分及外部特性不同，在不同波长的射线照射下，会有不同的吸收或反射特性，且吸收量与果蔬的组成成分、波长及照射路径有关。根据这一特性结合光学检测装置能实现水果和蔬菜品质的无损检测。

检测方法有规则反射光法、漫反射光法和透射光法。Dull G和Birth G S等利用近红外884nm和913nm两个波长反射光谱法测定了成熟罗马甜瓜中蔗糖与可溶性固形物的含量，试验结果表明近红外光谱与可溶性固形物含量的相关系数样品薄片为0.97，与理论结果0.60相差结果比较大。李晓明、岩尾俊男为有效检测桃内部的损伤情况，测定了桃在400～2 000nm内的分光反射特性，结果表明在可见光波长域内，实测值与理论值两者的反射率差异极小，800nm以上的近红外波长域，反射率差值比较大。国内在这方面也有较大的进展，陈世铭、张文宪等利用1 000～2 500nm近红外光谱对水蜜桃和洋香瓜等果汁的糖度检测进行了研究，分析了多元线性回归、偏最小二乘法和神经网络3种校正模式对不同光谱处理的近红外线光谱检测果汁糖度的影响。

总的来说，目前这种方法是无损检测与分拣技术中最实用和最成功的技术之一，具有适应性强、检测灵敏度高、对人体无害、使用灵活、设备轻巧、成本低和易实现自动化等优点，目前国内外易逐步进入实际应用阶段。

（三）利用果蔬产品的声波振动特性

早在20世纪60年代末、70年代初就有很多学者对果蔬产品的声波振动特性进行过深入研究，并取得一定的成果，他们把坚硬系数$f^2m^{2/3}$（f和m分别各自代表第二共鸣频率和果蔬的质量）作为果蔬产品硬度品质的独立指标。

Yamamoto等人基于瓜果的声学相应特性对苹果和西瓜内部品质的无损检测进行过研究。Armstrong测量了苹果的第一阶固有频率并利用弹性球模型的纯压缩振动模式预测了苹果的弹性模量。Chen P等人研究了影响苹果声学的响应的原因，并指出声调与苹果的第一、第二阶固有频率有直接的相关性。Stone M L等人研究了利用声脉冲阻抗技术确定西瓜成熟度的方法。理论上，对于一个弹性球体的自由振动，球体的弹性系数与其他一些物理特性有关，如Ea（1+u）$f^2m^{2/3}\rho^{1/3}$，在这里Ea代表弹性系数；u是泊松比；f是自由振动的共鸣频率；m是质量，ρ是密度。这里u和ρ是一对相关常量，$f^2m^{2/3}$作为预测水果硬度检测标准，这里容易把传统上的硬度（即力与变形的比值）与通过Magness-Taylor方法所测得的果肉硬度相混淆，果肉硬度是一种表示果肉浓度的量度标准。另一个值得提醒的是：由于每一个水果有多个共鸣频率，因此当比较不同水果的硬度时，使用同一次序的共鸣频率就显得很重要。基于商业应用考虑，Armstrong和Brown使用声学测量技术设计了一条苹果硬度检测的原型包装线，并开发了一套计算机软件，使之可以从声波信号中获取第一共鸣频率。在实践研究中也显示了，硬度检测的第一共鸣频率，正是我们所希望抑制更高次序的共鸣频率。Chen等发现更高次序的共鸣能够通过延长脉冲实践（水果与敲锤之间的接触时间）进行抑制。B D Ketelaere和J D Baerdemaeker研究出了一种基于频率分析来估测西红柿硬度的方法，研究表明西红柿椭圆模型的共鸣频率与其硬度相关，他们把一种基于统计的无参数滤波方法应用于频率以获得共鸣频率的有力估计，并施加以合适的算法，从而可以以最少的测量次数获得单个西红柿的硬度。在国内这方面的研究也有长足的房展，葛屯等人基于西瓜结构的震动特性，对西瓜进行理论建模，并通过有限元计算与振动模态试验对比，找出了可以区分成熟与否的多边形阵型的特征模态。

（四）利用核磁共振技术

核磁共振（NMR）是一种探测浓缩氢质子的技术，它对水、脂的混合团料状态下的响应变化比较敏感。研究者发现，水果和蔬菜在成熟过程中，水、油和糖的氢质子的迁移率会随着其含量的逐渐变化而变化，另外，水、油、糖的浓度和迁移率还与其他一些品质因素诸如机械破损、阻止衰竭、过熟、腐烂、虫害及霜冻损害等有关，因此，基于以上的特点，通过其浓度和迁移率的检测，便能检测出不同品质参数的水果和水草。

虽然NMR成像技术已经成功商业应用于检测人体的肿瘤和其他的人体异常的医学领域，但它潜在的用来检测水果和蔬菜的缺陷和其他品质因素的价值还没有完全被挖掘。Hinshaw等已经证明了MRI能够产生果实内部阻止的高清晰度图像。Chen等使用MRI来检测水果和蔬菜的不同品质因素，他们还发现诸如回射延迟、浓度和扫描切片的厚度等试验参数的变化对试验样本特征图像的增强有显著的影响。Rollwitz等则设计出了适合农业应用的各种类型的便携NMR传感器。

NMR成像技术的应用可以让研究者以更详尽的参数无损检测水果或者蔬菜，不仅可以方便地找出NMR参数与品质参数之间的对应关系，而且可以大大促进NMR技术的发展。基于NMR技术对果蔬产品无损检测的持续研究也可以促进NMR传感器在水果和蔬菜生产中的应用。

（五）利用机器视觉技术

机器视觉技术与农业中的应用研究，始于20世纪70年代末期，主要进行的是植物种类的鉴别、农产品品质检测和分级。随着图像处理技术的迅猛发展和计算机软硬件的日益提高，机器视觉系统在果蔬品质自动检测和分级领域应用已得到了较大的发展，并促进了新的算法和硬件体系结构的发展，以便于将该技术用于水果和蔬菜内部品质的自动分选系统。Rehkugler和Kroop运用黑白图像处理技术进行苹果表面的碰牙伤检测，并根据美国标准进行分级。Marchant等设计了一种计算机视觉系统，能把马铃薯分成不同尺寸级别和不同形状级别，这个系统使用了一种多处理体系结构和一种硬件数据缩减单元，能够以40个/s的速率分选马铃薯。Heinemann和Morrow运用多变元区分技术对土豆和苹果的速度直方图进行分析，从而区分发绿土豆和正常土豆，并对不同颜色特征的苹果进行分类。在国内，张书慧等人通过建立图像数据采集与分析系统及相关的农产品图像数据库，利用计算机视觉实现对苹果、桃等农产品品质（表面颜色、形状、缺陷）的准确分级。应义斌等人研究以表面色泽与固酸比为柑橘成熟度指标，建立了用于柑橘成熟度检测的机器视觉系统，确定了适宜的背景颜色，进行了柑橘的分光反射试验，试验表明700nm是获得高质量的柑橘图像的较佳中心波长。并建立了利用协方差矩阵和样本属于橘黄色和绿色的概率来判断柑橘成熟度的判别分析法，可以使柑橘成熟度的判别准确率达到91.67%。

利用机器视觉技术实现果蔬产品内部品质无损检测，目前是国际上研究的热点课题，从目前的国内外研究进展情况来看，技术已经比较成熟，但是检测精度和速度均与实际应用还有一定的距离。

（六）利用电子鼻技术

对很多水果和蔬菜来说，芳香是一种重要的品质属性，目前，鼻子仍然是测量食品和农产品气味和芳香的最好的检测器。Gardner和Bartlett介绍了电子鼻的简短发展史，绝大多数电子鼻使用一种组合传感器，每个传感器对气体中的一种或多种成分有高度的敏感性。

用来判断水果成熟度的一种商业芬芳传感器于1990年在日本就投入市场，该公司说明书中显示了一种称为"Sakata水果检测器"的手提检测器（大约重700g），能够以99%的准确率检测已腐烂、过熟和未熟的水果。国内的邹小波研究者模拟人的嗅觉形成过程研制出了一套用金属氧化物半导体气敏传感器陈列组成的电子鼻系统，同时用BP神经网络对样本进行识别分析，测试正确率达到80%。

（七）利用撞击技术

一个弹性球体撞击一个刚性表面的反作用力与撞击的速率、质量、曲率半价、弹性系数和球体的泊松比等有关。研究者发现水果对刚性表面的撞击基本上能用弹性球体进行模拟，水果的硬度对撞击的反作用力有直接的影响。Nahir等就探讨了当番茄从70mm高度掉在刚性表面时，其反作用力与水果的质量及硬度之间的紧密关系，并基于质量和颜色研制了一种分选番茄的试验机器，通过对水果反作用力的测量与分析，能分选出番茄。Ruiz-Altisent等研制出一套试验系统，利用撞击参数把水果（苹果、梨子）分成不同的硬度级别。Chen等人使用一个低质量的撞击物进行研究，结果产生以下我们期望的特征：它提高了被测加速度信号的强度，提高了计算出的硬度指数量级和硬度指数随水果硬度的变化率（硬度指数对水果硬度的变化是十分敏感的），减小了由于水果在撞击过程中的运动而导致的误差，减小了由于水果被撞击而导致的损伤并且可以使感应效率更高，基于这些发现，他们研制出了一种低质量高速的撞击传感器，用来测量桃子的硬度，获得了很好的效果。

（八）利用其他方法

除此之外，还常利用密度、硬度、强制变形及射线等技术方法对果蔬进行无损检测与分选。很多水果和蔬菜的密度随着成熟度的提高而提高，但某些类型的损害和缺陷如柑橘类的霜冻伤害、水果的病虫害、西红柿的虚肿以及黄瓜和马铃薯的空心等导致其密度的减小，找出密度与其品质之间的相关性，使可以利用密度对其进行无损检测。Zaltzman等人基于农产品的密度与其品质的相关性，设计了一套引水设备装置，能够以5t/h的速度把马铃薯从土块和石头中分选出来，达到99%的马铃薯命中率及100%的土块和石头排除率。很多水果的硬度与其成熟度也有关，一般水果和蔬菜的硬度随其成熟度的提高而逐渐降低，成熟时，将会急剧降低。过熟的和损坏的水果则变得相对柔软，因此根据硬度不同，可以把水果和蔬菜分成不同的成熟等级。或把过熟的和被损坏的水果加以剔除，这方面的技术已经投入生产应用。Takao研制了强制变形式的硬度测量装置（因其能估测水果的硬度、未成熟度和纹理结构而被命名HIT计算器）。Bellon等发明了一种微型变形器，它能以92%的准确率把桃子分成质地不同的三种类型。Armstrong等研制了一种能自动无损伤检测一些诸如蓝浆果、樱桃等小型水果硬度的器械，它是把整个水果夹在两平行盘之间，利用强制偏差测量法进行测量，并配合自动数据采集和分析等方法，测量速率能够达到25个/min。另外，多数水果和蔬菜能够被像X射线和γ射线这种短波辐射穿透，穿透的程度主要取决于其品质密度与吸收系数，因此，基于这种特性，利用X射线和γ射线技术能够与其密度相关联的品质参数进行检测。

第六节　其　他

一、农产品质量追溯技术及装备

（一）农产品追溯技术概述

农产品追溯系统是针对食品安全而来的，简单的说就是产品从原辅料采购环节、生产环节、仓储环节、销售环节和服务环节的周期管理，也就是说市民购买一个产品后，通过扫描产品上的追溯条码，就能查到农产品的产地、上级批发商和下端零售商，一旦出现食品安全问题就可以快速逐级排查，为消费者的菜篮子加上一道"安全锁"。

农产品质量指农产品适合一定的用途，满足人们需要所具备的特点和特性的总和，即产品的适用性。它包括产品的内在特性，如产品的结构、物理性能、化学成分、可靠性、精度、纯度等；也包括产品的外在特性，如形状、外观、色泽、音响、气味、包装等；还有经济特性，如成本、价格等；以及其他方面的特性，如交货期、污染公害等。农产品的不同特性，区别了各种产品的不同用途，满足了人们的不同需要。可把各种产品的不同特性概括为：适用性、可靠性、安全性、寿命、经济性等。所谓的农产品质量标准，就是为保证农产品的质量达到一定的技术水平而制定的一系列技术规定。

农产品质量追溯系统运用计算机、数字化物流管理等技术，对农产品从生产源头到消费市场实施精细化管理，全程记录下种植户和养殖户在生产、加工、流通各个环节的质量安全信息，使农产品质量有了较强的可追溯性。好的农产品质量追溯系统一定会有一个合格的规范制度，如何让农产品规范起来，国家颁布的规定有以下几点。

1. 加强产地环境管理，推行产地编码

指导建立产地编码，建立生产者农产品质量安全责任制度。以农业企业和农民专业合作经济组织为主体，分散种植户和养殖户为补充，建立无公害农产品产地编码和生产者基础信息，从源头做到农产品身份可识别、可追溯。

2. 推行良好农业规范及养殖标准化，建立农产品质量保障体系

按照标准化生产要求，大力推广良好农业规范及养殖标准化，规范生产过程，建立健全各种种植、养殖档案，包括生产（经营）者编号、生产（经营）者名称，种植（养殖）品种、肥料施用、农（兽）药施用、添加剂使用、疫苗使用、收获和其他田间作业记录以及产品检测等相关信息，落实质量管理责任制，建立产品质量保障体系。

3. 加大产地产品监测力度，建立合格产品准出制度

加强产品监测，并建立产品合格把关制度，完善不合格产品的处理措施。农产品进入批发市场、储运各环节要有追溯记录。

4. 规范包装标识，建立相应的备案制度

对重点产品，建立规范的包装标识。包装标识须标明产品名称、产地编码、生产日期、保质期、生产者、产品认证情况等信息，并建立详细的备案管理，确

保产品流向可追踪。

5. 建立农产品质量安全追溯信息平台

根据工作推进情况，建立相应的农产品质量安全可追溯管理系统，建立农产品编码数据库、农产品生产档案数据库、农产品检测数据库，以及流通环节数据库，通过互联网，实现农产品质量安全全程可追溯管理。

6. 追溯程序的启动

对发生问题的单位、组织以及个人，根据最初信息源立即启动追溯程序，包括查找生产日期、确定种植和养殖基地、代码编号，通过查阅田间或养殖场管理日志、台账、检测报告等分析原因。对于违规事实，由相关部门经调查核实后，依法处置相关责任人，对违规经营的经销商、营业网点及化学投入品生产厂家视其情节严重程度，处以警告、罚款、吊销经销资格等处分，情节特别严重的，移交司法部门处置。

（二）农产品质量追溯系统

农产品质量安全监管综合系统的使用，将加强农产品质量安全追溯能力建设，强化农产品质量安全追溯管理工作，实现生产记录可存储、产品流向可追踪、储运信息可查询；将农产品从生产到加工直至销售等全过程结合起来，逐步形成产销区一体化的农产品质量安全追溯信息网络，协同实施农产品批发市场索证索票及台账管理的方式，逐步实现规范化、制度化，将管理工作从被动应付向常态管理和源头管理转变。

追溯是指通过登记的识别码，对商品或行为的历史和使用或位置予以追踪的能力。可追溯性是指利用已记录的标记追溯产品的历史、应用情况、所处场所或类似产品或活动的能力。追溯体系一般涉及信息记录、采集、交换、传递、追踪等环节。

建立农产品质量安全可追溯体系有以下作用。

（1）提高农产品质量安全突发事件的应急处理能力。

（2）提高政府管理部门对农产品质量安全的监管效率。

（3）增强消费者的安全感。

（4）提高生产企业诚信意识和生产管理水平。

（5）提升我国农产品的国际竞争力。

农产品质量追溯系统可实现"从农田到餐桌"的全程可追溯信息化管理。该系统以保障消费安全为宗旨，以追溯到责任主体为基本要求，是区域农产品质量安全信息统一发布和查询平台。系统根据"一物一码"标准，为农产品建立个体身份标识，准确记录从种植管理、生产、加工、流通、仓储到销售的全过程信息，通过短信、电话、触摸屏、网上查询、手机扫描二维码、条形码等查询方式，为消费者提供透明的产品信息，为政府部门提供监督、管理、支持和决策的依据，为企业建立高效便捷的流通体系。

（三）智农溯源平台系统介绍

1. 农产品信息采集系统

面向相关政府部门、企业和消费者三方。如种植业，利用高精度信息采集器，企业可进行环境及作物生长信息监测，采集温度、湿度、风力、大气、降雨量，有关土地的湿度、氮磷钾含量和土壤pH值等信息，从而进行科学预测，科学种植，提高农业综合效益；政府部门可实现全程质量监管，保证居民饮食安全；消费者可追溯产品信息，选购放心农产品。

2. 农产品物流管理系统

可以实现运输过程的可视化，做到产品运输车辆的及时、准确调度。对于农产品物流运输来说，最重要的就是快速、准确、安全、可视，通过在配送车辆、包装之间运用物联网技术，可实现对整个配送过程的实时动态掌握，从而提高运输效率，避免无效运输。

3. 农产品仓储系统

企业可通过感应器在农产品入库时进行感知，并实现各处仓库及生产点、销售点的无缝连接，准确掌握仓储的基本状态，作出相应控制，实现仓储条件的自动调节，提高作业管理效率。

4. 农产品质量监督系统

该系统以区域农产品质量安全监督与指导为核心，是集日常管理、统计报表、档案存储、企业评估、科学指导、标识管理、追溯管理等功能为一体的政府办公平台。

5. 农产品质量追溯系统

（1）从上到下的追溯。农场—食品原料供应商—加工商—运输—销售商—销售点，可查找销售扩散点，当农产品出现问题时，有利于政府部门发挥监管职能，勒令产品下架和召回。

（2）从下往上的追溯。消费者在销售点买到问题产品，可以向上层层查找，追究产品流通点及责任人，维护消费者权益。

二、农技服务机器人

Robot本意是奴隶、人类的仆人的意思。机器人国际标准定义：一种可编程和多功能的操作机；或是为了执行不同的任务而具有可用电脑改变和可编程动作的专门系统。智能机器人就是基于人工智能控制理论的机器人。所以，智能机器人是具有人工智能的人类的协作伙伴系统。

农业机器人是用于农业生产的特种机器人，是一种新型多功能农业机械。农业机器人的问世，是现代农业机械发展的结果，是机器人技术和自动化发展的产物。农业机器人的出现和应用，改变了传统的农业劳动方式，促进了现代农业的发展。农业机器人出现后，发展很快，许多国家都在进行农业机器人的研制，出现了多种类型农业机器人，目前日本居于世界各国之首。进入21世纪以后，新型多功能农业机器人得到日益广泛地应用，智能化机器人也会在广阔的田野上越来越多地代替手工完成各种农活，第二次农业革命将深入发展。

（一）农业机器人应用分析

农业机器人是一种以完成农业生产任务为主要目的、兼有人类四肢行动、部分信息感知和可重复编程功能的柔性自动化或半自动化设备，集传感技术、监测技术、人工智能技术、通信技术、图像识别技术、精密及系统集成技术等多种前沿科学技术于一身，在提高农业生产力，改变农业生产模式，解决劳动力不足，实现农业的规模化、多样化、精准化等方面显示出极大的优越性。它可以改善农业生产环境，防止农药、化肥对人体造成危害，实现农业的工厂化生产。因此，如果说农业机械化水平是一个国家农业现代化水平的重要标志，那么农业机器人技术则更能反映一个国家的农业机械化科技创新水平。农业机器人因其作业对象有着诸多不同和更高的要求。随着中国农业劳动力结构性短缺问题日趋严重和国家不断加大对农业机械化发展的扶持力度，农业机器人技术必将成为中国未来农业技术装备研发的重要内容。

随着中国城镇化进程的持续推进，每年1 000多万人涌入城市，农村劳动力已经越来越少了，现在中国谁在种地？未来中国谁来种地？如何种地？这是迫在眉睫的问题。

我国高端农机装备较国外相比差距较大，农业市场中的大部分份额被欧、美、日、韩占据。目前约有20家国外农机企业进入中国，7家设立在北京总部，共投资建立23家制造基地。

亚洲、欧洲、美洲这几个地区的农业机器人发展比较早，也是进展比较快的国家。从日本和韩国来看，主要在设施农业和水田领域，包括嫁接、移栽、收获、分选、产后加工技术，尤其是日本，投入农业机器人研发是最早的，部分机器人已经进入市场，如植保无人机在十几年前开始已经在推广使用了。美国、德国、丹麦、英国这些欧美国家主要在大马力拖拉机和大田作业机器人领域，他们的核心技术主要是GPS以及大田作业的集成装备，以及果园管理的智能机器人。像荷兰、澳大利亚、新西兰等国家畜牧业发达，在工厂化畜牧养殖加工方面机器人应用比较普遍，产业化技术也比较成熟。

　　我国在20世纪90年代刚刚开始进入这个方面相关的研究，前期得到国家科技项目的支持，主要是涉及收获、施药、大田除草、设施农业等领域，近年来在非结构环境信息获取、系统集成等方面取得了进展。主要研究的单位包括中国农业大学、中国农业机械化科学研究院、北京农业信息技术研究中心、江苏大学等，企业基本还是处于空白的阶段，这给我国带来了一个挑战，因此在《中国制造2025》规划中将农机装备产业列入十大重点发展领域之一，在2015年起草的《农业机械高端装备创新工程实施方案》中，未来十年高端农机装备市场规模要突破5 000亿元，农机服务市场规模8 000亿元。从行业发展趋势看，未来高端农机装备的市场向智能化、信息化、集成化、服务化的方向发展。

　　我们知道人工智能领域有机器视觉、图像识别、AI算法、自然语言处理等关键技术，这些人工智能技术在农业上有哪些应用？其实应用已经有很多了，像果实探测、智能采摘这些都是需要视觉的技术，包括图像定位、病害检测、杂草的检测，以及需要AI算法的果实识别、高效育种等；当前人工智能的语音处理主要针对人类语言，但有没有想到动物的语言呢？其实动物的语言与其健康水平非常相关，在这个方面国外已经开始进行研究了，国内现在研究的还比较少。

　　农业机器人又是一个什么样的概念？简单来说，农业机器人是融合了传感技术、自动控制、机器视觉等机器人技术和人工智能技术，使在非结构环境下作业的农业装备实现自动化、智能化。这其中的难点是在自然环境下的信息获取技术不足，包括作物信息、动植物生理生态感知传感器件进展缓慢，还有农业机器人与农艺适应性技术等。例如采摘苹果跟摘草莓是一样的吗？当然是不一样的，存在大小、颜色、损伤的巨大差异，并且由于季节问题在收获季节可能需要24h工作，所以农业机器人能不能达到要求，这是一个很大的挑战。

　　目前全球农业机器人会在哪些方面会先进行研发，类型有哪些呢？大概有这几个方面。

　　一个是无人驾驶，无人驾驶汽车这些年是非常火热的，而对于拖拉机的无人驾驶很多年前已经开始研究了，目前已经基本实现了在农田无人驾驶，当然它主要使用GPS导航，它工作的环境安全性相对来说不会那么高。另外联合收割机的无人驾驶已经开始研究。

　　还有一个是无人机，应该说无人机的商业化应用已经进入了我们生活中的方方面面，农业的无人机应该说把中国的无人机市场带入了一个飞速发展的阶段，主要集中在无人机植保和遥感探测领域。还有就是田间管理，包括耕种、除草和精准施药，以及作物收获、温室管理、产后处理和动物管理，这些领域已经开始了大量的农业机器人相关技术研究。

　　农业产业结构调整和农业生产的集约化以及我国工业机器人技术的快速发

展，我国农业机器人的发展将出现良好的机遇。在新的农业生产模式和新技术的应用中，农业机器人作为新一代智能化的农业机械必将得到越来越广泛的应用。

（二）农业机器人关键技术

农业机器人是复杂的高智能化农业技术设备，集机、电、光等多学科高新技术于一体，面临的是非结构、不确定、难以预估的复杂环境和作业对象，关键技术主要包括以下几个方面。

1. 机器人智能化连续运动控制技术

田间作业时，农业机器人置身于复杂的三维空间内，由于存在地面凹凸不平、意外障碍、大面积范围定位精度、机器人平稳和振动及恶劣的自然环境等问题，使其移动和精确定位技术变得相当复杂。近年来，采用陀螺罗盘、雷达、激光束以及卫星定位系统（GPS）等导航设备，进行路径规划与避障、探测定位和控制系统稳定性，以确定农业机器人本体位置和行走方向，从而保证其能够自主行走。针对路面不平坦和倾斜等问题，目前正在研究使用人工神经网络、模糊控制等人工智能控制方法加以解决。

Chen等开发出一套机器视觉系统，用于确定稻田微型除草机器人的行走路线。Mchta等开展了温室轮式机器人的视觉定位方案研究，采用菊花链式方法建立几何模型，用来确定目标物的位置坐标以及机器人本体位置，试验表明该方案可行。

2. 目标随机位置准确感知和机械手准确定位技术

农业机器人多数在室外工作，工作环境如温度、光线、颜色及风力等时刻在变，要求机器人有较高适应性。它的作业对象是果实、苗、家畜等离散个体，形状和生长位置具有随机性，采用柔性动作处理技术进行采摘传送既安全又平稳。农业机器人的机械手必须要有敏感和准确的作业对象识别功能，行动时自由度必须足够多，可对目标的随机位置及时感知，并给予信息位置对机械手进行位置闭环控制。

荷兰瓦赫宁根大学Van Hcntcn教授等在果蔬采摘机器人的机械手运动控制方面展开了大量的研究。Van Hcntcn等开展了黄瓜采摘机器人的无碰撞运动规划研究，程序分为2部分，机器人工作环境的感官信息获取和末端执行器与黄瓜之间无碰撞运动路径的生产。该无碰撞运动路径能够用于黄瓜采摘机器人的7自由度机械手实际作业，运动规划采用A*查询算法，易于实现，且鲁棒性强，但该算法计算周期较长，且不能满足单个采摘动作周期。Van Hcntcn等针对水果采摘机器人开发出线路径规划和控制方法，该方法在路径行程和避障方面的时耗几乎最小，能够解决更多实际问题，实现成本较低，且该方法的可行性得到试验验证。Van Hcntcn等对温室黄瓜收获机器人机械手的运动结构进行优化设计，并提供了一种评价和优化该运动结构的客观方法，优化结果发现，4臂4自由度PPRR机器手最适合于温室黄瓜的收获。

3. 机械手抓取力度和形态控制技术

对于桃、蘑菇等类型的娇嫩对象或蛋类等脆弱产品，采用柔软装置合理控制机械手的抓取力度，以适应抓取对象的各种形状，避免在传送和搬运过程中发生损伤现象，以减少损失和保证品质。

Tannci等研究了农业机器人的移动多机械手作业处理软性物料时的运动学和动力学特性，并在Kanc方法的基础上建立了机械手的运动方程模型，具有算法简单、物理识别、速度模拟、方向控制等优点，机械稳定性高，且能较好地控制机械手的非完整运动，可适用于任意形状的软性农产品物料，以防止机器人作业时对农产品造成损失。

Cho等研发的莴苣收获机器人，利用模糊逻辑控制技术，可根据莴苣自身特性确定末端执行器的合适抓力，控制器以莴苣的叶面指标和高度为输入变量，电压为输出变量。

4. 复杂目标分类和智能控制技术

农产品采摘、分选过程中须依据颜色、形状、尺寸、纹理、结实程度等特性，对其成熟程度或品质进行分类，然后对符合采摘条件的果实进行采摘。采用机器视觉技术，目前已可准确识别育苗种子发芽情况和柑橘成熟度。由于农产品特征的复杂性，进行数学建模比较困难，农业机器人可在人工辅助条件如模糊逻辑、神经网络和智能模拟技术下进行自学习，并记忆学习结果，形成自身处理复杂情况的知识库。

机器人自动控制是时变性非常强、难于模拟的复杂系统，通常利用自适应控制技术来实现。Collcwct等对农业机器人的关节空间控制进行研究，开发出模糊自适应控制器，并通过计算机模拟验证了该控制方法的有效性和稳定性，且该控制器能够在低端硬件上得以实现。

5. 恶劣环境适应技术

农业机器人较工业机器人的工作环境要复杂和恶劣得多，进行感知、执行和信息处理的各部件以及系统必须适应环境照明、阳光、树叶遮挡、脏、热、潮湿、振动等恶劣环境的影响，在恶劣环境中保持高可靠性、高稳定性。

（三）当前农业机器人存在的主要问题

20世纪后期，农业机器人开始在一些发达国家的农业生产中得以试验与应用，虽在不断发展，但仍有不少瓶颈有待突破，特别是由于开发难度大、成本高以及智能化水平不够完善等原因，致使目前的研究大多处于试验阶段，还无法普及使用，真正可替代人类从事农业生产实践的机器人还非常有限。

1.智能化水平不够完善，不能满足农业生产需要

农业生产的特殊性要求农业机器人具有相当智能和柔性生产能力以适应复杂的非机构环境，但现有农业机器人智能化程度还未能完全达到农业生产需要。如在果蔬收货采摘机器人系统中，由于作业环境的复杂性，尤其是光照条件的不确定性和果实的部分或完全遮挡问题，采摘对象的智能化识别与非视觉传感器技术的融合、图像获取和图像处理的算法等方面还需要进行更深入研究。近年来，一些研究机构纷纷将研究重心从机械部分转向机器视觉、人工智能方面，以期解决农业机器人智能化问题。从技术水平来看，自动导航、视觉辨识定位等方面已有成熟的解决方案，但总的来说，目前农业机器人智能系统的发展还不够完善，很多作业还无法完全由机器人单独来完成。此外，目前的农业机器人即使具备了相当的智能，能够完成某种工作，但是由于其制造成本过高，难以实现实用化。

2.开发难度大，生产成本高

季节性强是农业生产特征之一，它决定了农业机器人使用效率低，间接增加了成本。要提高农业机器人的生产效率，只有当其生产成本低于人工作业成本时，农业机器人才能达到实用化。而目前农业机器人成本高、性价比与实际市场要求还有很大的差距，从而制约了农业机器人的进一步研究和商业化开发。

（四）农业机器人研发要点

农业机器人作业对象和作业环境的复杂性和多变性对农业机器人的研发提出了更高的要求，农业机器人的研发要点和重点可简要概括如下。

1.实现功能、用途多样化

农业机器人不仅操作对象具有多样性和可变性，而且价格高、使用时间短、间隔周期长，因此要尽可能使其实现功能、用途多样化，即要求其具有良好的通用性和可编程性。只要简单更换机械手的末端执行器和软件，就可改变农业机器人的用途，提高利用率，降低使用成本。例如，温室作业的机器人通过更换不同的末端执行器能分别完成施肥、喷药和采摘等作业。

2.良好的适应性

农业机器人不仅作业对象复杂多变，而且作业环境复杂而恶劣，设施农业机器人经常是在高温高湿环境下作业，而农田机器人作业时，则经常要面对风、沙、雨和烈日的照射。因此，农业机器人必须具有良好的适应性，并可根据环境情况实现自适应调整，并且在实际工作中，可根据作物生长环境和生长状况，自动选择最佳作业内容与作业方法。

3. 操作简单，价格低廉化

农业机器人操作者是农民，不是受过专业教育的机电工程师，因此要求农业机器人必须具有高可靠性和操作简单的特点，同时农业弱势性要求农业机器人制造成本一定要低，否则很难普及。

4. 优化结构设计

机器人机械结构形式的优劣不仅直接决定机器人运动的灵活性和可靠性，而且也决定了机器人控制系统的复杂性。因此，农业机器人在满足功能和性能的前提下，要利用现代设计手段通过运动学和动力学分析和优化设计，使机器人机械构件尽可能简单、紧凑和轻巧。

中国与发达国家的工业化差距正在日益减小，而农业现代化的差距还很大，加快农业现代化发展，尤其是加快农业机械化发展已成为中国当前和今后相当长时期内的重要战略任务，并且中央和各级政府正在不断加大促进农业机械化发展的扶持力度。因此，完全有理由相信随着中国农业机械化事业的快速发展，农业机器人技术也必将成为中国未来农业技术装备研发的重要内容，并取得较好较快的发展。

第三章 信息农具的后端支撑——云平台

第一节 农业物联网云平台总体设计

一、农业物联网云平台的研发背景

随着农业科技的不断发展，以农民家庭为单位从事农业生产的传统农业局限性表现得越来越明显。农业生产从业者大都文化水平低，主要依靠生产经验从事农业生产，产前无计划，产中管理随意性大，生产效率低下。

在靠天种地的生产过程中，生产人员无法及时掌握作物生长环境、作物生理数据变化情况，如作物种植地块水肥是否充足或过剩？作物种植环境是否适宜作物生长？因而无法做到及时的改变种植管理方向。在规模化种植中，没有种植计划，没有完整的种植标准去指导农业生产，完全依靠人的种植经验去判断，人判断的差异最终影响了农产品的产量和质量。完全依靠人力，农业生产需要投入大量的人工，随着人工费用的不断升高，导致农产品成本不断提高。农资使用上，传统农业生产缺乏环保意识，大量使用化肥、农药，不仅造成农资浪费，还会造成水体污染。农业从业者消息闭塞，对市场供需信息不了解，盲目种植导致市场供需不对称，极易出现卖菜难的问题。

同时，能够进行农业生产指导的技术人员在进行农业生产时，缺乏现代化的生产工具，仅能够通过手写笔记的方式去搜集、记录农业种植信息，落后的方式导致信息的间断、缺失。现有的研究表明，作物生长受生长环境因素影响较大，专业的农业环境信息精准监测设备缺乏，导致无法针对环境作出快速准确的调整。即便数据通过手写笔记记录完成，缺乏专业的工具对其进行分析处理，在没有信息化科技力量的支持下，致使采集数据对实际农业生产指导意义不大。

传统农业逐渐露出的弊端严重阻碍了现代农业的快速发展，在当今地少人多的情况下，势必需要一个平台来改变现状，引导传统农业与现代科技结合，使得农业生产的产出更高、质量更好。

二、农业物联网云平台的重要意义

随着信息技术的应用和迅猛发展，数字化、网络化为特征的信息化产业逐渐深入到社会的各个领域，移动互联网、物联网、云计算、大数据等为代表的新一代信息技术正在加快推广和应用。农业的信息化是依托部署在农业生产现场的各种传感节点和无线通信网络实现农业生产环境的智能感知、智能预警、智能决策、智能分析、专家在线指导，为农业生产提供精准化种植、可视化管理、智能化决策。改造和应用信息技术促进了农业的产业升级，成为国际农业发展的热点之一。

农业物联网云服务平台是利用现代农业信息技术推动农业产业链的改造升级。农业产业链贯通供求市场，是由农业产前、产中、产后不同职责单元组成。传统农业产业链存在信息不对称、协调机制不健全的问题，增加了农业生产风险，阻碍了农业竞争力、可持续发展能力的提升。在生产领域，借助物联网、云计算等新兴信息技术，通过布设安装各类传感器，及时获取农业土壤、水体、小气候等环境信息和农业动植物个体、生理、状态及位置等信息；通过安装智能控制设备实现农业生产现场设备远程可控；通过构建农产品溯源系统，将农产品生产、加工等过程的各种相关信息进行记录并存储，并以条码识别技术进行产品溯源。农业物联网云服务平台的构建，在农业生产环节摆脱人力的依赖，实现"环境可测、生产可控、质量可溯"。在农业经营领域，实现多元化的营销方式。物联网、云计算等技术的应用，打破农业市场的时空地理限制，农资采购和农产品流通等数据将会得到实时监测和传递，有效解决信息不对称问题。通过主流或自建电商平台拓展农产品的销售渠道，自成规模的龙头企业可通过自营基地、自建平台、自主配送实现全方位、一体化的经营体系，也可根据市场和消费者的特定需求，打造定制农业。

农业物联网云服务平台的构建可实现农业的精细、高效、绿色健康发展。传统农业不考虑差异、空间变异，田间作业均按照均一的方式进行，不但造成资源浪费，同时也因为过量使用农药、肥料而引起环境的污染。农业物联网云服务平台可通过构建知识模型对生产现场采集数据进行分析并根据不同生产对象的具体需求作出精确化的决策，让农业经营者准确判断农作物是否该施肥、浇水或打药，在满足作物生长需要的同时，节约资源又避免环境污染。云计算、大数据等技术的发展为生产者提供精确化决策的同时，通过发送指令可控制现场设备进行农业作业，避免了因自然因素造成的产量下降，提高了农业生产对自然环境风险的应对能力。智能化、机械化的农业作业实现了有人工到智能的跨越，减少了劳动成本，提高了劳动生产效率。通过对农业精细化生产，实施测土配方施肥、农药精准科学施用、农业节水灌溉，合理的利用了农业资源，减少了污染，提高了农业可持续发展的水平，做到农业生产生态化。借助条码识别技术，构建全程可追溯系统，健全从农田到餐桌的农产品质量安全全程监管体系，做到农产品质量安全化。

农业物联网云服务平台是物联网技术在农业生产、经营、管理、科研和服务中的具体应用，是实现农业信息化的重要手段，是保障农业跨越式发展的重要技术支撑，在现代农业建设过程中具有重要的战略地位。

三、农业物联网云平台的总体架构

农业物联网云平台致力于向农业生产领域提供一个开放或半开放的物联网云服务平台。通过这个平台，农业生产者或企业用户可以非常轻松地把自己的物联网项目连接到互联网上，用户可借助智能手机、平板电脑、电脑等终端实现农业生产现场数据实时监测、智能分析、远程控制，并通过视频等设备实时监控农业生产现场情况。农业物联网云平台系统架构由数据层、处理层、应用层、终端层组成。数据层负责农业生产现场采集数据及生产过程数据的存储；处理层通过云计算、数据挖掘等智能处理技术，实现信息技术与行业应用融合；应用层面向用户，根据用户的不同需求搭载不同的内容。

系统总体体系架构如图3-1所示。

图3-1　云平台总体架构

在应用层，按照用户需求及系统规模的不同，将农业物联网云平台分为测控平台（图3-2）和管理平台（图3-3）两种类型。

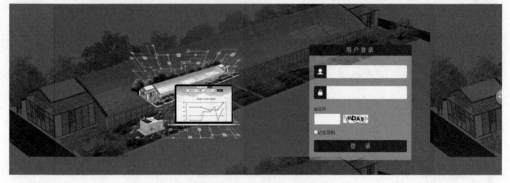

山东省农业物联网云服务平台（智农云平台）——蔬菜物联网测控平台
山东省农业物联网工程实验室 山东省农业科学院科技信息研究所 ⓒ版权所有

图3-2　农业物联网测控平台

山东省农业物联网云服务平台（智农云平台）——蔬菜物联网管理平台
山东省农业物联网工程实验室 山东省农业科学院科技信息研究所 ⓒ版权所有

图3-3　农业物联网管理平台

四、农业物联网云平台的设计原则

随着信息技术的飞速发展，农业物联网云平台必须是高性能、可扩展的物联网体系结构，以便满足今后不断更新和升级的需要。根据农业物联网云平台建设标准及业务需求，总体框架以高内聚，低耦合为指导思想，以前瞻性原则、实用性原则、安全性原则、扩展性和开放性为设计原则。保证系统的先进性，伸缩性。

（一）技术先进性

设计过程中，在关注技术框架的同时，更加注重平台业务的提炼。系统功能设计不仅要满足现在已知的业务需求，而且要考虑其可持续性，即横向和纵向的扩展。横向是指平台后续可扩展其他目前未涉及的传感控制设备、平台功能，纵向是指平台可满足不同业务需求的用户。系统采用当今先进的技术和设备，在建成后具有强大的发展潜力，能保障系统的技术寿命及后期升级的可延续性。

（二）高可靠性

系统可靠性是系统长期稳定运行的基石，只有可靠的系统，才能发挥有效的作用。平台方案从系统设计理念到系统架构的设计，都必须持续秉承系统可靠性原则，均采用成熟的技术，具备较高的可靠性、较强的容错能力、良好的恢复能力及防雷抗强电干扰能力。

（三）高安全性

综合考虑设备安全、网络安全和数据安全。在前端采用完善的安全措施以保障前端设备的物理安全和应用安全，在前端与平台管理中心之间必须保障通信安全，采取可靠手段杜绝对前端设备的非法访问、入侵或攻击行为。数据采取前端分布存储、平台管理中心集中存储管理相结合的方式，对数据的访问采用严格的用户权限控制，并做好异常快速应急响应和日志记录。

（四）高可用性

平台系统提供基于PC电脑的纯Web客户端及智能手机的Android、ISO原生移动客户端，具有良好的交互性、易用性，切合农业生产的时效性，简单易懂，方便农业生产人员使用，且操作简便。通过系统的报表功能，方便研究人员提取、分析数据，为增收改良提供有力的数据依据。具有高效的软硬件使用效率，关键设备均达到硬件配置最高的使用率，同时采用优化的流程设计确保系统的高效率。

（五）可扩展性

平台系统应充分考虑扩展性，采用标准化设计，严格遵循相关技术的国际、国内和行业标准，确保系统之间的透明性和互通互联，并充分考虑与其他系统的连接。在设计和设备选型时，科学预测未来扩容需求，进行余量设计，设备采用模块化结构，便于系统扩容、升级。系统加入新建设备时，只需配置前端系统设备、建立和平台管理中心的连接，在管理平台做相应配置即可，软硬件无需做大的改动。

（六）易管理性、易维护性

平台系统采用全中文、图形化软件实现整个监控系统管理与维护，人机对话界面清晰、简洁、友好，操控简便、灵活，便于监控和配置。采用稳定易用的硬件和软件，完全不需借助任何专用维护工具，既降低了对管理人员进行专业知识培训的费用，又节省了日常频繁的维护费用。

五、农业物联网云平台的技术特点

农业物联网云平台吸收了农业专家及农业科研机构多年的生产经验和科研成果，逐步建立起覆盖多种作物标准化生产的农业专家知识库，为农业生产提供专家意见。这弥补了农业一线生产人员技术参差不齐的不足，为稳定产品品质、扩大生产规模、产业化生产奠定了良好的基础。

农业物联网云平台与农业标准化生产、物联网智能终端设备深度融合在一起：利用物联网智能终端设备实时、精准的获取农业生产过程中包括土壤温湿度、空气温湿度、二氧化碳浓度等完备的数据。通过平台中智能分析系统将物联网终端设备获取的数据、标准化生产管理系统所维护农业生产经验进行处理与整合，最终反馈到农业生产环节指导现代农业的生产，以提高现代农业的生产效率，实现对农业生产过程的科学化、精准化、自动化、标准化管理。

通过农业物联网云平台，用户可获得以农业标准化生产管理经验为依据，以作物定植时间以及物联网智能终端获取数据为条件的及时的生产管理意见。生产管理意见可通过平台下发至企业员工，企业人员通过多种终端访问农业物联网云平台，可及时的了解当前生产现场的种植情况以及农业生产任务，实现了现代农业生产、管理的高度统一。

农业物联网平台对各个生产环节的异构信息数据和生产任务等信息进行处理，建立了基于产品生产全产业链的产品溯源系统，有助于生产园区（企业）实现品牌化经营，进一步提高产品附加值，全面提升单位面积土地产值。

农业物联网平台采用云技术设计，通过虚拟化技术，为海量数据的多路存储与并发查询提供基础设施服务，能够大幅度减少前期硬件投入，同时有效降低了后期系统运维难度、能源消耗与人力成本。

总而言之，基于移动互联网、物联网、云计算、大数据等为代表的新一代信息技术研发的农业物联网测控平台，具备以下特点和优势。

（1）精准化。利用无线传感网络、GPS、RFID等物联网感知技术，精确获取农业生产中生态环境、作物生理、市场需求等海量数据。

（2）标准化。整合农业一线生产专家、农业科研机构的生产经验、科研成果，推广农业生产过程中最佳生产经验，指导农产品标准化生产，提高集约经营水平；降低传统生产过程的随意性与盲目性，提升农产品的品质与安全。

（3）个性化。利用智能分析与定向推送技术，整合海量数据，为目标客户提供个性化信息定制服务；帮助政府管理部门及时了解农业生产情况和农产品供求动态，帮助农民及时得到农技指导与政策指引。

（4）智能化。利用智能控制技术，大幅度减少现场手工操作，减少劳动力使用，提高劳动生产率，降低劳动力成本。

（5）易用化。利用移动互联网技术，提供电脑、手机、平板等多终端使用体验，生产第一线的农民群众只需要通过手机就可以完成全部操作，方便易用。

（6）便捷化。利用云计算技术，进行海量数据的集中统一处理；大幅度降低设备采购与维护成本；同时结合按需付费模式，让用户使用系统就像使用水电一样方便。

第二节　农业物联网测控平台

一、功能概述

农业物联网测控平台借助"物联网、云计算"技术，实现对农业产业生产现场环境、作物生理信息的实时监测、视频监控，并对生产现场光、温、水、肥、气等参数进行远程调控。农业物联网测控平台拥有"地图模式、场景模式、分析模式、综合模式"4种不同模式实现以下功能。

（一）数据监控

通过部署在农业生产现场的物联网传感设备，可实时监测采集生产现场的重要环境、生理数据，并上传至云端服务器。农业物联网测控平台提供数据监控功能，用户通过手机或者电脑登录云平台即可查看园区的气象数据、土壤数据、作物生理数据、设备状态。

（二）视频监控

在农业生产现场安装360°视频监控设备以及高清摄像机，可实现对种植现场实时监控。农业物联网测控平台嵌有视频监控功能，用户只需要通过手机或者电脑就能对作物生长情况进行远程查看，同时可进行视频录像，视频回放，截屏操作。

（三）远程控制

农业生产现场装有远程调控设备，通过农业物联网测控平台可实现生产现场光、温、水、肥、气参数的远程控制；设定监控条件后，也可实现定时计划控制，传感联动自动控制，无需人工参与。

（四）报表服务

通过农业物联网测控平台，可查看园区内所有设备数据情况，可按日、周、月或自定义时间段查看数据报表，支持excel表格导出、图片导出、报表打印功能，方便企业的人员管理。

通过农业物联网测控平台可帮助农业生产者随时随地的掌握种植作物的生长状况及环境信息变化趋势，为用户提供高效、便捷的农业生产服务。

二、地图模式

用户登录农业物联网测控平台时，系统默认进入地图模式，地图模式展示园区所有生产单元布局，可从总体上了解生产园区基本情况。在地图模式中可查看园区概况，用户可自行布局生产单元所处的位置。右侧Tab页面展示三部分内容：公司简介、最新数据、控制状态信息。公司简介模块是对生产园区情况的简要描述；最新数据模块展示各个生产单元最新的监测数据；控制模块中可对生产单元中所对应的控制设备及进行远程控制。

用户若想了解某一个生产单元的数据情况，或对某一个生产单元设备进行远程控制，可点击界面中展示的生产单元名称，也可在左上位置选择相应的生产单元，左侧Tab页面中最新数据及控制状态便显示选择生产单元相应的设备数据及状态。该模式下Tab页面中最新数据处所展示的数据右侧的上下箭头表示当前数据与作物生长适宜数据相比是偏高还是偏低，红色向上箭头代表高于适宜值，蓝色向下箭头代表低于适宜值；在该模式下可对可控设备进行远程控制，用户可直接点击Tab页控制设备模块中控制按钮控制现场可控设备。若指令发送成功，平台会显示指令发送成功字样告知用户命令已发送完成，现场设备完成相应的动作后平台中该设备的状态同时发生变化。需要注意的是在进行设备远程控制中需有设备控制权限，若登录用户没有设备控制权限则在对设备进行远程控制时需输入控制口令。地图模式具体如图3-4所示。

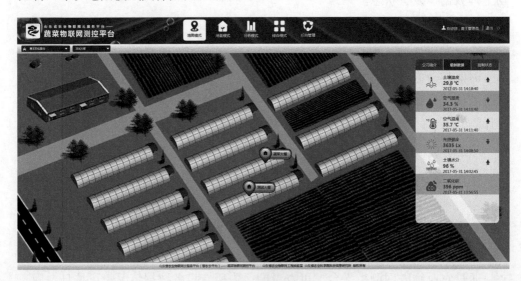

图3-4　地图模式

三、场景模式

场景模式有别于地图模式，该模式用于展示具体生产单元的相关信息。在场景模式中，用户可查看生产单元中部署设备类型及位置；查看采集设备实时数据及历史曲线；查看部署在生产现场监控设备视频画面；对可控设备进行远程控制。用户可点击平台界面顶部"场景模式"按钮进入该模式，如图3-5所示。

图3-5　场景模式

在场景模式中可查询某一个具体的生产单元布设的所有节点，包括控制设备、采集设备、监控设备（包括语音设备、大屏显示设备等）。系统默认显示该生产单元布设的所有设备，用户也可根据自己的需求点击左侧菜单中相应的设备类型（采集设备、监控设备、控制设备）予以展示。用户可自定义设备布局，即系统中所展示的设备图标可根据用户的需要自行拖动摆放，以区分和形象的展示设备所布设的位置。场景模式中设备图标的颜色对应设备不同状态：深绿色表示该设备运行正常（采集设备表示数据处于适宜区间）；黄色表示采集设备数据超过阈值（高于上限、低于下限）；红色表示设备离线。设备通过不同颜色表征不同的状态，可向用户直观的展示设备状态，方便用户识别异常设备，进而对异常设备重点关注。

（一）采集设备

场景模式中可查看现场采集设备数据及报警信息。用户点击要查看的采集设备图标，即可弹出如图3-6所示显示框。在采集数据显示框内显示数据采集设备名称、实时数据及数据采集时间、历史记录、预警信息、数据走势图等内容。如图3-6所示空气温度监测数据，图中标红显示数据为实时数据，数据采集时间紧跟其后；图中仅展示过去的两条记录数据，让用户了解短时间内的数据变化情况，若用户想了解该参数的历史曲线情况，可点击采集数据界面右上角数据走势图选项进行查看。

图3-6 实时数据查看

点击"数据走势"图选项系统会弹出如图3-7所示监测数据历史曲线查看界面。在该界面中用户可查看当天、近7天、近30天的数据曲线变化情况，也可根据需求自定义时间段查看历史数据。

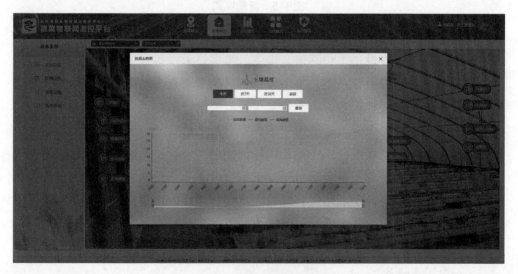

图3-7 监测数据历史曲线

在数据走势查看界面中，除了显示监测数据的历史曲线外，用户也可查看该参数不同时间段最高阈值、最低阈值。点击界面中最高阈值、最低阈值选项可查看和隐藏相应的曲线。通过最高阈值、最低阈值及历史数据三者对比，环境参数是否适宜作物的生长一目了然的展现在用户面前，为用户进行更好的生产管理提供有利帮助。

数据异常（数据高于上限或低于下限）在场景模式中以黄色图标展示，采集数据显示界面（图3-6）中详细展示了预警内容：在哪个时间点哪个设备监测数据具体值是多少，高于或低于预警设定值，请及时处理。在图3-6数据监测界面中仅展示最近两条预警数据，若用户想了解更多历史预警情况可点击"更多信息"进行查看。

（二）控制设备

场景模式中也可查询控制设备的运行状态，并对远程设备进行控制。点击场景模式界面中控制设备图标，平台即可显示设备控制窗口，如图3-8所示。在该窗口中用户可查看控制设备当前状态（如图示降温设备停止，则停止按钮为灰色显示）；也可点击相应的控制按钮对设备进行远程控制。

需要注意的是，对控制设备进行操控时需要相应的控制权限，若登录用户无可控权限则系统会弹出输入密码对话框，无权限用户需输入设备控制密码方可对可控设备进行控制。另外，控制设备在离线状态下不能进行远程控制。

图3-8 控制设备状态查看及远程控制

（三）视频设备

场景模式中可查看现场视频信息，并可对球（半球）机进行远程控制。点击"场景模式"界面中"视频设备"图标，在打开的视频界面中点击"播放视频"，平台即可展示实时视频，如图3-9所示。在该窗口中用户不仅可查看生产现场的实时视频，若生产现场安装摄像头可控（球机、半球摄像头）则在该界面中也可进行远程控制（移动镜头方向、调整焦距等）。

用户进入视频展示窗口后，点击"播放视频"按钮方可进行视频查看，点击"关闭视频"则停止视频播放；若摄像头可控，则点击该窗口中控制按钮摄像头会有相应的动作。视频设备与控制设备相同，查看视频需要有控制权限，无权限用户也可通过输入控制密码进行查看。

图3-9　实时视频查看

四、分析模式

分析模式用于对采集数据的简要分析，是对具体生产单元中采集参数的走势及汇总信息进行分析展示。用户可点击平台界面顶部"分析模式"选项进入该模式，如图3-10所示。

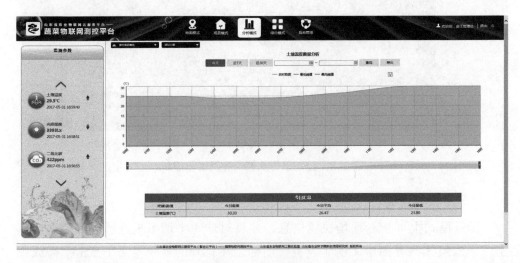

图3-10　分析模式

分析模式界面展示分为参数选择、数据展示两部分内容。用户进入分析模式后，可选择要查询的某一个具体的生产单元，左侧监测列表中会显示该生产单元中所有的数据采集设备列表，点击向上、向下箭头可滑动展示。与地图模式中相同，监测数据后向上、向下箭头表示数据高于或低于阈值。点击要查看的采集设备名称，右侧显示当天的数据变化情况，也可根据需要查看最近7天、近30天的数据变化趋势，当然用户也可根据需求自行设定要查看的时间段并进行数据查询。在该模式下，用户也可查看该参数不同时间段最高阈值、最低阈值。点击界面中"最高阈值""最低阈值"选项可查看和隐藏相应的曲线。

除了查询数据历史曲线外，分析模式中设有报表服务功能，可导出历史数据及历史数据走势图。用户设定好要查询的时间段并进行数据查询后，若需导出数据走势图片可点击"保存"按钮即可保存图片；点击"导出"按钮即可导出excel数据。

分析模式界面下部区域展示对该监测参数的汇总信息，今日汇总部分展示该节点今日最高、今日平均、今日最低数据。

五、综合模式

综合模式是对生产单元中监测设备、视频设备、控制设备的综合展示与设备控制。用户可点击页面顶部综合模式按钮进入该模式，如图3-11所示。

综合模式中左侧区域展示监测数据，中间区域展示现场视频，右侧区域用于对现场设备进行远程控制。用户进入综合模式后选择要查询的生产单元，界面即展示该生产单元所有的设备信息。该模式下左侧监测参数与地图模式相同，均显示最新数据，数据右侧的上下箭头表示当前数据与作物生长适宜数据相比是偏高还是偏低，红色向上箭头代表高于适宜值，蓝色向下箭头代表低于适宜值。现场视频展示需点击右侧Tab页面中播放视频按钮即可播放，双击视频展示界面可全屏显示。远程视频设备若可控（球机、半球机），用户可先选中要控制的视频界面，点击右侧Tab页面中控制按钮即可对视频设备进行控制，下方变焦等按钮可实现对球机镜头的控制；点击"开始录像"可实现录像功能，点击"停止录像"则录像停止，视频存储于本地；点击"关闭视频"可停止对现场视频的预览。

图3-11　综合模式

在该模式下也可对生产现场控制设备进行远程控制，Tab页设备控制选项卡中展示可控设备列表（图3-12）。与地图模式相同，用户可直接点击Tab页控制设备模块中控制按钮对设备进行控制，若指令发送成功平台会显示指令发送成功告知用户命令已发送完成，现场设备完成相应的动作后平台中该设备的状态同时发生变化。该模式下对控制设备进行操控同样需要相应的控制权限，若登录用户无可控权限则系统会弹出输入密码对话框，无权限用户需输入设备控制密码方可对可控设备进行控制，另外，控制设备在离线状态下不能进行远程控制。

图3-12　综合模式——设备控制

六、系统管理

系统管理在用户使用平台过程中发挥着重要作用，平台丰富的功能与后台管理是分不开的。设备终端维护、用户管理、企业信息管理、用户权限管理等均要通过后台管理部分实现。农业物联网测控平台后台管理部分包括公司管理、用户管理、角色管理、我的设备、生产档案、通信日志查询等7部分内容，如图3-13所示。

图3-13　后台管理

（一）公司管理

公司管理模块是对企业基本信息的维护，包括企业信息、产品信息、生产单元、模型维护、企业员工等信息，点击"系统管理"→"公司管理"可进入公司管理界面如图3-14所示。

图3-14　公司管理界面

1. 企业信息

点击"公司管理"→"企业信息"可进入企业信息维护界面。企业信息维护界面用于维护企业基本信息，包括公司名称、产业类型、行政区划、联系人、联系电话、经纬度、360°展示、视频设备信息。"企业信息"界面默认显示已经维护好的信息，对企业信息修改包括3部分内容：全景图片、滚动图片及内容编辑。全景图片为地图模式中展示的背景图，修改全景图片时注意提交图片的像素大小及比例；滚动图片用于手机客户端，是手机客户端登录后首页展示的图片，可提交多幅图片；编辑按钮用于完善、修改公司的基本信息（图3-15）。企业信息中企业名称、企业法人、注册时间等信息可用于农产品质量追溯，视频云服务器IP、视频云服务器端口号以及视频云服务器账号与密码用于农业物联网测控平台视频监控功能，该信息维护好后一般无需修改。企业信息编辑完成点击确定即可保存，点击返回则返回企业信息界面。

图3-15　企业信息维护

2. 企业员工

企业员工界面用于维护企业员工相关的信息，维护好的企业员工信息用于农业物联网测控平台中用户添加、生产单元管理人员分配。点击"公司管理"→"企业员工"进入企业员工信息维护界面，如图3-16所示。

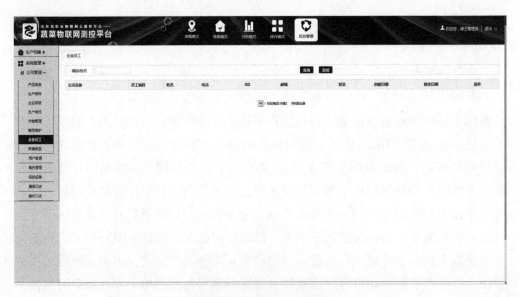

图3-16　企业员工信息管理

"企业员工"界面默认显示已添加的企业员工列表，在该界面中可添加新的员工信息，也可查询、编辑、删除已添加的企业员工信息。

（1）员工信息添加。企业员工界面顶端有添加按钮，用户可点击该按钮以添加新的员工信息。完善相应的信息，并注意企业员工编码确保其唯一性，点击"确定"信息即添加完成。添加过程中若想放弃本次信息添加点击"返回"即可。

（2）员工信息查询。为方便企业管理人员查询企业员工的相关信息，农业物联网测控平台提供了员工信息查询功能，可通过企业员工编码或者员工姓名进行查询。在该界面顶部编码/姓名输入框内输入员工编码或姓名，点击查询即可查找对应员工的信息。

（3）员工信息修改。在企业员工信息列表末尾处操作栏中，点击"编辑"按钮可维护更新已添加的企业员工信息（图3-17）。企业信息编辑功能可对员工姓名及联系方式进行修改，员工编码一旦添加便不可修改。操作完成后点击"确定"保存修改信息，点击"返回"可返回至企业员工信息列表界面。

（4）删除员工信息。企业管理者若想删除已添加的员工信息，则点击该员工信息对应的操作栏"删除"按钮即可，需要注意信息一旦删除便不可找回。

图3-17 企业员工信息编辑

3. 产品信息

产品信息是对企业种植作物的罗列，企业种植一种作物即可在产品信息中添加相应的产品信息。产品信息中维护的作物种植段中数据参数信息为平台数据阈值信息，平台通过查询定植作物品种、定植时间及种植段内维护的阈值信息来判断监测数据是否处于适宜范围。点击"公司管理"→"产品信息"进入产品信息维护界面（图3-18）。产品信息部分可实现产品信息的添加、查询、编辑等功能。

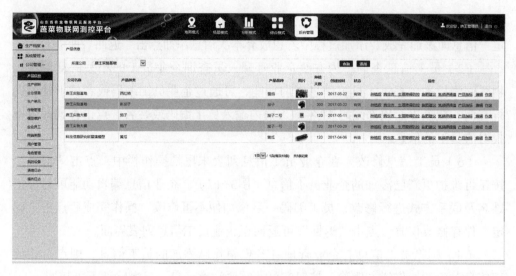

图3-18　产品信息维护

（1）产品信息添加。通过产品信息界面顶端添加按钮，用户可添加新的产品信息。对于产品的具体信息（如产品生长周期、生育段及监测参数上下阈值等信息），系统已默认添加完成，用户只需选择相应的产品种类，输入产品品种名称即可。用户也可在此处根据自己的实际种植情况对已添加的信息进行修改。点击确定后产品信息即添加完成，点击返回则放弃本次信息添加并返回产品列表界面。

（2）产品信息查询。为方便用户查询已添加产品的相关信息，农业物联网测控平台提供了产品信息查询功能，可通过产品名称进行查询。在该界面顶部搜索输入框内输入产品名称，点击查询即可查找对应产品的信息。

（3）产品信息维护。操作栏中编辑选项可对已添加的产品信息进行修改（图3-19），可修改内容包括品种名称、生长周期、需肥特性及产品简介、产品图片等。对于平台中使用的阈值信息可在操作栏种植段选项中进行修改。种植段选项中可修改的内容包括产品的种植段、种植段开始及结束时间、每个种植段中环境参数的阈值范围。种植段意为作物不同生育段，开始时间及结束时间是确定种植段（生育段）持续的时间，"环境参数"是对不同生育段中关键参数适宜值的维护，确定作物在不同时期不同参数的上下阈值。用户对产品信息修改完成后，点击"确定"则修改的产品信息即被保存，点击"返回"则放弃本次信息修改并返回产品列表界面。

（4）产品信息删除。用户若不再需要已添加的产品，可将已添加产品作废。点击"作废"后，已添加的产品将不再有效，若需重新启用已作废的产品，只需点击"启用"即可。

图3-19　产品信息编辑

4.模型维护

模型维护模块中所维护模型为生产单元的展示背景，是添加生产单元时所必须的信息，维护的背景图片在场景模式中进行展示，维护好的模型可用于多个生产单元。点击"公司管理"→"模型维护"进入模型维护界面（图3-20），在该界面内可实现模型的添加、编辑、删除、查询等功能。

图3-20　模型信息维护

（1）模型信息添加。通过模型维护界面顶端添加模型选项，用户可添加新的模型。添加模型时，按要求提交相应的信息，点击确定信息即添加完成，添加过程中若想放弃本次信息添加点击返回即可（图3-21）。添加模型时，要注意模型名称不可重复。

图3-21　模型信息维护

（2）模型信息查询。为方便用户查询已添加模型的相关信息，农业物联网测控平台提供了模型信息查询功能，可通过模型名称进行查询。在该界面顶部搜索输入框内输入模型名称，点击查询即可查找对应模型信息。

（3）模型信息维护。在模型信息列表末尾处"操作"栏中，点击"编辑"选项可维护更新已添加的模型信息。操作完成后点击"保存"即可，点击"返回"则放弃修改并返回至模型信息列表界面。

（4）模型信息删除。用户若不再需要已添加的模型，可将已添加模型删除。用户可点击操作栏中对应的"删除"选项即可删除模型，模型确认删除后，已删除的模型将不可找回。

5. 生产单元

生产单元部分用于维护该公司拥有的生产单元信息。生产单元是农业物联网测控平台的重要组成部分，平台中所有终端设备均要部署在一个具体的生产单元下。点击"公司管理"→"生产单元"进入生产单元管理界面（图3-22），在该界面内可实现生产单元的添加、编辑、删除、查询等功能。

（1）添加生产单元。通过生产单元管理界面顶端添加选项，用户可添加新的生产单元。添加生产单元时，需输入生产单元名称、生产单元面积等信息，选择已经维护好的管理人员、上级管理人员及背景模型，点击"确定"信息即添加完成，添加过程中若想放弃本次信息添加点击"返回"即可（图3-23）。在生产单元添加时需注意，生产单元编码在同一企业下要确保其唯一性；管理人员及上级管理人员同时具有该生产单元下控制设备、视频监控设备的所有权限。

图3-22　生产单元管理

图3-23　添加生产单元

（2）生产单元信息查询。为方便用户查询已添加生产单元相关信息，农业物联网测控平台提供了生产单元信息查询功能，可通过生产单元名称进行查询。在该界面顶部搜索输入框内输入生产单元名称，点击"查询"即可查找对应生产单元信息。

（3）生产单元信息维护。通过生产单元信息列表中操作栏"编辑"选项可对已添加的生产单元信息进行维护（图3-24）。操作完成后点击"保存"即可，点击"返回"则放弃修改并返回至生产单元信息列表界面。

图3-24　生产单元信息维护

（4）删除生产单元。用户若不再需要已添加的生产单元，可将其删除。用户可点击操作栏中对应的"删除"选项即可删除该生产单元，确认删除后，已删除的生产单元将不可找回。

（二）角色管理

角色管理主要是针对平台用户的角色资源进行管理，概括来说主要包括两部分内容：角色组和角色的设置及角色的授权，通过角色管理可对系统中用户的操作权限进行有效的控制。点击"公司管理"→"角色管理"进入角色管理界面（图3-25）。通过角色管理界面，可实现角色的添加、编辑、查找、删除等功能。

图3-25　角色管理界面

1. 角色添加

通过角色管理界面顶端添加选项，用户可添加新的角色。添加角色信息时，选择平台类型及产业类型，点击"确定"信息即添加完成，点击"返回"则放弃新角色添加并返回角色信息展示界面（图3-26）。

图3-26　角色添加

2. 角色赋权

角色添加完成后，需对新添加角色进行赋权。在农业物联网测控平台中涉及两种权限：菜单权限、控制权限。菜单权限是指用户是否为具有查看某个菜单的权限；控制权限是指用户是否具有控制设备、查看视频监控的权限。在角色赋权界面中可实现菜单权限的赋权，控制权限是在生产单元添加页面进行设置。用户可通过操作栏菜单权限选项对角色赋予相应的权限。点击菜单权限，在展开的菜单列表中勾选菜单项表示拥有该项权利，用户可根据角色的不同赋予不同的权限（图3-27）。赋权完成后点击"确定"保存更改，点击"返回"则放弃更改并返回上一页面。

图3-27　菜单权限赋权

3. 角色信息查询

为方便用户查询已添加角色信息，农业物联网测控平台提供了角色信息查询功能，可通过角色名称进行查询。在该界面顶部搜索输入框内输入角色名称，点击"查询"即可查找对应角色信息。

4. 角色信息编辑

通过角色列表中操作栏"编辑"选项可对已添加的角色名称、产业名称、平台类别进行修改；点击操作栏菜单权限也可对菜单权限进行修改。修改完成后点击"保存"即可，点击"返回"则放弃修改并返回至角色列表界面。

5. 删除角色

用户需删除某一项已添加角色时，可点击操作栏中对应的"删除"选项即可删除角色，确认删除后，已删除的角色将不可找回。

（三）用户管理

用户管理单元用于创建和修改登录平台的用户信息，点击"公司管理"→"用户管理"进入用户管理界面（图3-28）。用户管理界面可实现用户创建、查找、编辑、删除等功能。

图3-28 用户管理界面

1. 用户添加

通过用户管理界面顶端添加选项，可添加新的用户。添加用户时，要选取用户所对应的角色（即用户拥有的权利），设置用户编码（用户编码为用户登录平台时的用户名，用户编码一旦设定便无法修改）并完善相应的信息，点击"确定"新用户即创建完成，点击"返回"则放弃新用户添加并返回用户信息展示界面（图3-29）。在用户添加界面，未涉及用户登录密码的录入，系统默认用户密码为guest。

图3-29　用户添加

2. 账号及密码修改

点击平台右上角用户名处，可对个人账号信息及密码进行修改。个人信息处可修改用户名称及联系方式等信息；用户密码处可修改用户的登录密码，在"旧密码"栏填写当前登录密码，在"新密码"栏填写新密码，在"再次输入新密码"栏输入与"新密码"栏中相同的密码，点击"保存"，即可完成密码修改，如图3-30所示。

图3-30　账号及密码修改

3. 用户查询

为方便企业管理人员查询已添加用户信息，农业物联网测控平台提供了用户信息查询功能，可通过用户编码或名称进行查询。在该界面顶部搜索输入框内输入用户编码或者名称，点击"查询"即可查找对应用户信息。

4. 删除用户

企业管理者需删除某个已添加用户时，可点击操作栏中对应的"删除"选项即可删除用户，确认删除后，已删除的用户将不可找回。

（四）我的设备

我的设备单元实现对所有物联网设备的管理，设备分为网关设备、终端设备两种。网关设备是连接平台与终端设备的桥梁，实现数据双向通信功能；终端设备包括采集设备、控制设备、视频设备、水肥设备等类型，实现对生产单元内进行全方位的环境视频监测及环境信息调控。我的设备界面添加新的设备，也可查看已添加的设备列表，并对已添加的设备编辑、删除操作。点击"系统管理"→"我的设备"进入我的设备管理界面，如图3-31所示。

图3-31　我的设备界面

1. 设备添加

测控平台设备分为网关设备及终端设备两种，终端设备隶属于网关设备，因此用户添加设备时需先添加网关设备，后添加终端设备。

网关设备可通过我的设备界面顶端添加选项进行添加。添加网关设备时需完善设备编码、所属生产单元、上传方式以及其他基本信息。网关设备上传方式分为两种：轮询、主动上报。轮询是指网关设备主动查询终端设备以获取数据；主动上报方式中网关被动接收数据，采集终端定时主动上报数据至网关设备。添加网关设备时数据上传方式可根据终端设备进行选择。终端设备需添加到网关节点下，确认要添加的网关节点，点击网关节点对应操作栏中测控终端管理选项即可进入测控终端管理界面，在该界面中可进行终端设备的添加、删除、编辑等功能。

终端设备添加时需选择终端设备类型并输入终端编号等信息。终端设备类型分为：采集设备、控制设备、视频设备、水肥设备等类型，分别实现不同的功能。控制设备添加完成后需在设备所对应的操作栏指令维护选项中维护相应的控制指令，即平台发送什么指令设备以完成什么样的动作；控制设备还需修改控制口令，控制口令是无该设备控制权限用户控制该设备所需的控制字，控制口令的修改位于操作栏中控制口令中。视频设备添加时除了维护编号外还需维护设备号，此设备号是指用于视频存储、传输的数字硬盘录像机在视频服务器中的编号。添加终端时需注意必须保证每个设备中终端UID的唯一性，并且终端UID一旦确认用户便无法修改，如图3-32所示。

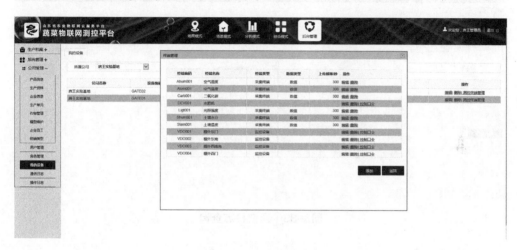

图3-32　测控终端管理

2.设备编辑

同设备添加相同，设备编辑也分为网关设备信息编辑及终端设备信息编辑两部分。网关设备信息编辑可通过我的设备列表中操作选项编辑选项进行信息的维护和更新；终端设备编辑需通过我的设备列表中终端设备管理选项进入终端设备列表界面，点击操作栏"编辑"选项对终端设备信息进行修改。网关及终端设备信息修改完成后点击"保存"即可，点击"返回"则放弃修改并返回至我的设备/终端列表界面。

3.设备删除

用户需删除某一项已添加设备时，可点击操作栏中对应的"删除"选项即可删除角色，确认删除后，已删除的设备将不可找回。

（五）日志管理

农业物联网测控平台中，日志管理分为通信日志与操作日志两部分内容。通信日志是用于查询网关设备与平台间通信数据信息；操作日志用于查询用户在平台中进行的操作内容。

1.通信日志

点击"系统管理"→"通信日志"可进入通信日志查询界面（图3-33）。该界面中可查看最近1min、最近1h、最近3h、最近1天、最近1周、最近1月的通信数据，也可根据用户的需要自定义时间段进行查询。用户在进行通信日志查询时，首先选择要查询的时间段，点击查询即可。用户也可点击导出将查询的数据导出到本地，以供数据分析使用。

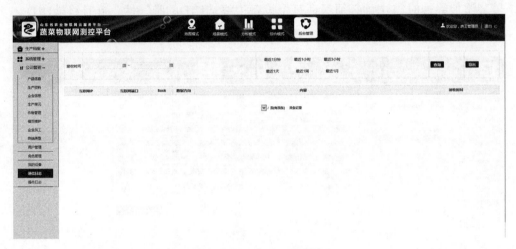

图3-33　通信日志查询

2.操作日志

点击"系统管理"→"操作日志"进入操作日志查询界面（图3-34）。该界面中可查看某一时间段的操作日志信息。用户在查询操作日志时，首先选择要查询的时间段，点击"查询"即可。用户也可点击"导出"将查询的数据导出到本地。

图3-34　操作日志查询

（六）生产档案

生产档案包括种植计划与生产记录两部分内容，种植计划用于制定下一个种植季的计划，是对农业生产活动的预先设想、安排和规划；生产记录将种植计划付诸实施，是园区生产单元中定植作物时的信息记录。

1. 种植计划

种植计划是对企业园区中每一个生产单元制定一个下一季种植的计划。通过种植计划一方面可以了解作物种植面积，看是否符合市场需求；另一方面可通过种植计划计算下一个种植季投入成本。种植计划的制定是承上启下，确保生产工作正常进行的基础，可有效的提高管理效率。点击"生产档案"→"种植计划"进入生产档案维护界面（图3-35），该界面中可查看、添加、删除种植计划信息。

图3-35 种植计划界面

（1）添加种植计划。通过种植计划界面顶端添加选项，可添加新的种植计划。添加计划时，要填写计划名称、种植产品类型、计划种植时间、预收日期、结束日期并为生产计划选取要种植的生产单元，生产单元项可多选，即一次可为多个生产单元制定种植计划。信息填写完整，点击确定新的种植计划便创建完成，点击返回则放弃新计划添加并返回生产计划展示界面（图3-36）。在添加种植计划时需确保种植计划中计划定植时间，避免新一茬计划种植时间与上一茬预收时间重叠，另外，种植计划在生产记录中使用后即变为无效，不可重复选择。

图3-36　添加种植计划

（2）种植计划信息查询。为方便用户查询已添加种植计划信息，农业物联网测控平台提供了种植计划信息查询功能，可通过生产单元或种植时间进行查询。通过生产单元查询可了解下一个种植季中要在该种植单元种植哪种产品，通过种植时间可查询该种植时间哪些生产单元已经做过种植计划，当然两个条件也可同时选择进行计划查询。在该界面顶部选择生产单元或计划种植时间，点击"查询"即可查找对应种植计划信息。

（3）种植计划信息编辑。通过种植计划列表中操作栏"编辑"选项可对已添加的计划名称、种植产品、计划种植时间、预收时间、结束时间以及生产单元等信息进行修改。修改完成后点击"保存"即可，点击"返回"则放弃修改并返回至种植计划列表界面。

（4）删除种植计划。用户需删除某一项已添加种植计划时，可点击操作栏中对应的"删除"选项即可删除计划，确认删除后，已删除的计划将不可找回。

2.生产记录

点击"生产档案"→"生产记录"进入生产记录维护界面（图3-37），该界面中可查看、添加、删除生产记录信息。

图3-37　生产记录界面

（1）添加生产记录。通过生产记录界面顶端添加选项，可添加新的生产记录。添加生产记录时，选择生产单元则平台会自动获取该生产单元添加种植计划，用户仅需选择该种植计划其余信息会自动补充完整。信息填写完整，点击"确定"新的种植计划便创建完成，点击"返回"则放弃新记录添加并返回生产记录展示界面（图3-38）。在添加生产记录时，种植计划使用一次后即作废。

图3-38　添加生产记录

（2）生产记录信息查询。为方便用户查询已添加生产记录信息，农业物联网测控平台提供了生产记录信息查询功能，可通过生产单元或定植时间进行查询。通过生产单元查询可了解该种植单元目前种植哪种作物，通过定植时间可查询该定植时间定植有哪些作物，当然两个条件也可同时选择进行查询。在该界面顶部选择生产单元或定植时间，点击"查询"即可查找对应生产记录信息。

（3）生产记录信息编辑。通过生产记录列表中"操作"栏编辑选项可对已添加的生产记录进行修改，仅可对定值日期、预收日期、结束日期进行修改。修改完成后点击"保存"即可，点击"返回"则放弃修改并返回至生产记录列表界面。

（4）删除生产记录。用户需删除某一项已添加生产记录时，可点击操作栏中对应的"删除"选项即可删除记录，确认删除后，已删除的记录将不可找回。

第三节　农业物联网管理平台

一、功能概述

农业物联网管理平台基于农业物联网测控平台搭建，扩充作物种植生产管理功能及数据分析功能，切实将数据与农业生产联系在一起。农业物联网管理平台通过对数据的分析、评价，为管理者提供更好的管理支持。

农业物联网管理平台不仅拥有农业物联网测控平台中数据测控、视频监控、远程控制、报表服务功能，还拥有以下功能。

（一）生产管理

生产管理单元是为作物种植用户提供生产指导，给出种植环节中注意问题及操作规范，实现标准化种植，以提高作物产量和质量。

（二）生产档案

生产档案用于记录作物生产过程信息，通过生产档案管理可实现作物从定植到发货销售全过程信息的录入。通过生产档案部分，实现了作物从定植开始到发货销售整个种植环节关键信息的记录，方便生产管理者对生产环节的信息管理，同时也为农产品信息追溯完善了数据。

（三）综合评价

综合评价部分是根据特定生产单元中环境信息对定植作物的影响而得出的评价，并给出综合适宜度评价指数。该部分是根据关键参数的实时数据与适宜值以及该参数所占的比重经过计算模型计算而得出的分值。通过综合评价，可了解该生产单元环境的综合情况，让生产管理者了解哪个生产单元需特别关注。

（四）测土施肥

测土施肥用于展示生产单元土壤肥力（N、P、K含量）情况以及作物需肥特性。对土壤进行采样并分别分析N、P、K的含量，通过统计分析工具对采样数据利用克里金插值进行分析，绘制土壤肥力情况分布图并进行展示。通过对土壤肥力状况的分析给出的土壤大量元素含量情况，与种植作物需肥特性进行比较，给出施肥建议。

二、全景漫游

俗话说"百闻不如一见"，以图形的方式观察和认识客观事物，是人类最便捷的认知方式。人们所感受的外界信息80%以上来自于视觉，图形技术的重要影响由此可见一斑。

虚拟漫游是一种现代高科技图形图像技术，让体验者在一个虚拟的环境中，感受到接近真实效果的视觉、听觉体验。虚拟现实技术可以与农业生产基地等进行完美的结合，充分发挥虚拟现实技术的种种优势，传统的声、光、电展览已经很难吸引观众的兴趣，而利用虚拟现实技术把枯燥的数据变为鲜活的图形，引发观众浓厚的兴趣。

虚拟全景漫游系统以地理环境为依托，透过视觉效果，直观地反映空间信息所代表的规律知识；虚拟现实技术与物联网系统结合是现阶段实现"智慧基地、数字园区"的好方法。通过虚拟基地展现，让浏览者通过电脑或移动终端就能身临其境感受到优美的基地风光、良好的种植环境。虚拟全景漫游系统是基于图像的虚拟现实技术；所有场景都是真实空间中存在的场景，真实感强。虚拟全景漫游系统可以成为基地的网上展馆，采用360°全景技术更全面的展示基地的试验环境、田间道路、办公建筑、作物长势以及建设成果等；还可以使用虚拟漫游功能，标示出每个地块、道路或建筑物的功能、状况等，方便了解更多的试验基地信息，扩大基地知名度，提高社会影响力。虚拟全景漫游系统可以放大缩小，任意角度观看，可以让观赏者更真切感受试验基地全貌或者基地内展示的内容。

　　点击"园区全景"，进入园区全景虚拟漫游浏览模式（图3-39）。园区全景部分维护四个季节内容，可根据系统时间自主选择展示。点击"关于我们"可了解使用园区的基本信息；点击"联系我们"可获取园区（企业）的联系方式；点击"缩略图"既可进入缩略图模式，然后根据具体的需求点击相应缩略图，切换到想要参观地点的全景界面。

　　在全景模式中，可点击最下方控制图标控制园区全景展示。"箭头"图标分别向上、下、左、右方向转换视野，也可以点击"＋""－"按钮进行视野的放大或缩小。另外，还可以通过直接单击并拖拽鼠标，进行位置的拖拉与变换。

图3-39　地图模式

三、实时监控

　　由于农业环境的复杂性、严酷性以及以农业生物为生产主体等特征，农业生产信息的获取和分析尤为重要。在传统农业中，获取农业信息的方式非常有限，主要是通过人工测量，效率低下且消耗大量人力。而通过应用农业物联网技术，能够实现农业生产管理过程中对动植物、土壤、环境从宏观到微观的实时监测，定期获取动植物生长发育生理及生态环境的实时信息，并通过对农业生产过程的动态模拟和对生长环境因子的科学调控，达到合理使用农业资源、降低生产成本、改善生态环境、提高农产品产量和品质的目的。

实时监控单元主要实现数据监测、视频查看、设备控制功能，点击平台界面左侧主菜单中"实时监控"，用户可进入农业物联网管理平台实时监控单元，如图3-40所示。

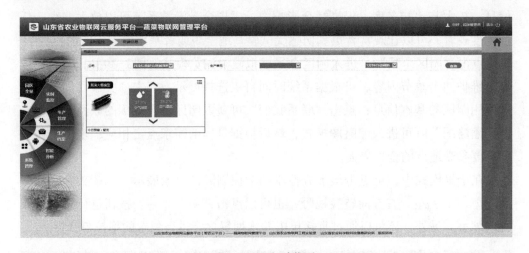

图3-40 实时监测

实时监测部分主界面显示公司（园区）所有的生产单元，每一个生产单元中展示生产单元名称、种植作物、环境适宜度评价指数以及安装的监测设备种类及最新的数据。监测设备采集数据会根据阈值大小显示不同的颜色，数据在合理区间会以白色显示。点击设备图片上下箭头可实现设备的查询，点击生产单元右上角三条横线可查看该生产单元的基本情况，如图3-41所示。

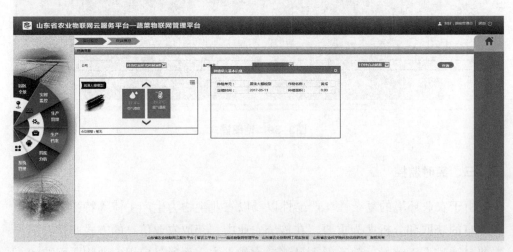

图3-41 生产单元基本信息

点击生产单元名称可进入生产单元详细信息展示界面，如图3-42所示。

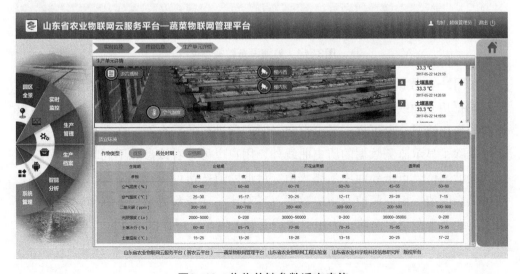

图3-42　生产单元具体信息查看

在图3-42所示的生产单元详情界面中，中心区域中展示该生产单元布设所有设备，包括监测设备、视频设备及控制设备。系统中所展示的设备图标可根据用户的需要自行设定展示位置，用于区分和形象地展示设备所布设的位置。设备图标的颜色对应设备不同状态：深绿色表示设备运行正常（采集设备表示数据处于适宜区间）；黄色表示采集设备数据超过阈值；红色表示设备离线。界面右侧列表中展示该生产单元监测设备报警数据，数据从上到下按照时间先后进行排列，用户可由此查看该生产单元中哪些参数需重点关注；界面下侧为该生产单元种植作物关键参数的适宜值分布，用户可参照系统给出的数据对比当前生产单元的环境情况，如图3-43所示。

图3-43　作物关键参数适宜度值

（一）采集设备

生产单元详情界面中可查看现场采集设备数据及报警信息。用户点击要查看的采集设备图标即可弹出如图3-44所示显示框，在显示框内可查看采集设备名称、实时数据及数据采集时间、历史记录、预警信息、数据走势图。如图3-44所示空气湿度监测数据，图中标红显示数据为实时数据，采集时间紧跟其后；图中仅展示过去的两条记录数据，让用户了解短时间内的数据变化情况，若用户想了解该参数的历史曲线情况，可点击该界面右上角数据走势图按钮进行查看。生产单元详情界面数据预警信息（高于上限或低于下限）在界面中以黄色展示，进入图3-44数据显示框中详细展示了预警内容：在哪个时间点哪个设备监测数据实际数值是多少，高于或低于预警设定值，请及时处理。在图3-44数据监测界面中仅展示最近两条预警数据，若用户想了解更多历史预警情况可点击更多信息进行查看。

图3-44　监测设备数据查询

在图3-44数据监测界面中点击"数据走势图"按钮，系统会弹出如图3-45所示数据历史曲线查看界面，在该界面中用户可查看当天、近7天、近30天的数据曲线变化情况，也可根据需求自定义时间段进行数据查看。在数据走势查看界面中，除了显示监测数据的历史曲线外，用户也可查看该参数不同时间段最高阈值、最低阈值。点击界面中最高阈值、最低阈值按钮可查看和隐藏相应的曲线。通过最高阈值、最低阈值及历史数据三者对比，环境参数是否适宜作物的生长一目了然地展现在用户面前，为用户进行更好的生产管理提供便利。

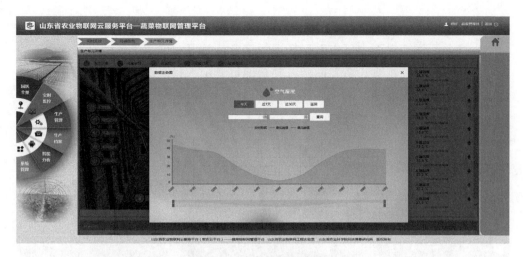

图3-45　监测数据历史曲线

在图3-45数据监测界面中点击"参数评价"按钮可进入参数评价界面，参数评价部分是对特定生产单元中定植作物关键参数进行评价，对于不在适宜值的参数给予一定的温馨提示，具体内容将在智能分析部分进行介绍。

（二）设备控制

生产单元详情界面中也可查询控制设备的运行状态，并对远程设备进行控制。点击界面中控制设备图标，平台即可显示设备控制窗口，如图3-46所示。在该窗口中用户可查看控制设备当前状态；也可点击相应的按钮对设备进行远程控制。需要注意的是，对控制设备进行操控时需要相应的控制权限，若登录用户无可控权限则系统会弹出输入密码对话框，无权限用户需输入设备控制密码方可对可控设备进行控制。以降温风机为例，平台显示降温风机现所处的状态（灰色状态为当前控制状态），点击"打开"可打开降温风机，同时降温风机的状态会随之更新；点击"关闭"可关闭降温风机，状态也随之发生变化。

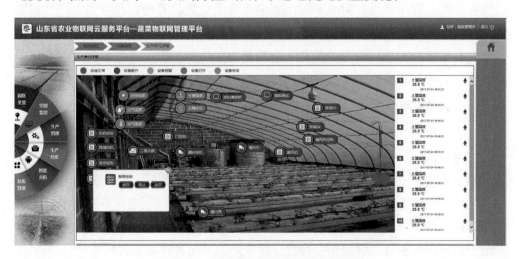

图3-46　控制设备状态查看及远程控制

（三）视频设备

生产单元详情界面中可查看现场视频信息，并可对球（半球）机进行远程控制。点击界面中"视频设备"图标，平台即可显示视频窗口，点击"播放视频"即可显示视频状况如图3-47所示。在该窗口中用户可查看生产现场的实时视频，若生产现场安装摄像头（球机、半球摄像头）可控，在该界面中也可进行远程控制。用户进入视频展示窗口后，需点击"播放视频"按钮方可进行视频查看，点击"关闭视频"则停止视频播放；若摄像头可控，则点击该窗口中"控制"按钮，摄像头会有相应的动作。视频设备与控制设备相同，查看视频需要有控制权限，无权限用户也可通过输入控制密码进行查看。

图3-47　实时视频查看

四、生产管理

农业生产管理是指针对一系列的农业生产活动进行管理。在农业生产过程中农事操作、水肥施用、病虫害防控均为重要环节，生产管理模块即对这些内容给予意见和建议，并进行管理和控制，以提高农业生产效率。点击平台左侧主菜单栏"生产管理"即可进入。

（一）农事操作

农事是指施肥、播种、田间管理、收获等农业生产活动，是农业生产过程中重要的组成部分，直接影响着农产品的产量和质量。农村年轻劳动力不断涌入城市从事非农业生产活动，致使农业劳动力老龄化现象严重，农业劳动力年龄断层、老龄化问题导致农业生产技术缺失，粗放经营、生产效率低下。农事操作单元结合以往的生产经验，对作物种植过程中施肥、播种、田间管理等农事生产活动给予农事操作建议，促使作物种植过程按照标准化种植流程进行。

　　进入"生产管理"界面，点击右侧菜单栏第一项即可进入"农事操作"界面，如图3-48所示。农事操作部分主要针对所属生产单元定植作物所处的时期，给予作物该时期应注意的农事操作信息，为生产者提供生产建议以指导农业生产。在本单元中，用户只需选择要查看农事操作建议的生产单元即可，系统可根据所选生产单元自动获取该单元定植作物以及作物所处的生育期并给出农事操作建议。

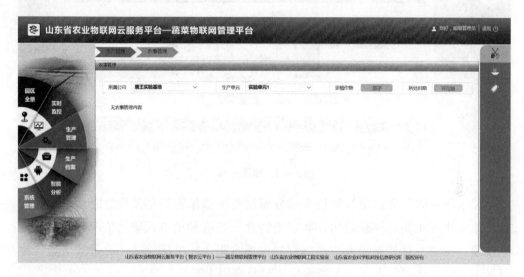

图3-48　农事操作

（二）水肥一体化

　　水肥一体化是利用管道灌溉系统，将肥料溶于水中，水肥同时施用，适时、适量浇水施肥，满足农作物对水分和肥料的需求，实现水肥的高效利用。在水肥使用方面，传统农业生产存在资源浪费、环境污染问题：农业灌溉多数还是粗放式模式，传统的漫灌、畦灌、沟灌等地面灌溉方式还随处可见；灌溉水有效利用率较低，与现代节水农业要求差距较大；化肥使用量大，但利用率低，仅为发达国家化肥利用率的一半左右。粗放的水肥利用方式导致生态环境破坏，土壤板结、酸化、设施菜地土壤退化和次生盐渍化等问题。水肥一体化单元以作物全生长过程水肥解决方案为突破口，研究作物产量品质与需水量、施肥量之间的定量关系，综合考虑土壤水分、土壤养分、肥料利用率、最高产量及经济效益等指标，明确作物需水、需肥动态特征，建立主要作物需水、需肥模型，为水肥精准施用提供科学依据。将物联网、大数据和云计算等信息化技术融入到水肥一体化技术当中，提升其自动化、精准化和智能化程度。

　　进入"生产管理"界面，点击右侧菜单栏第二项即可进入"水肥一体"界面，如图3-49所示。"水肥一体"单元结合作物需肥特性及种植单元肥力情况给出施肥建议并对特定生产单元水肥一体设备远程控制，以达到水肥的精准、精量施用。

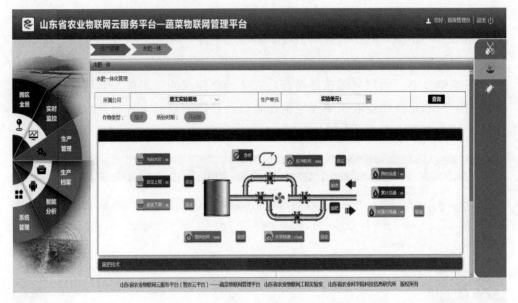

图3-49　水肥一体

　　"水肥一体"界面中施肥技术部分通过所种植作物类型及所处时期结合智能分析单元中测土施肥模块给出作物需肥特性、当前种植单元肥力情况，并给出施肥建议。水肥一体控制单元中，可控制现场水肥一体机的流速、流量等信息，也可查询水肥一体机的水（肥）桶水位情况及施用水肥量信息。

（三）病虫害防控

　　农业病虫害防治已经成为农业生产中不可缺少的一环，它是影响作物生产率的重要因素之一。温室大棚种植作物病虫害发生率高，同时具有繁衍周期性短、传播迅速、为害性严重等特征。因此，温室大棚内病虫害防控工作是否有效直接影响着作物生产，甚至颗粒无收，病虫害防控工作对于农业生产者尤为重要。

　　病虫害防控是以预防为主，该单元可根据种植作物生育期提供易发病虫害种类及防护措施，将病虫害在源头消除；同时提供各病虫害的治理方法，使得发生病虫害时能得到有效的治理。用户进入该单元即可查看该生产单元下种植作物所处时期相应的病虫害信息，也可通过给出的病虫害特征对作物状态进行判别。

　　用户进入"生产管理"界面，点击右侧菜单栏第三项即可进入"病虫害防控"界面，如图3-50所示。

　　用户进入"病虫害防控"界面，选择要查看的生产单元后，系统会自动根据所选生产单元，查询所种植作物及所处的生育期，并根据作物及生育期数据获取并展示该时期下易发的病害、虫害、生理障碍信息。用户可通过病害（虫害、生理障碍）展示窗口左右箭头左右滑动来查看病虫害的类别。

图3-50 病虫害防控

五、生产档案

生产档案或称农事记录，是农业日常生产过程中的一项重要工作，它所记录的投入品使用情况、农事进展情况等有助于计算成本投入，出现问题时查找原因，制定下一步农事计划，同时也可用于农产品质量追溯。传统农业生产中，农事操作以手写笔记为主，不仅效率低、易出错，而且数据难以及时汇集处理，导致生产统计严重滞后。农业物联网管理平台为解决所面临的问题提供了生产档案模块，主要用于农业生产过程中利用信息化的手段记录农事信息。生产档案模块主要包括种植计划、生产记录、过程影像、肥料记录、农药记录、农事操作、采收入库、农残检测、发货销售、订单管理、条码管理等11部分内容，囊括了农业生产的全过程。用户可通过农业物联网管理平台左侧主菜单"生产档案"进入该模块。

（一）种植计划

种植计划是对企业园区中每一个生产单元制定一个下一季种植的计划。通过种植计划一方面可以了解作物种植面积，看是否符合市场需求；另一方面可通过种植计划计算下一个种植季投入成本。种植计划的制定是承上启下，确保生产工作正常进行的基础，可有效的提高管理效率。用户进入"生产档案"界面，点击右侧菜单栏第一项即可进入"种植计划"界面，如图3-51所示。在"种植计划"界面中，可实现种植计划的查询、添加、编辑、删除等功能。

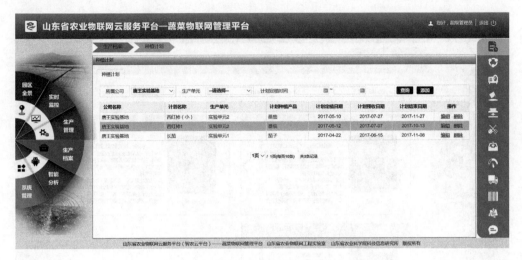

图3-51 种植计划

1. 添加种植计划

通过"种植计划"界面顶端添加选项，可添加新的种植计划。添加计划时，要填写计划名称、种植产品类型、计划种植时间、预收日期、结束日期并为生产计划选取要种植的生产单元，生产单元项可多选，即一次可为多个生产单元制定种植计划。信息填写完整，点击确定新的种植计划便创建完成，点击返回则放弃新计划添加并返回"生产计划"展示界面（图3-52）。在添加种植计划时需确保种植计划中计划定植时间，避免新一茬计划种植时间与上一茬结束时间重叠，另外种植计划在生产记录中使用后即变为无效，不可重复选择。

图3-52 添加种植计划

2. 种植计划信息查询

为方便用户查询已添加种植计划信息，农业物联网管理平台提供了种植计划信息查询功能，可通过生产单元或种植时间进行查询。通过生产单元查询可了解下一个种植季中要在该种植单元种植哪种产品，通过种植时间可查询该种植时间哪些生产单元已经做过种植计划，当然两个条件也可同时选择进行计划查询。在该界面顶部选择生产单元或计划种植时间，点击"查询"即可查找对应种植计划信息。

3. 种植计划信息编辑

通过种植计划列表中"操作"栏编辑选项可对已添加的计划名称、种植产品、计划种植时间、预收时间、结束时间以及生产单元等信息进行修改。修改完成后点击"保存"即可，点击"返回"则放弃修改并返回至种植计划列表界面。

4. 删除种植计划

用户需删除某一项已添加的种植计划时，可点击操作栏中对应的"删除"选项即可删除计划，确认删除后，已删除的计划将不可找回。

（二）生产记录

生产记录单元是作物定植的开始，是园区生产单元中定植作物的信息记录。用户进入"生产档案"界面后，点击右侧菜单栏第二项即可进入"生产记录"界面，如图3-53所示。在该界面中可实现生产记录的查询、添加、编辑、删除等功能。

图3-53 生产记录

1. 添加生产记录

通过生产记录界面顶端添加选项，可添加新的生产记录。添加生产记录时，选择生产单元则平台会自动获取该生产单元添加种植计划，用户仅需选择该种植计划，其余信息会自动补充完整。信息填写完整，点击"确定"新的生产记录便创建完成，点击"返回"则放弃新记录添加并返回生产记录展示界面（图3-54）。在添加生产记录时，种植计划使用一次后即作废。

图3-54　添加生产记录

2. 生产记录信息查询

为方便用户查询已添加生产记录信息，农业物联网管理平台提供了生产记录信息查询功能，可通过生产单元或定植时间进行查询。通过生产单元查询可了解该种植单元目前种植哪种作物，通过定植时间可查询该定植时间定植有哪些作物，当然两个条件也可同时选择进行查询。在该界面顶部选择生产单元或定植时间，点击"查询"即可查找对应生产记录信息。

3. 生产记录信息编辑

通过生产记录列表中"操作"栏编辑选项可对已添加的生产记录进行修改，仅可对定值日期、预收日期、结束日期进行修改。修改完成后点击"保存"即可完成修改，点击"返回"则放弃修改并返回至生产记录列表界面。

4. 删除生产记录

用户需删除某一项已添加生产记录时，可点击操作栏中对应的"删除"选项即可删除记录，确认删除后，已删除的记录将不可找回。

（三）过程影像

过程影像是指作物生长过程中关键时期的影像数据，可为图片、视频。过程影像信息可用于管理者比对不同生产季中作物的生长差异，也可用于产品追溯中展示农产品的生长过程。用户进入"生产档案"界面，点击右侧菜单栏第三项即可进入"过程影像"界面，如图3-55所示。过程影像界面中，可实现过程影像的查询、添加、编辑、删除等功能。

图3-55 过程影像

1.添加过程影像

进入过程影像界面，系统默认展示已添加的过程影像列表信息，通过界面顶端"添加"选项，可添加新的影像记录（图3-56）。添加影像信息时，需提前拍摄影像资料（图片或视频），进入添加界面完善相应的信息（影像名称、拍摄地点及日期），并将事先拍好的影像资料提交即可。信息填写完整，点击"确定"新的过程影像便创建完成，点击"返回"则放弃新记录添加并返回过程影像列表界面，如图3-56所示。

图3-56 添加过程影像信息

2.过程影像信息查询

为方便用户查询已添加过程影像信息，农业物联网管理平台提供了过程影像信息查询功能，可通过生产单元或拍摄日期进行查询。通过生产单元查询可了解该种植单元提交的所有过程影像信息，也可选择生产单元后设定要查询的时间段，查询该时间段内提交有哪些影像数据。在该界面顶部选择生产单元、设定拍摄时间段（可选），点击"查询"即可查找对应过程影像信息。

3. 过程影像信息编辑

已添加的过程影像信息中若添加数据有误，可通过过程影像列表中操作栏"编辑"选项对已添加的影像信息进行修改。修改完成后点击"保存"即可，点击"返回"则放弃修改并返回至过程影像列表界面。

4. 删除过程影像

用户需删除某一项已添加过程影像时，可点击操作栏中对应的"删除"选项即可删除该条记录，确认删除后，已删除的记录将不可找回。

（四）肥料记录

为记录作物生长过程中肥料施用情况，平台设有肥料记录功能。通过肥料施用情况的记录，可方便管理者对比分析不同施肥情况对作物产量的影响，也可以历年的肥料施用量为依据，制定下一年的施肥量计划，同时肥料记录数据还可用于产品质量追溯。用户进入"生产档案"界面后，点击右侧菜单栏第四项即可进入"肥料记录"界面，如图3-57所示。该界面中，可实现肥料记录的查询、添加、编辑、删除等功能。

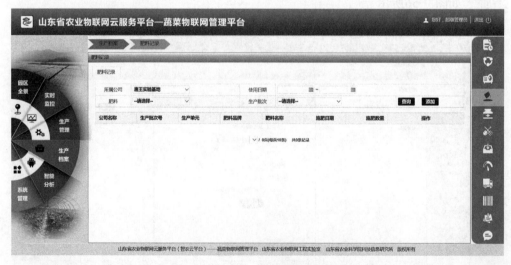

图3-57　肥料记录

1. 添加肥料记录

进入肥料记录界面，系统默认展示已添加的肥料记录列表信息，通过界面顶端"添加"选项，可添加新的肥料记录（图3-58）。生产资料（肥料、农药）品种已在公司管理模块添加完成，添加新的肥料记录时只需选择肥料名称并填写使用数量、日期及施用生产单元，点击"确定"即可创建完成，点击"返回"则放弃新记录添加并返回肥料记录列表界面。

图3-58 添加肥料记录

2.肥料记录信息查询

为方便用户查询已添加肥料记录信息，农业物联网管理平台提供了肥料记录信息查询功能，可通过使用日期、肥料名称或生产批次号进行查询。通过使用日期可查询该时间段内使用的所有肥料记录；通过肥料名称可查询该肥料使用在哪个生产单元；通过生产批次号（生产批次号在作物定植时自动生成，代表生产单元种植作物）可了解该生产单元施用过哪些肥料。用户可通过3个选项单独查询，也可多个选项自由组合进行查询。用户使用肥料记录查询功能时，可在该界面顶部根据自身需求选择相应选项，点击"查询"即可查找对应肥料记录信息。

3.肥料记录信息编辑

若已添加的肥料记录信息中添加数据有误，可通过肥料记录列表中操作栏"编辑"选项对已添加的肥料记录进行修改。修改完成后点击"保存"即可完成记录修改，点击"返回"则放弃修改并返回至肥料记录列表界面。

4.删除肥料记录

用户需删除某一项已添加肥料记录时，可点击操作栏中对应的"删除"选项即可删除该条记录，确认删除后，已删除的记录将不可找回。

（五）农药记录

为记录作物生长过程中农药施用情况，平台设有农药记录功能。通过农药施用情况的记录，可方便管理者对比分析不同施药情况对作物产量的影响，也可以历年的农药施用量为依据，制定下一年的施药量计划，同时农药记录数据还可用于产品质量追溯及监管人员监管查询。用户进入"生产档案"界面后，点击右侧菜单栏第五项即可进入"农药记录"界面，如图3-59所示。该界面中，可实现农药记录的查询、添加、编辑、删除等功能。

图3-59　农药记录

1. 添加农药记录

进入农药记录界面，系统默认展示已添加的农药记录列表信息，通过界面顶端"添加"选项，可添加新的农药记录（图3-60）。同肥料记录相同，生产资料（肥料、农药）品种已在公司管理模块添加完成，添加新的农药记录时只需选择农药名称并填写使用数量、日期及施用生产单元，点击"确定"新农药记录即可创建完成，点击"返回"则放弃新记录添加并返回农药记录列表界面。

图3-60　农药记录添加

2. 农药记录信息查询

为方便用户查询已添加农药记录信息，农业物联网管理平台提供了农药记录信息查询功能，可通过使用日期、农药名称或生产批次号进行查询。通过使用日期可查询该时间段内使用的所有农药记录；通过农药名称可查询该农药施用在哪个生产单元；通过生产批次号（见肥料记录信息查询）可了解该生产单元施用过哪些农药。用户可通过3个选项单独查询，也可多个选项自由组合进行查询。在该界面顶部根据用户需求选择相应选项，点击"查询"即可查找对应农药记录信息。

3. 农药记录信息编辑

已添加的农药记录中若添加数据有误，可通过农药记录列表中操作栏"编辑"选项对已添加的农药记录进行修改。修改完成后点击"保存"即可完成修改，点击"返回"则放弃修改并返回至农药记录列表界面。

4. 删除农药记录

用户需删除某一项已添加农药记录时，可点击操作栏中对应的"删除"选项即可删除该条记录，确认删除后，已删除的记录将不可找回。

（六）农事操作

农事操作是对除草、松土、打岔、吊蔓等除了肥料、农药施用的其他农事操作的信息记录，进入"生产档案"界面，点击右侧菜单栏第六项即可进入"农事操作"界面（图3-61），该界面中可查看、添加、删除农事操作信息。

图3-61　农事操作

1. 农事操作信息添加

进入农事操作记录界面，通过界面顶端"添加"选项，可添加新的农事记录信息（图3-62）。添加新的农事记录时选择相应的生产单元、操作人，填写操作类型（除草、松土、打岔、吊蔓等）、操作日期及操作内容，点击"确定"新纪录即创建完成，点击"返回"则放弃新记录添加并返回农事操作记录列表界面。

图3-62　添加农事操作

2. 农事操作信息查询

为方便用户查询已添加农事操作信息，农业物联网管理平台提供了农事操作记录查询功能，可通过生产单元、操作日期、操作人选项进行查询。通过生产单元可查询在该生产单元所进行的农事操作信息；通过操作日期可查询该时间段内所有农事操作记录；通过操作人可查询该人员实施的所有农事操作信息。用户可通过3个选项单独查询，也可多个选项自由组合进行查询。在该界面顶部根据用户需求选择相应选项，点击"查询"即可查找对应记录信息。

3. 农事操作信息编辑

如需完善已添加的农药记录信息，可通过农事操作列表中操作栏"编辑"选项对已添加的农事操作信息进行修改。修改完成后点击"保存"即可完成修改，点击"返回"则放弃修改并返回至农事操作列表界面。

4. 删除农事操作记录

用户需删除某一项已添加农事操作记录时，可点击操作栏中对应的"删除"选项即可删除该条记录，确认删除后，已删除的记录将不可找回。

（七）采收入库

采收入库是对园区中产品采收信息的记录，用户进入"生产档案"界面，点击右侧菜单栏第七项即可进入"采收入库"界面（图3-63）。该界面中可查看、添加、删除采收入库信息。

图3-63 采收入库

1. 采收入库信息添加

进入采收入库界面，系统默认展示已添加的采收入库信息列表，通过界面顶端"添加"选项，可添加新的采收入库记录（图3-64）。添加新的采收入库记录时只需添加产品名称、采收日期、采收数量、规格等级并选择采收于哪一个生产单元，点击"确定"即可创建完成，点击"返回"则放弃新记录添加并返回采收入库记录列表界面。

图3-64 添加采收入库记录

2. 采收入库记录查询

为方便用户查询已添加采收入库记录，农业物联网管理平台提供了采收入库记录查询功能，可通过采收日期、生产批次号进行查询。通过采收日期可查询该时间段内采收过哪些产品；通过生产批次号可查询该生产单元所有采收的记录信息。用户可通过两个选项单独查询，也可两个选项一并进行查询。在该界面顶部根据用户需求选择相应选项，点击"查询"即可查找对应记录信息。

3. 采收入库记录编辑

若用户需对已添加的采收入库记录修改完善，可通过采收入库记录列表中"操作"栏"编辑"选项对已添加的记录进行修改。修改完成后点击"保存"即可完成修改，点击"返回"则放弃修改并返回至采收入库记录列表界面。

4. 删除采收入库记录

用户需删除某一项已添加采收入库记录时，可点击操作栏中对应的"删除"选项即可删除该条记录，确认删除后，已删除的记录将不可找回。

（八）农残检测

农残检测是对农产品农药残留的监测，农药残留影响消费者的食用安全，严重时会造成消费者致病，甚至中毒身亡。农残检测单元是对采收农产品抽样并进行检测后记录的检测结果。用户进入"生产档案"界面，点击右侧菜单栏第八项即可进入"农残检测"界面（图3-65），在该界面中仅可添加农残信息。

图3-65　农残检测

用户若要添加新的农残信息，可选择采收批次号或产品名称，点击"查询"以查询指定主题的采收入库记录。在要添加的采收记录操作栏中点击"农残检测录入"，即可录入农残抑制率。录入完成后，勾选要提交的农残信息，点击界面顶端"批量提交"或"全部提交"即可完成农残信息的提交。

（九）订单管理

订单管理是对企业销售订单的管理和维护。用户进入"生产档案"界面，点击右侧菜单栏第九项即可进入"订单管理"界面，如图3-66所示，在该界面可查看、添加、删除订单信息。

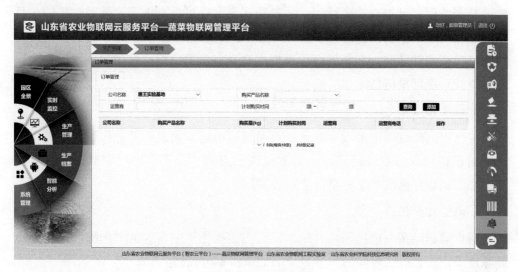

图3-66 订单管理

1. 订单信息添加

进入订单管理界面，通过界面顶端"添加"选项，可添加新的订单（图3-67）。添加新的订单时只需填写计划购买产品名称、数量、计划购买时间、购买厂商联系方式，点击"确定"即可创建完成，点击"返回"则放弃新订单添加并返回订单记录列表界面。

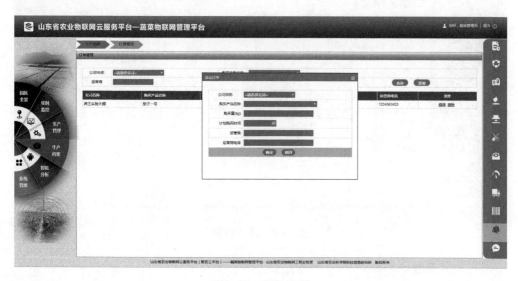

图3-67 添加订单

2. 订单记录信息查询

为方便用户查询已添加订单记录信息，农业物联网管理平台提供了订单记录信息查询功能，可通过计划购买日期、产品名称或购买商名称进行查询。通过购买日期可查询该时间段内具体要交付的产品的品种和重量；通过产品名称可查询该产品哪些商家已提交购买计划；通过购买商名称可查询该商家计划购买的产品列表。用户可通过3个选项单独查询，也可多个选项自由组合进行查询。用户在使用订单查询功能时，在该界面顶部根据自身需求选择相应选项，点击"查询"即可查找对应订单信息。

3. 订单记录信息编辑

若已添加的订单记录发生变化，可通过订单记录列表中"操作"栏"编辑"选项对已添加的订单进行修改。修改完成后点击"保存"即可完成修改，点击"返回"则放弃修改并返回至订单列表界面。

4. 删除订单记录

用户需删除某一项已添加订单时，可点击操作栏中对应的"删除"选项即可删除该条记录，确认删除后，已删除的记录将不可找回。

（十）发货销售

发货销售是对企业（园区）中已发货销售的农产品的信息记录。用户进入"生产档案"界面，点击右侧菜单栏第九项即可进入"发货销售"界面（图3-68），在该界面可查看、添加、删除发货销售信息。

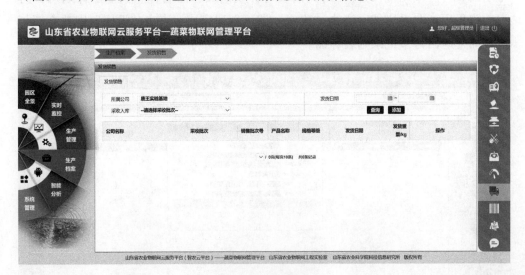

图3-68　发货销售

1. 发货销售记录添加

进入发货销售界面，系统默认展示已添加的发货销售记录列表信息，通过界面顶端"添加"选项，可添加新的发货销售记录（图3-69）。用户添加新的发货销售记录时需填写具体销售信息，如产品名称、重量、单价、发货日期、收货方等信息，也可选择前述订单管理中已添加的订单，点击"确定"即可创建完成，点击"返回"则放弃新记录添加并返回发货销售记录列表界面。

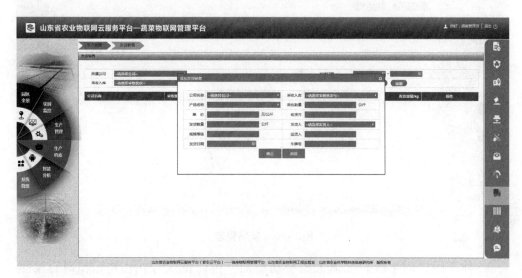

图3-69　添加发货销售记录

2. 发货销售信息查询

为方便用户查询已添加发货销售记录信息，农业物联网管理平台提供了发货销售记录信息查询功能，可通过发货日期、产品名称或采收批次号进行查询。通过发货日期可查询该时间段内的所有发货记录信息；通过产品名称可查询该产品的发货销售信息；通过采收批次号（见条码管理）可查询批次采收产品的销售信息。用户可通过三个选项单独查询，也可多个选项一并进行查询。在该界面顶部根据用户需求选择相应选项，点击"查询"即可查找对应记录信息。

3. 发货销售信息编辑

已添加的发货销售记录中若添加数据有误，可通过发货销售记录列表中"操作"栏"编辑"选项对已添加的发货销售记录进行修改。修改完成后点击"保存"即可完成修改，点击"返回"则放弃修改并返回至发货销售记录列表界面。

4. 删除发货销售记录

用户需删除某一项已添加发货销售记录时，可点击操作栏中对应的"删除"选项即可删除该条记录，确认删除后，已删除的记录将不可找回。

（十一）条码管理

作物从定植开始到采收、销售整个环节信息通过条码连接在一起，包括生产批次号、采收批次号、销售批次号、溯源码等5种条码。条码管理单元用于对不同条码的查询和打印，用户进入"生产档案"界面，点击右侧菜单栏第10项即可进入"条码管理"界面（图3-70）。

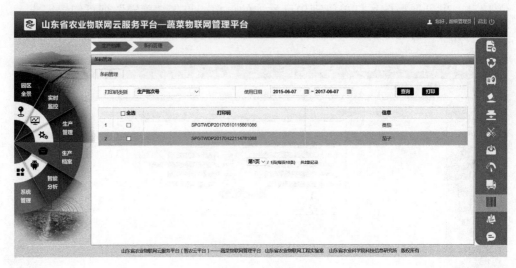

图3-70　条码管理

5种条码自动生成，无需人员手动添加。生产批次号在作物定植时自动生成，用于记录从定植到采收的相关信息；采收批次号在添加产品采收入库信息时自动生成，记录从采收到销售之间的信息；销售批次号在添加发货销售记录时自动生成，主要记录发货销售信息；溯源码在发货销售完成后自动生成，用于连接从定植到销售整个生产过程的全部信息。

在条码管理界面可查询不同的条码并进行打印，点击"打印码类型"选择要打印的条码类型，选择要打印条码所在的时间段，点击"查询"查看已生成条码信息，勾选要打印的条码，点击"打印"即可打印条码。

六、智能分析

传统的农业生产主要是依靠人类自身的经验来进行决策，但是人类的经验具有一定的局限性，并不能够对农业生产的所有影响因素进行准确的预测，比如天气、环境等不可控的因素。通过物联网传感器可获取到形式多样的传感数据，数据本身意义并不是很大，无法给管理者直接提供生产经验。智能分析的作用是结合作物的特性，为管理者提供有效的建议，为生产管理者管理农业生产提供数据支撑，让冰冷的数据变得有意义。

智能分析单元包括综合评价、参数评价、测土施肥、报警分析、统计分析、对比分析与行情分析7部分内容，点击左侧菜单栏"智能分析"，用户可进入农业物联网管理平台智能分析模块，如图3-71所示。

图3-71　智能分析

（一）参数评价

参数评价是结合作物生理习性对种植环境监测数据给出单参数适宜度评价，所谓单参数适宜度评价即某一参数是否适宜作物生长。它将采集的具体数据以适宜度的形式展示给用户，让数据更加直观、形象。点击如图3-71所示的"参数评价"，用户可进入参数评价展示界面（图3-72）。

参数评价部分以一个生产单元为单位，对该生产单元中种植作物的4种关键参数进行评价，给出关键参数的实时数据并根据作物生理习性给出适宜度评价（偏高、适宜、偏低）。参数评价部分还会根据评价结果给出温馨提示，以提示用户进行合理的调控。

图3-72　参数评价

用户在使用该功能时，只需选择要查看的生产单元即可，平台会自动获取相关数据并对关键参数进行评价展示。平台默认分析间隔为1min，用户可根据生产需要自行设定。

（二）综合评价

综合评价部分是根据特定生产单元中环境信息对定植作物的影响而得出的评价，它以某一个生产单元为单位，以该种植单元种植作物生理习性及重要环境参数实时数据为基础，通过构建环境参数综合评价模型给出的当前环境是否适宜作物生长的参数综合评价。点击如图3-73所示的"综合评价"，即可进入综合评价展示界面，如图3-73所示。

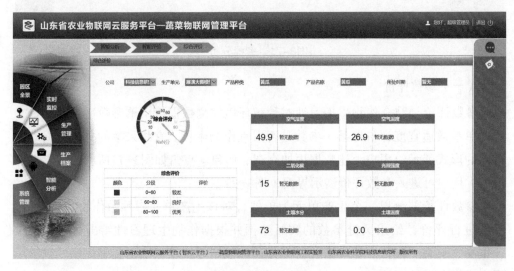

图3-73　综合评价

用户在使用该功能时，只需选择要查看的生产单元即可，平台会自动获取相关数据并对关键参数进行评价展示。右侧区域中展示模型给出的6种关键参数的评分，左侧区域展示该生产单元的综合评价，评价以分数展示：高于80分为优秀；低于60分为较差，表示该生产单元环境不适宜作物生长。若综合评价为较差，管理者需着重查看该生产单元，并需加强对该生产单元的管理。

（三）测土施肥

测土施肥是以土壤测试和肥料田间试验为基础，根据作物需肥规律、土壤供肥性能和肥料效应，在合理施用有机肥料的基础上，提出氮、磷、钾等肥料的施用数量、施肥时期和施用方法。通俗地讲，就是在农业科技人员指导下科学施用配方肥。测土施肥技术的核心是调节和解决作物需肥与土壤供肥之间的矛盾，同时有针对性地补充作物所需的营养元素，作物缺什么元素就补充什么元素，需要多少补多少，实现各种养分平衡供应，满足作物的需要；达到提高肥料利用率和减少用量，提高作物产量，改善农产品品质，节省劳力，节支增收的目的。

测土施肥单元中需提交土壤采样测得氮、磷、钾样本数据，平台分别绘制并展示土壤氮、磷、钾含量分布图，给出土壤养分（氮、磷、钾）含量情况，并结合作物需肥规律给出施肥指导意见。用户点击如图3-74所示的"测土施肥"，可进入测土施肥展示界面，如图3-74所示。

图3-74 测土施肥

1. 样本数据添加

土壤肥力（氮、磷、钾）含量因无在线测量仪器，需土壤取样并实验室测量获得。土壤取样过程中记录取样点坐标信息（有专用设备获得），在测得氮、磷、钾元素数据后一并提交至平台。点击如图3-75中"添加样本"即可添加相应的数据，如图3-75所示。

图3-75 样本数据提交

2. 测土施肥数据展示

平台根据用户提交氮、磷、钾及坐标数据绘制氮、磷、钾元素分布图，并在测土施肥界面进行展示。用户选择要查看生产单元后，平台在测土施肥界面顶端展示该生产单元种植作物及所处时期，该时期作物需肥特性；在氮（磷、钾）元素展示区域给出该时期氮（磷、钾）元素对作物的影响，氮（磷、钾）元素含量情况；结合需肥特性及氮（磷、钾）的含量，在测土施肥界面底部给出土壤施肥建议，施肥建议中涵盖肥料施用品种、数量及施肥方式。

（四）报警分析

报警分析是对特定生产单元下特定监测终端设备高报（超阈值上限）、低报（低于阈值下限）的次数统计分析，在该模块中用户可查看一段时间内某一个监测设备的报警次数，若该设备报警次数过多，告知生产管理者应对此多加关注。点击如图3-76所示的"报警分析"，用户可进入报警分析展示界面，如图3-76所示。

图3-76 报警分析

用户可以通过选择要查询的设备及设定查询时间段，然后点击"查询"按钮，系统则以柱状图形式展示该设备的报警次数累计值。报警分析单元同时提供了报表服务功能，用户查询完报警数据后，点击"导出表格"按钮，既可将查询出来的相关数据进行导出以备它用。

（五）统计分析

统计分析用于统计农业生产中一段时间内的产量、销量、农药化肥使用量。通过统计分析功能可简要分析产品生产投入成本，热销产品及管理效率。点击如图3-77所示的"统计分析"，用户可进入统计分析展示界面，如图3-77所示。

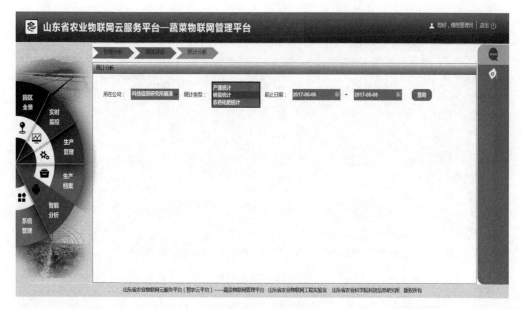

图3-77 统计分析

如图3-77所示，统计分析单元统计类型包括产量统计、销量统计、农药化肥使用量统计。产量统计即统计展示企业不同产品的产出情况，销量统计即统计展示企业不同产品的销售情况，均按产品品种以柱状图进行展示；农药化肥统计分别统计农药、化肥等投入品的品种及用量情况，也以柱状图展示。

用户在使用统计分析功能时，在统计类型中选择要进行统计分析的类别，选择要统计的时间段，点击查询即可查看统计结果。

（六）对比分析

对比分析是通过自由选择对比量来分析相同时期同种作物产量不同的原因，也可分析不同年份同种作物的产量变化。

企业（种植园区）在一个种植季中有多个生产单元种植同一种作物，种植结束后在进行产量统计时发现不同生产单元产量差异较大，为分析差异存在的原因，则可通过对比分析进行。对比分析模块可对不同生产单元的环境参数、投入品的使用进行对比，用以分析是管理还是投入品使用上导致的差异。若企业（种植园区）想分析历年种植某一种产品产量上是否不断增长，也可通过对比分析模块进行查询。点击如图3-78所示的"对比分析"，用户可进入对比分析展示界面，如图3-78所示。

用户使用对比分析功能时，可根据分析目的自由选择参数项，如生产单元、环境参数、投入品（化肥、农药）用量及种类，点击"查询"即可获得分析结果。

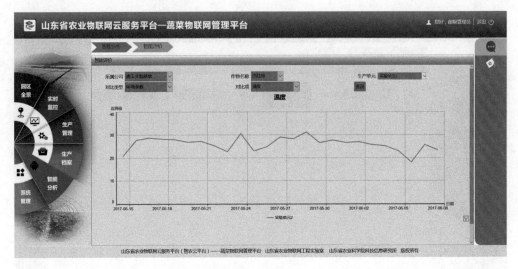

图3-78 对比分析

（七）行情分析

行情分析单元利用网络爬虫技术获取不同农产品的价格以提供农产品价格变化分析功能，用于展示农产品的价格走势。通过行情分析模块，生产管理者可查看某些产品在不同地区到的价格走势。点击如图3-79所示的"行情分析"，用户可进入行情分析展示界面，如图3-79所示，。

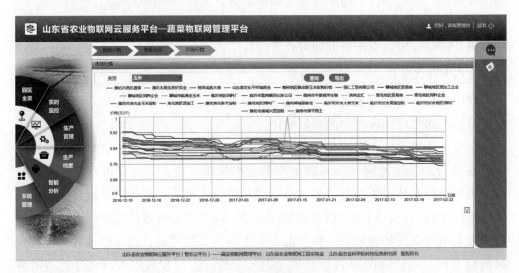

图3-79 行情分析

在使用行情分析功能时，选择要查询的产品类型，点击"查询"即可显示不同公司、地域的价格走势；点击"导出"可导出数据走势图。

七、系统管理

系统管理在用户使用平台过程中发挥着重要作用，平台丰富的功能与后台管理是分不开的。设备终端维护、用户管理、企业信息管理、用户权限管理等均要通过后台管理部分实现。农业物联网管理平台后台管理部分包括公司管理、用户管理、角色管理、我的设备、生产档案、通信日志查询等7部分内容，如图3-80所示。

图3-80　系统管理

（一）公司管理

公司管理模块是对企业基本信息的维护，包括企业信息、产品信息、生产单元、模型维护、企业员工等信息，点击"系统管理"→"公司管理"可进入公司管理界面，如图3-81所示。

图3-81　公司管理界面

1. 企业信息

点击"公司管理"→"企业信息"可进入企业信息维护界面（如图3-81所示）。企业信息维护界面用于维护企业基本信息，包括公司名称、产业类型、行政区划、联系人、联系电话、经纬度、360°视频展示、视频设备信息。"企业信息"界面默认显示已维护的信息，对企业信息修改包括3部分内容全景图片、滚动图片及编辑。全景图片用于地图模式中展示的背景图，修改全景图片时注意提交图片的像素大小及比例；滚动图片用于手机客户端，是手机客户端登录后首页展示的图片；编辑按钮用于完善、修改公司的基本信息（图3-82）。企业信息中企业名称、企业法人、注册时间等信息可用于农产品质量追溯，视频云服务器IP、视频云服务器端口号以及视频云服务器账号与密码用于农业物联网管理平台视频监控功能，该信息维护好后一般无需修改。企业信息编辑完成点击"确定"即可保存，点击"返回"则返回企业信息界面。

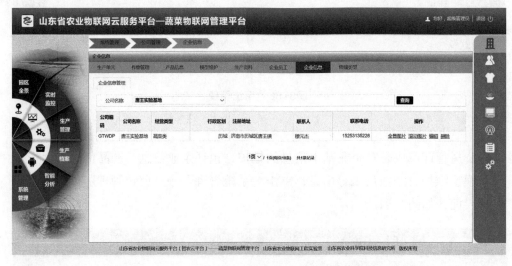

图3-82　企业信息维护

2. 企业员工

企业员工界面用于维护企业员工相关的信息，维护好的企业员工信息用于农业物联网管理平台中用户添加、生产单元管理人员分配。点击"公司管理"→"企业员工"进入企业员工信息维护界面，如图3-83所示。

企业员工"界面默认显示已添加的企业员工列表，在该界面中可添加新的员工信息，也可查询、编辑、删除已添加的企业员工信息。

（1）员工信息添加。企业员工界面顶端有"添加"按钮，用户可点击该按钮以添加新的员工信息。完善相应的信息，并注意企业员工编码确保其唯一性，点击"确定"信息即添加完成。添加过程中若想放弃本次信息添加点击"返回"即可。

图3-83　企业员工信息管理

（2）员工信息查询。为方便企业管理人员查询企业员工的相关信息，农业物联网管理平台提供了员工信息查询功能，可通过企业员工编码或者员工姓名进行查询。在该界面顶部编码/姓名输入框内输入员工编码或姓名，点击"查询"即可查找对应员工的信息。

（3）员工信息修改。企业员工信息列表末尾处有操作栏，点击操作栏"编辑"按钮可维护更新已添加的企业员工信息（图3-84），可对员工姓名及联系方式进行修改，员工编码一旦添加便不可修改。操作完成后点击"确定"保存修改信息，点击"返回"可返回至企业员工信息列表界面。

（4）删除员工信息。企业管理者若想删除已添加的员工信息，则点击该员工信息对应的操作栏"删除"按钮即可，需要注意信息一旦删除便不可找回。

图3-84　企业员工信息编辑

3. 产品信息

产品信息是对企业种植作物的罗列，企业种植一种作物即可在产品信息中添加相应的产品信息。产品信息中维护的作物种植段内环境参数信息为平台数据阈值信息，平台通过查询定植作物品种、定植时间及种植段内维护信息来判断监测数据是否处于适宜值。点击"公司管理"→"产品信息"进入产品信息维护界面（图3-85）。产品信息部分可实现产品信息的添加、查询、编辑等功能。

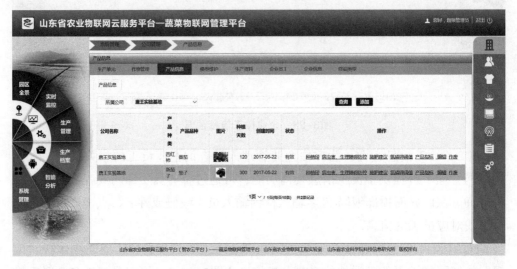

图3-85 产品信息维护

（1）产品信息添加。通过产品信息界面顶端"添加"按钮，用户可添加新的产品信息。对于产品的具体信息（如产品生长周期、种植段及监测参数上下阈值等信息），系统默认添加完成，用户只需选择相应的产品种类，输入产品品种名称即可。用户也可在此处根据自己的实际种植情况对已添加的信息进行修改。点击"确定"新的信息即添加完成，添加过程中若想放弃本次信息添加点击"返回"即可。

（2）产品信息查询。为方便用户查询已添加产品的相关信息，农业物联网管理平台提供了产品信息查询功能，可通过产品名称进行查询。在该界面顶部搜索输入框内输入产品名称，点击"查询"即可查找对应产品的信息。

（3）产品信息维护。操作栏中编辑选项可对已添加的产品信息进行修改，可修改内容包括品种名称、生长周期、需肥特性及产品简介、产品图片等信息。

对于平台中使用的阈值信息可在操作栏种植段选项中进行修改。种植段选项中可修改的内容包括产品的种植段、种植段开始及结束时间、每个种植段中环境参数的阈值范围。种植段意为作物不同生育段，开始时间及结束时间是确定种植段（生育段）持续的时间，"环境参数"是对不同生育段中关键参数适宜值的维护，确定作物在不同时期不同参数的上下阈值，如图3-86所示。

图3-86 产品信息编辑

种植段中还可维护农事管理信息，维护好的农事管理信息用于平台生产管理单元农事操作模块信息展示；种植段中分数参数维护是根据作物适宜度评价模型给出的环境参数的评价系数，如图3-87所示。

图3-87 产品种植段信息

"病虫害/生理障碍防控"部分是对该作物常见病虫害信息、生理障碍信息的罗列，该部分提供病虫害、生理障碍等图片、基本情况描述、解决方式等内容。此处可对已添加的信息进行修改，也可删除、添加内容，如图3-88所示。

图3-88　产品病虫害/生理障碍信息

"施肥建议"部分是对该作物需肥特性信息的维护，该部分提供作物对氮、磷、钾的需求情况及施肥建议具体内容，如图3-89所示。

图3-89　施肥建议信息

"氮、磷、钾阈值"部分是对作物评价大量元素的参考数值，如图3-90所示。

（4）产品信息删除。用户若不再需要已添加的产品，可将已添加产品作废。点击"作废"后，已添加的产品将不再有效，若需重新启用已作废的产品，只需点击"启用"即可。

图3-90　氮、磷、钾阈值信息

4. 模型维护

模型维护单元所维护模型为生产单元的展示背景，是添加生产单元时所必需的信息，用于平台实时监控模块中生产单元背景图展示，维护好的模型可用于多个生产单元。点击"公司管理"→"模型维护"进入模型维护界面（图3-91），在该界面内可实现模型的添加、编辑、删除、查询等功能。

图3-91　模型信息维护

（1）模型信息添加。通过模型维护界面顶端添加模型选项，用户可添加新的模型。添加模型时，按要求提交相应的信息，点击"确定"信息即添加完成，添加过程中若想放弃本次信息添加点击返回即可（图3-92）。添加模型时，要注意模型名称不可重复。

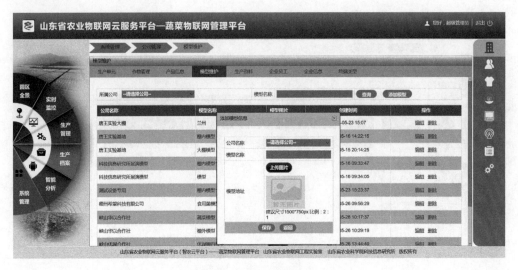

图3-92　添加模型信息

（2）模型信息查询。为方便用户查询已添加模型的相关信息，农业物联网管理平台提供了模型信息查询功能，可通过模型名称进行查询。在该界面顶部搜索输入框内输入模型名称，点击"查询"即可查找对应模型信息。

（3）模型信息维护。模型信息列表末尾处有操作栏，点击操作栏"编辑"选项可维护更新已添加的模型信息。操作完成后点击"保存"即可，点击"返回"则放弃修改并返回至模型信息列表界面。

（4）产品信息删除。用户若不再需要已添加的模型，可将已添加模型删除。用户可点击操作栏中对应的"删除"选项即可删除该模型，模型确认删除后，已删除的模型将不可找回。

5.生产单元

生产单元部分实现对该公司拥有的生产单元信息维护。生产单元是农业物联网管理平台的重要组成部分，平台中所有终端设备必须添加到特定的生产单元下。点击"公司管理"→"生产单元"进入生产单元管理界面（图3-93），在该界面内可实现生产单元的添加、编辑、删除、查询等功能。

（1）添加生产单元。通过生产单元管理界面顶端添加选项，用户可添加新的生产单元。添加生产单元时，需输入生产单元名称、生产单元面积等信息，选择已经维护好的管理人员、上级管理人员及背景模型，点击确定信息即添加完成，添加过程中若想放弃本次信息添加点击返回即可（图3-94）。在生产单元添加时需注意，生产单元编码在同一企业下要确保其唯一性；管理人员及上级管理人员同时具有该生产单元下控制设备、视频监控设备的所有权限。

图3-93　生产单元管理

图3-94　添加生产单元

（2）生产单元信息查询。为方便用户查询已添加生产单元相关信息，农业物联网管理平台提供了生产单元信息查询功能，可通过生产单元名称进行查询。在该界面顶部搜索输入框内输入生产单元名称，点击"查询"即可查找对应生产单元信息。

（3）生产单元信息维护。通过生产单元信息列表中操作栏"编辑"选项可对已添加的生产单元信息进行维护（图3-95）。操作完成后点击"保存"即可，点击"返回"则放弃修改并返回至生产单元信息列表界面。

图3-95　生产单元信息维护

（4）删除生产单元。用户若不再需要已添加的生产单元，可将其删除。用户可点击操作栏中对应的"删除"选项即可删除生产单元，确认删除后，已删除的生产单元将不可找回。

6.生产资料

生产资料实现对该企业（生产园区）中拥有的农业物联网生产中所使用的化肥、农药信息的维护。用户点击"公司管理"→"生产资料"进入生产资料信息维护界面（图3-96）。生产资料模块可添加、编辑、删除生产资料信息。

图3-96　生产资料维护界面

（1）生产资料信息添加。通过生产资料维护界面顶端添加选项，用户可添加新的生产资料。添加生产资料时，按要求提交生产资料名称、资料类型、资料品牌、供应商等信息，点击"确定"信息即添加完成，添加过程中若想放弃本次信息添加点击"返回"即可，如图3-97所示。

图3-97 生产资料信息添加

（2）生产资料信息查询。为方便用户查询已添加生产资料的相关信息，农业物联网管理平台提供了生产资料信息查询功能，可通过资料类型进行查询。在该界面顶部搜索输入框内类型名称，点击"查询"即可查找对应资料类型信息。

（3）生产资料信息维护。生产资料信息列表末尾处有操作栏，点击操作栏"编辑"选项可维护更新已添加的生产资料信息。操作完成后点击"保存"即可，点击"返回"则放弃修改并返回至生产资料信息列表界面，如图3-98所示。

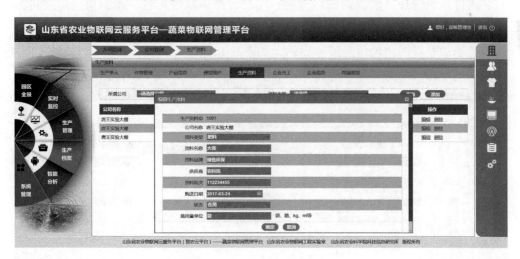

图3-98 生产资料信息维护

（4）删除生产资料信息。用户若不再需要已添加的生产资料信息，可将已添加信息删除。用户可点击操作栏中对应的"删除"选项即可删除生产资料，删除确认后，已删除的生产资料信息将不可找回。

（二）角色管理

角色管理主要是针对平台用户的角色资源进行管理，概括来说主要包括两部分内容：角色组和角色的设置及角色的授权，通过角色管理可对系统中用户的操作权限进行有效的控制。点击"后台管理"→"角色管理"进入角色管理界面（图3-99）。通过角色管理界面，可实现角色的添加、编辑、查找、删除等功能。

图3-99　角色管理界面

1. 角色添加

通过角色管理界面顶端添加选项，用户可添加新的角色。添加角色信息时，选择平台类型及产业类型，点击"确定"信息即添加完成，点击"返回"则放弃新角色添加并返回角色信息展示界面，如图3-100所示。

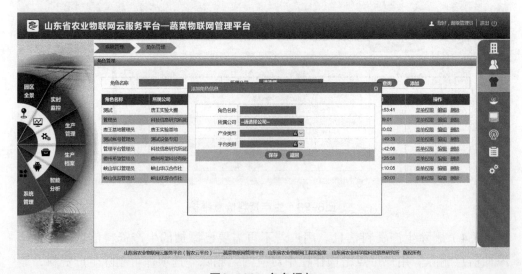

图3-100　角色添加

2.角色赋权

角色添加完成后，需对新添加角色进行赋权。在农业物联网管理平台中涉及两种权限：菜单权限、控制权限。菜单权限是指用户是否为具有查看某个菜单的权限；控制权限是指用户是否具有控制设备、查看视频监控的权利。在角色赋权界面中可实现菜单权限的赋权，控制权限可在生产单元添加页面进行设置。用户可通过操作栏菜单权限选项对角色赋予相应的权限。点击"菜单权限"，在展开的菜单列表中勾选菜单项表示该拥有该项权利，用户可根据角色的不同赋予不同的权限（图3-101）。赋权完成后点击"确定"保存更改，点击"返回"则放弃更改并返回上一页面。

图3-101　菜单权限赋权

3.角色信息查询

为方便用户查询已添加角色信息，农业物联网管理平台提供了角色信息查询功能，可通过角色名称进行查询。在该界面顶部搜索输入框内输入角色名称，点击"查询"即可查找对应角色信息。

4.角色信息编辑

通过角色列表中操作栏"编辑"选项可对已添加的角色名称、产业名称、平台类别进行修改；点击操作栏"菜单权限"也可对菜单权限进行修改。修改完成后点击"保存"即可，点击"返回"则放弃修改并返回至角色列表界面。

5.删除角色

用户需删除某一项已添加角色时，可点击操作栏中对应的"删除"选项即可删除角色，确认删除后，已删除的角色将不可找回。

（三）用户管理

用户管理单元用于创建和修改登录平台的用户信息，点击"后台管理"→"用户管理"进入用户管理界面（图3-102）。用户管理界面可实现用户创建、查找、编辑、删除等功能。

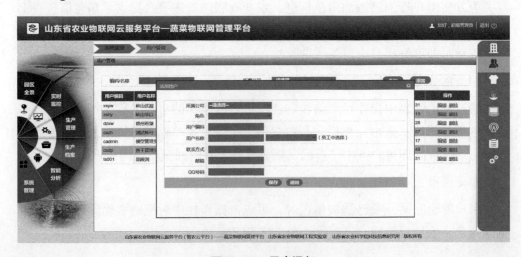

图3-102　用户管理界面

1. 用户添加

通过用户管理界面顶端添加选项，可添加新的用户。添加用户时，要选取用户所对应的角色（即用户拥有的权利），设置用户编码（用户编码为用户登录平台时的用户名，用户编码一旦设定便无法修改）并完善相应的信息，点击"确定"新用户即创建完成，点击"返回"则放弃新用户添加并返回用户信息展示界面（图3-103）。在用户添加界面，未涉及用户登录密码的录入，系统默认用户密码为guest。

图3-103　用户添加

2. 用户查询

为方便企业管理人员查询已添加用户信息，农业物联网管理平台提供了用户信息查询功能，可通过用户编码或用户名称进行查询。在该界面顶部搜索输入框内输入用户编码或者用户名称，点击"查询"即可查找对应用户信息。

3. 用户信息编辑

通过用户列表中操作栏"编辑"选项可对已添加的用户联系方式进行修改。修改完成后点击"保存"即可，点击"返回"则放弃修改并返回至用户列表界面。

4. 删除用户

企业管理者需删除某个已添加用户时，可点击操作栏中对应的删除选项即可删除用户，确认删除后，已删除的用户将不可找回。

（四）我的设备

我的设备单元实现对所有物联网设备的管理，设备分为网关设备、终端设备两种。网关设备是连接平台与终端设备的桥梁，实现数据双向通信功能；终端设备包括采集设备、控制设备、视频设备、水肥设备等类型，实现对生产单元内进行全方位的环境视频监测及环境信息调控。我的设备界面可查看已添加的设备列表，也可对已添加的设备编辑、删除。点击"系统管理"→"我的设备"进入我的设备管理界面，如图3-104所示。

图3-104　我的设备界面

1. 设备添加

农业物联网管理平台设备分为网关设备及终端设备两种，终端设备隶属于网关设备，因此用户添加设备时需先添加网关设备，后添加终端设备。

网关设备可通过我的设备界面顶端添加选项进行添加。添加网关设备时需完善设备编码、所属生产单元、上传方式以及其他基本信息。网关设备上传方式分为两种：轮询、主动上报。轮询是指网关设备主动查询终端设备以获取数据；主动上报方式中网关被动接收数据，采集终端定时主动上报数据至网关设备。终端设备需添加到网关节点下，确认要添加的网关节点，点击网关节点对应操作栏中测控终端管理选项即可进入测控终端管理界面，在该界面中可进行终端设备的添加、删除、编辑等功能。

终端设备添加时需选择终端设备类型并输入终端编号等信息。终端设备类型分为：采集设备、控制设备、视频设备、水肥设备等类型，分别实现不同的功能。控制设备添加完成后需在设备所对应的操作栏指令维护选项中维护相应的控制指令，即平台发送什么指令设备以完成什么样的动作；控制设备还需修改控制口令，控制口令是无该设备控制权限的用户控制该设备所需的控制字，控制口令的修改位于操作栏中控制口令中。视频设备添加时除了维护编号外还需维护设备号，此设备号是指用于视频存储、传输的数字硬盘录像机在视频服务器中的编号。添加终端时需注意必须保证每个设备中终端UID的唯一性，并且终端UID一旦确认用户便无法修改，如图3-105所示。

图3-105　测控终端管理

2.设备编辑

同设备添加相同，设备编辑也分为网关设备信息编辑及终端设备信息编辑两部分。网关设备信息编辑可通过我的设备列表中操作选项里的编辑选项进行信息的维护和更新；终端设备编辑需通过我的设备列表中终端设备管理选项进入终端设备列表界面，点击操作栏"编辑"选项对终端设备信息进行修改。网关及终端设备信息修改完成后点击"保存"即可，点击"返回"则放弃修改并返回至我的设备终端列表界面。

3.设备删除

用户需删除某一项已添加设备时，可点击操作栏中对应的"删除"选项即可删除设备，确认删除后，已删除的设备将不可找回。

（五）日志管理

农业物联网管理平台中，日志管理分为通信日志与操作日志两部分内容。通信日志是用于查询网关设备与平台间通信数据信息；操作日志用于查询用户在平台中进行的操作内容。

1.通信日志

点击"系统管理"→"通信日志"可进入通信日志查询界面（图3-106）。在该界面可查看最近1min、最近1h、最近3h、最近1天、最近1周、最近1月的通信数据，也可根据用户的需要自定义时间段进行查询。用户在进行通信日志查询时，首先选择要查询的时间段，点击"查询"即可。用户也可点击"导出"将查询的数据导出到本地，以供数据分析使用。

图3-106 通信日志查询

2.操作日志

点击"系统管理"→"操作日志"进入操作日志查询界面（图3-107）。在该界面可查看某一时间段的操作日志信息。用户在查询操作日志时，首先选择要查询的时间段，点击"查询"即可。用户也可点击"导出"将查询的数据导出到本地。

图3-107　操作日志查询

（六）用户信息编辑

1. 账户信息维护

点击平台界面右上角"用户名"，即可对个人信息进行修改，如图3-108所示。

图3-108　用户信息编辑位置

点击"用户名"→"个人信息"可对用户名称、联系方式、邮箱、QQ信息进行修改，修改完成后点击"保存"，用户信息即修改成功，如图3-109所示。

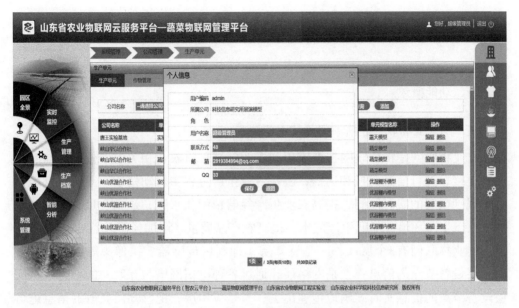

图3-109 用户信息编辑

2. 密码修改

与个人信息相同位置处可进入用户密码修改界面，如图3-110所示。

图3-110 用户密码修改

该界面中可修改用户登录密码，用户若需修改登录密码，在"旧密码"栏填写当前登录密码，在"新密码"栏填写新密码，在"再次输入新密码"栏输入与"新密码"栏中相同的密码，点击"保存"，用户登录密码修改完成。

第四节 农业物联网通信中间件及协议

一、功能概述

（一）农业物联网通信中间件技术概述

农业物联网是将物联网技术应用到农业领域，将农业相关的硬件设施与互联网相连接，进行信息交换和通信，实现农业生产过程中对动植物、土壤、环境等从宏观到微观的实时监测，提高农业生产经营精细化水平，达到合理利用农业资源、改善生态环境、降低生产成本、提高农产品质量、增加经济效益的目的。

农业物联网有3个层次，一是感知层，即利用传感器、摄像头等随时随地获取底层设备节点的信息；二是网络层，通过各种电信网络与互联网的融合，将底层设备节点的信息实时准确地传递出去；三是应用层，把感知层获取的信息进行处理，实现智能化监控、管理等实际应用。

农业物联网通信中间件，就是在农业物联网领域中实现底层硬件设备与应用系统之间进行数据传输、解析、数据格式转换的一种中间程序。通信中间件实现了应用层与前端农业感知设备、控制设备的信息交互和管理，同时保证了与之相连接的系统即使接口不同却仍可以互通。

农业物联网通信中间件技术是农业物联网的核心关键技术，是物联网应用的共性需求（感知、互联互通和智能）。农业物联网中间件扮演底层数据采集节点、设施设备节点和应用程序之间的中介角色，通信中间件可以收集底层硬件节点采集的数据，将采集到的海量原始感知数据进行筛选、分析、校对等处理后得到有效结果信息，并完成与上层复杂应用的信息交换，最终将实体对象格式转化为信息环境下的虚拟对象；同时，应用程序端可以使用通信中间件所提供的一组通用的应用程序接口（API），连接并控制底层硬件节点。

综上所述，在农业物联网中，数据信息从底层采集节点到上层应用程序的流程大概可以概括为：从感知层经过网络层到达通信中间件，最后应用层通过通信中间价得到有效的结果信息进行展示、监控、管理等实际应用。同样的道理，应用层也可以发送控制信息，经由通信中间件、网络层，到达底层设备，这样就建立了底层设备节点与应用程序之间的双向连接，如图3-111所示。

图3-111 农业物联网系统层级结构

（二）农业物联网通信中间件研究现状

物联网通信中间件是物联网中间件技术在物联网领域的具体应用，在包括物联网软件在内的软件领域，美国长期引领潮流，基本上垄断了世界市场，欧盟（世界级的软件厂商只有SAP一家在欧洲）早已看到了软件和中间件在物联网产业链中的重要性，从2005年开始资助Hydra项目，这是一个研发物联网中间件和"网络化嵌入式系统软件"的组织，已取得不少成果。IBM、Oracle、微软等软件巨头都是引领潮流的中间件生产商；SAP等大型ERP应用软件厂商的产品也是基于中间件架构的；国内的用友、金蝶等软件厂商也都有中间件部门或分公司。在操作系统和数据库市场格局早已确定的情况下，中间件尤其是面向行业的业务基础中间件，也许是各国软件产业发展的唯一机会。能否将中间件做大做强，是整个IT产业能否做大做强的关键。物联网产业的发展为物联网中间件的发展提供了新的机遇，欧盟Hydra物联网中间件计划的技术架构，值得我们借鉴。

为了打破国外对物联网中间件技术研究的垄断局面，为我国物联网的大规模应用提供核心支撑技术，国内很多物联网厂商都致力于研究中间件的开发。然而现阶段，对该技术的研究受两方面的制约：一方面，受限于底层不同的网络技术和硬件平台，物联网中间件研究内容主要还集中在底层的感知和互联互通方面，当前研究距离现实目标（屏蔽底层硬件及网络平台差异，支持物联网应用开发、运行时共享和开放互联互通，保障物联网相关系统的可靠部署与可靠管理等）还有很大的差距；另一方面，当前物联网应用复杂度和规模还处于初级阶段，物联网中间件支持大规模物联网应用还存在环境复杂多变、异构物理设备、远距离多样式无线通信、大规模部署、海量数据融合、复杂事件处理、综合运维管理等诸多尚未攻克的障碍。

虽然物联网中间件的研究已经取得了一定的进展，但还存在如下问题还需要我们进一步研究。

1.硬件、网络和操作系统的异构性问题

接入物联网的绝大多数智能终端属于嵌入式设备，如何适应异构的嵌入式网络环境是当前物联网中间件研究的首要问题。这种异构性不仅表现在不同厂商所生产的硬件设备、操作系统、网络协议上，还表现在设备的存储能力、计算能力和通信能力上。物联网中间件作为连接上层应用和底层硬件设施的核心软件，应该是一个通用、轻量级、分布式、跨平台、互操作的软件平台。

2.通信与数据交换问题

在物联网中，不同网络之间数据类型及数据访问控制的方式都不相同，底层网络服务需要依据上层不同应用需求进行不同组合和调用，必须为物联网中间件软件体系设计一种新的通信机制。考虑到物联网中间件与因特网上其他系统的通信，这种通信机制需要支持多种类型数据的访问和交换，从而形成一套通信与信息交换的标准。同时，在物联网环境中，由于网络拓扑变化较快，并且具有多种通信方式，服务的注册发布以及查询调用都变得更加复杂。如果设备无法运行TCP/IP栈，不能使用基于IP的寻址方式，则需要采用其他形式的访问控制。此外，如何保证信息的快速、有效传递，也是当前设计物联网中间件时所面对的难题。

3. 移动性和网络环境变化问题

随着各种智能终端设备接入或者退出物联网，或在物联网中的位置移动，都可能引起网络拓扑发生变化。为网络应用提供支撑环境的物联网中间件必须能够解决由于这些变化所造成的网络环境不稳定的问题，为上层应用提供安全可靠且能够进行自动配置网络运行环境。同时，由于网络拓扑结构动态变化、网络自组织及自修复等原因，使得物联网中间件还需要满足动态变化的QoS（Quality of Service，服务质量）约束要求等。

（三）农业物联网通信中间件特点

如果把物联网系统和人体做比较，感知层好比人体的四肢，传输层好比人的身体和内脏，那么应用层就好比人的大脑。如果说软件是物联网的灵魂，通信中间件就要可以看作物联网系统的灵魂核心和中枢神经。

在分析通信中间件的特点之前，必须要了解中间件的各种不同类型，不同类型中间件有不同的特点，主要分为以下4类。

1. 远程过程调用中间件（Remote Procedure Call）

这是一种分布式应用程序处理方式，使用远程过程调用协议进行远程操作过程。它的特点是同步通信，能够屏蔽不同的操作系统和网络协议。但它也有一定的局限性，即当客户端发出请求信号时，服务器必须保持在进程中才能接收到信息，否则直接丢包。

2. 面向消息中间件（Message-Oriented Middleware）

这一中间件利用高效可靠的信息传递机制进行数据传递，与此同时，在数据通信的基础上进行分布式系统的集成。它的主要特点在于：数据通信程序可在不同的时间运行，对应用程序的结构并没有特定要求，程序并不受网络复杂度的影响。

3. 对象请求代理中间件（Object Request Brokers）

它的作用在于为异构的分布式计算环境提供一个通信框架，进行对象请求消息的传递。这种通信框架的特点在于：客户机和服务器没有明显的界定，也就是说当对象发出一个请求信号时，它就扮演一个客户机，反之，当它在接收请求时，扮演的是服务器的角色。

4. 事务处理监控中间件（Transaction processing monitors）

事务处理监控一开始是一个为大型机提供海量事务处理的扎实的操作平台。后来由于分布应用系统对于关键事务处理的高要求，事务处理监控中间件的功能则转向事务管理与协调、负载平衡、系统修复等，用以保证系统的运行性能。它的特点在于海量信息处理，能够提供快速的信息服务。

以上所述4类中间件各自有不同的特点和用途，但是，中间件都有以下通用特点：①满足大量应用的需求；②运行于多种硬件和OS平台；③支持分布计算，提供跨网络、硬件和OS平台的透明的应用和服务的交互；④支持标准的协议和接口。

这里所要介绍的农业物联网通信中间件属于面向消息中间件的一种，面向消息的中间件将消息从一个应用发送到另一个应用，使用了队列来作为过渡，客户消息被送到一个队列，并被一直保存在队列中，直到服务应用将这些消息取走。这种系统的优点就在于当客户应用在发送消息时，服务应用并不需要运行。实际上，服务应用可以在任何时候取走这些消息。此外，由于可以从队列中以任意顺序取走消息，所以，面向消息的中间件就可更方便地使用优先级或均衡负载的机制来获取消息。面向消息的中间件也可以提供一定级别的容错能力，这种容错能力一般是使用持久的队列，这种队列允许在系统崩溃时，重新恢复队列中的消息。

通信中间件固化了很多通用功能，即使存储信息的数据库软件、上层应用程序增加或改由其他软件取代、底层硬件节点的数量增加等情况发生改变时，只需要进行简单的维护即可，解决了多对多连接维护复杂性的问题；如果需要实现个性化的行业业务需求，则需要进行二次开发。总体来说，农业物联网通信中间件是农业物联网所有应用的必需品，占有举足轻重的地位。

总体来说，农业物联网通信中间件主要解决异构网络环境下分布式应用软件的通信、互操作和协同问题，提高应用系统的易移植性、适应性和可靠性，屏蔽农业物联网底层基础服务网络通信，为上层应用程序的开发提供更为直接和有效的支撑。农业物联网通信中间件能够独立并且存在于后端应用程序与数据采集器之间，并且能够与多个或者多种后台应用程序以及多个或者多种后端应用程序以及多个数据采集器连接，以减轻架构与中间件维护的复杂性；农业物联网的主要目的在于将实体对象转换为信息环境下的虚拟对象，因此数据处理是农业物联网最主要的特征，农业物联网通信中间件具有数据的收集、整合、过滤与传递等特性，以便将正确的底层对象信息传到企业后端的应用系统。

二、通信机制

（一）通信中间件之套接字

本文所诉述的农业物联网通信中间件是基于ZeroMQ框架开发的，在介绍

ZeroMQ之前，我们先来介绍一下套接字。

1. 套接字概述

传输控制协议（Transmission Control Protocol）用主机的IP地址加上主机上的端口号作为TCP连接的端点，这种端点就叫做套接字（socket）或插口。那么，套接字在农业物联网中有什么作用呢？来举个例子简单说明一下，比如我们要将设施蔬菜大棚内的空气温度节点的数据上传到农业物联网通信中间件上，这时就需要空气温度节点通过套接字来连接到通信中间件，然后进行数据传输。套接字接口主要目标之一就是使用该接口和其他计算机进程通信。

2. 套接字描述符

套接字是网络通信过程中端点的抽象表示，它包含进行网络通信必需的5种信息：连接使用的协议、本地主机的IP地址、本地进程的协议端口、远地主机的IP地址、远地进程的协议端口。与应用程序要使用文件描述符访问文件一样，访问套接字也需要用套接字描述符。要创建一个套接字，可以调用socket函数（以c++函数为例），原型为：

SOCKET socket（int af，int type，int protocol）；

（1）af为地址族（Address Family），也就是IP地址类型，常用的有AF_INET和AF_INET6。AF是"Address Family"的简写，INET是"Inetnet"的简写。AF_INET表示IPv4地址，例如，127.0.0.1；AF_INET6表示IPv6地址，例如1030：C9B4：FF12：48AA：1A2B。

（2）type为数据传输方式，常用的有SOCK_STREAM和SOCK_DGRAM两种。SOCK_STREAM表示有序、可靠、双向的面向连续字节流；SOCK_DGRAM表示长度固定的、无连接的不可靠报文传递。

（3）protocol表示传输协议，常用的有IPPROTO_TCP和IPPTOTO_UDP，分别表示TCP传输协议和UDP传输协议。

对于数据报（SOCK_DGRAM）接口，与对方通信时是不需要逻辑连接的，只需要送出一个报文，其地址是一个对方进程所使用的套接字，因此数据报提供了一个无连接的服务，发送数据报近似于给某人邮寄信件，信件有可能丢失在路上；另一方面，字节流（SOCK_STREAM）要求在交换数据之前，在本地套接字和与之通信的远程套接字之间建立一个逻辑连接，使用面向连接的协议通信就像与对方打电话，每个连接是端到端的通信信道，连接建立好之后，彼此能双向地通信。本书所介绍的农业物联网通信过程中用到的都是字节流方式。

3. 套接字与地址绑定

在农业物联网通信中，与客户端（底层采集节点）的套接字关联的地址没有太大意义，可以让系统选一个默认的地址，然而，对于服务器端（通信中间件），需要给一个接收客户端请求的套接字绑定一个众所周知的地址。可以使用bind函数将地址绑定到一个套接字，原型为：

int bind（SOCKET sock，const struct sockaddr *addr，int addrlen）；

sock为服务器端套接字文件描述符；addr为sockaddr结构体变量的指针，包含传输协议、服务器端IP地址和端口号；addrlen为addr变量的大小，可由sizeof（）函数计算得出。

4. 建立连接

如果处理的是面向连接的网络服务，在开始交换数据以前，需要在请求服务的进程套接字（客户端）和提供服务的进程套接字（服务器）之间建立一个连接，可以使用connect函数，原型为：

int connect（SOCKET sock，const struct sockaddr *addr，int addrlen）；

sock为客户端套接字文件描述符；addr为sockaddr结构体变量的指针，所指定的地址是想与之通信的服务器地址；addrlen为addr变量的大小，可由sizeof（）函数计算得出。

这样，客户端（底层采集节点）与服务器端（通信中间件）就建立起连接，就可以进行双向通信。

（二）通信中间件之ZeroMQ

ZeroMQ看起来像一个可嵌入的网络库，但其作用就像一个并发框架。它为你提供了在各种传输工具，如进程内、进程间、TCP和组播中进行原子消息传送的套接字，可以使用各种模式实现N对N的套接字连接，它的异步I/O模型提供了可扩展的多核应用程序，用异步消息来处理任务。

1. ZeroMQ概述

ZeroMQ是以消息为导向的开源中间件库，类似于标准的Berkeley套接字，支持多种通信模式（发布—订阅、请求—应答、管道模式）和传输协议（进程内、进程间、TCP和多播），可以用作一个并发框架，它使得Socket编程更加简单、简洁和性能更高。ZeroMQ是一个消息队列库，对原有的Socket API进行封装，使用时只需要引入相应的jar包即可。

2. ZeroMQ通信模式

ZeroMQ 3种基本通信模式如下。

（1）"发布—订阅"（publish-subscribe）模式（图3-112）下，"发布者"（服务器端）绑定一个指定的IP地址和端口号，例如，"172.16.0.109：6800"，"订阅者"（客户端）连接到该地址。该模式下消息流是单向的，只允许消息从"发布者"流向"订阅者"。且"发布者"只管发消息，不理会是否存在"订阅者"。

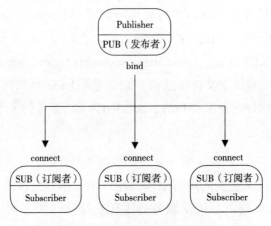

图3-112　　"发布—订阅"模式

"发布—订阅"模式就像一个无线电广播，这意味着将大量的数据快速地发送给许多接受者。如果你需要每秒将数十万甚至上百万的消息发送到几千个节点，那么你就可以选择"发布—订阅"模式。不过，"发布—订阅"模式也存在着一些弊端：①不论是初始连接还是网络故障后的重新连接，发布者都不能判断出订阅者何时成功连接；②订阅者无法发送消息告诉发布者控制它们发送信息的速度，发布者只能以全速来发送消息，订阅者如果跟不上这个速度，就会造成信息丢失；③发布者不能判断出订阅者何时由于程序崩溃、网络中断等原因而消失。

（2）"请求—应答"（request-reply）模式（图3-113）下，必须严格遵守"一问一答"的方式。当REQ发出消息后，若没有收到回复，再发送第二条消息时就会报出异常。同样的，对于REP也是，在没有接收到消息前，不允许发送消息。

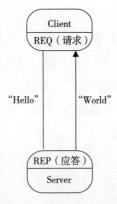

图3-113　　"请求—应答"模式

（3）"管道"（push-pull）模式（图3-114），一般用于任务分发与结果收集，由一个任务发生器来产生任务，"公平"的派发到其管辖下的所有worker，完成后再由结果收集器来回收任务的执行结果。

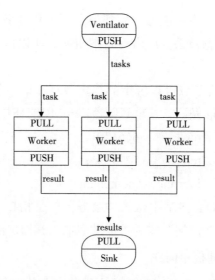

图3-114　"管道"模式

这个模式和publish-subscrible有点像，数据都是单向流动，但push-pull是基于负载均衡的任务分发，就是说如果有多个pull端，那么push出去的数据将会平衡的分配到各个pull端，并且一旦有一个点拿到了数据，其他pull端就没有了，就是说所有的pull拿到的数据合起来才是push的数据总和。而publish-subscribe则是publish的数据，所有的subscribe都可以收到，当然如果进行了过滤则只能收到符合规则的数据。

3. ZeroMQ的套接字

为了在两个节点之间创建连接，可以在一个节点中使用zmq_bind（），并在另一个节点中使用zmq_connect（）。按照上一节讲到的套接字，节点使用zmq_bind（）绑定的是一台"服务器"，它有一个公认的网络地址，而"客户端"节点使用zmq_connect（）来连接到"服务器"。这样就实现了把一个套接字连接到了一个终端，而这里的终端就是公认的网络地址。

ZeroMQ的连接与旧式的TCP连接有些不同。主要有以下几点：①ZeroMQ可以跨越多种传输协议，比如inproc、ipc、tcp、pgm、epgm等；②一个套接字可能会有很多输入和输出的连接；③不存在zmq_accept（）方法，当一个套接字被绑定到一个端点的时候，它自动地开始接受连接；④网络连接本身是在后台发生的，而如果网络连接断开，对等节点消失后又回来，ZeroMQ会自动地重新连接；⑤应用程序不能与这些连接直接交流，它们是被封装在套接字之下的。

很多架构都采用客户端—服务器模式，其中服务器通常是静态的部分，客户端通常是动态的部分，即客户端经常会加入或者离开。在传统的网络中，假设在启动服务器前启动客户端，会得到一个连接失败的标志，但在ZeroMQ中，就没有"必须先启动服务器"的约束，一旦客户端节点执行了zmq_connect（），连接就建立起来了，而该节点就能够开始把消息写入套接字中。但是，如果排队消息太多，可能会造成消息被丢弃或者客户端阻塞，所以最好在这之前服务器能够执行zmq_bind（）。

ZeroMQ一个服务器节点可以绑定到很多节点（即协议和地址的组合），而只需要单个套接字就能够做到，这就意味着ZeroMQ能够接受不同的传输协议：

zmq_bind（socket，"tcp：//*：6666"）；

zmq_bind（socket，"tcp：//*：7777"）；

zmq_bind（socket，"inpronc：//somename"）。

总体来说，ZeroMQ套接字中认为"服务器"是拓扑中的固定部分，有相对固定的终端地址，而"客户端"作为可以动态加入和撤出的部分。

（三）农业物联网通信中间件

之前所诉述的套接字和ZeroMQ都是开发农业物联网通信中间件的基础性知识，在ZeroMQ框架的基础上，根据自身需求进行了二次开发，运行用到的ZeroMQ的通信模式为"订阅—发布"模式。

1.基本框架

农业物联网通信中间件基本框架，如图3-115所示。

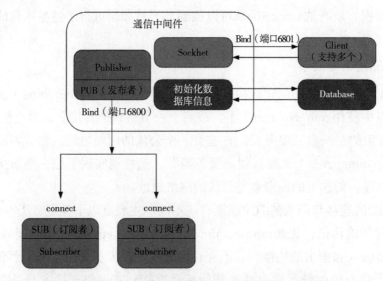

图3-115　农业物联网通信中间件基本框架

从图3-115中可以看出通信中间件运行过程中要对ZeroMQ的Publisher、socket以及数据库进行配置，其中socket和数据库系统是根据自身需要在ZeroMQ的基础上进行开发的。

对socket进行配置，初始化的地址为运行农业物联网通信中间件计算机的外网IP地址和端口号。由于"订阅—发布"通信模式，信息只能从"发布者"流向

"订阅者"，而在农业物联网，需要底层设备节点与上层应用之间能够进行双向交互，所以创建该套接字的主要作用是为了让农业物联网通信中间件（服务器端）能够与底层设备节点（客户端）之间双向通信，而不仅仅局限于自上而下的单向通信。

这里所述的农业物联网的数据库所采用的是关系型数据库管理系统MySQL。关系数据库将数据保存在不同的表中，而不是将所有数据放在一个大仓库内，这样就增加了速度并提高了灵活性。MySQL所使用的SQL语言是用于访问数据库的最常用标准化语言。初始化数据库信息，目的是为了将底层设备节点采集到的有效数据存放在数据库中。在农业物联网中，每天都有成千上万条数据要传送到应用平台，供应用平台使用。数据使用完之后，我们不可能将数据丢弃，而是把这些信息有规则的统一存储到数据库中。基于这样的环境，才有利于开发我们所需要的农业物联网的各类应用，这才是我们采集数据本质的含义。

如果客户端只需要从应用层获取信息，而不需向上传递信息，则可以绑定Publisher端口，从Publisher获取相应的信息推送。

2. 农业物联网通信中间件界面概述

农业物联网通信中间件开发环境为Microsoft Visual Studio 2010，采用了MFC类库，其界面如图3-116所示，主要展示的信息有线程号、套接字号、接入IP和端口、数据信息以及数据上传时间。

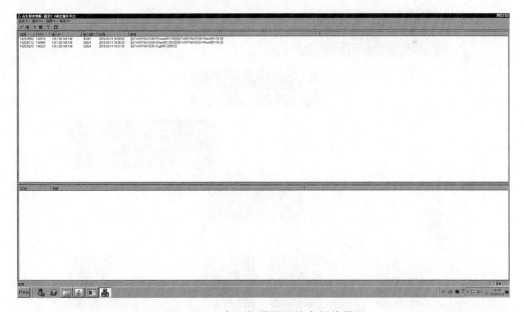

图3-116　农业物联网通信中间件界面

以图3-116中的数据"{[GTWDP/GATE01//Ligt001/20921]}"为例先简单介绍一下该数据的含义。"GTWDP"为公司代码，比如定义该公司代码所代表的公司为"唐王实验基地";"GATE01"代表网关节点编号;"Ligt001"定义该字符代表光照强度001号节点;"20921"代表具体的数据。那么该数据所代表的含义为:唐王实验基地01号网关节点下的001号光照强度节点当前的光照强度为20 921lx。

农业物联网通信中间件最重要的功能之一就是接收底层上传的大量数据信息,并将这些数据进行数据处理、数据存储、数据分析和数据管理。这些大量的数据助力农业物联网,不仅仅是收集传感性的数据,而且实物要跟虚拟物结合起来,相信这些农业物联网的大数据能够给农业带来新的管理智慧和决策智慧,让农业插上科技的翅膀。

三、通信协议

这里所述农业物联网系统由底层设备节点、网关节点、农业物联网通信中间件、农业物联网云平台组成。本协议是网关与底层设备节点、通信中间件对接的接口开发的通信协议规范,是为底层设备节点与农业物联网平台进行数据无缝交换而制定,总体框架如图3-117所示。

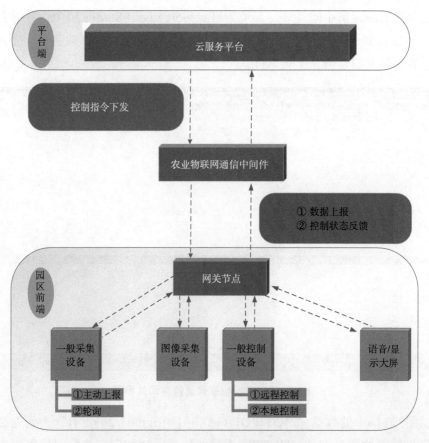

图3-117 农业物联网总体框架

（一）采集数据通信协议

农业物联网采集设备包括一般采集设备（空气温湿度、土壤水分、土壤温度、二氧化碳浓度、光照强度）和图像采集设备，采集数据上传方式主要分为主动上报和轮询两种方式。

1. 采集数据之数据主动上报

数据主动上报是指每隔一段时间，采集设备节点就会发送数据信息到网关节点，网关节点对数据进行解包、分析、组包之后，经由通信中间件最后达到云服务平台。

（1）采集设备首先将数据进行组包，主要包括包头标识、设备地址、功能类型、数据长度、数据、校验，如表3-1所示。具体功能类型如表3-2所示。

表3-1　采集节点上报通信协议

包头标识	设备地址	功能类型	数据长度	采集节点数据	校验
1字节	1字节	1字节	1字节	x字节	1字节
AA	0x01 ~ 0xFE	参见"类型表3-2"	采集节点数据长度		

表3-2　功能类型

终端类型	参数数量	参数名称	数据长度约定
0x01	1	土壤温度	3字节
0x02	2	空气温湿度	5字节
0x03	1	光照强度	3字节
0x04	1	土壤水分	2字节
0x05		控制	1字节
0x06	1	二氧化碳	3字节
0x07	1	光合	根据具体情况确定
0x08	1	日照	根据具体情况确定
0x09	1	雨量	根据具体情况确定
0x0A	1	风速	2字节
0x0B	1	风向	2字节
0x0C	1	大气压力	根据具体情况确定
0x21	1	盐分	根据具体情况确定
0x22	1	电导率	根据具体情况确定
0x23	1	土壤pH值	根据具体情况确定

（续表）

终端类型	参数数量	参数名称	数据长度约定
0x10	6	6参数	根据具体情况确定
0xA1		批次号	根据具体情况确定
0xA2		地址上报	根据具体情况确定

（2）采集节点按照上述组包格式将数据信息发送到网关节点，由于采集节点为通用采集节点，并不包含公司编码、网关节点编码等信息，所以网关节点需要再次进行解包、分析、组包的过程，具体的组包格式如下：

{[公司编码/设备编码/批次号/终端编码/数据]}

其中，公司编码代表某一企业；设备编码是指网关节点代码，例如一个企业有N个生产单元，安装了N个网关节点，那么我们可以通过网关节点的编码来区分是哪一个具体的生产单元；批次号主要用于云服务平台的溯源追溯系统，可以通过批次号查找到种植作物相关的溯源信息；终端编码代表的是采集设备类型，比如0x01代表土壤温度采集节点，0x02代表空气温湿度；数据代表采集到的数据值。

（3）网关节点组包完成后，通过网络发送到农业物联网通信中间件，通信中间件进行解包、分析之后，将数据信息存储到数据库中，这样农业物联网云服务平台就可以实时查询数据库中的数据，对数据进行展示、应用等操作。

2. 采集数据之地址轮询

地址轮询采集数据是指每隔一段时间，网关节点就会发送一系列地址查询指令，如表3-3所示，采集设备节点收到地址查询指令之后，经过解包、分析、组包之后，将当前采集的数据进行上传，网关节点收到采集节点上传的数据包之后，再次对数据进行解包、分析、组包之后，经由通信中间件最后达到云服务平台。

表3-3　地址轮询协议

包头标识	地址	功能类型	长度	校验
1字节	1字节	1字节	1字节	1字节
AA	0x00	参见"类型表3-2"	0x00	

3. 数据采集之图像采集

图像采集设备用来定期定点拍摄图片，主要用来长期观察某一小范围作物生长情况，比如可以用来观察果实膨大情况，也可以用来观察叶片有没有病虫害。通过观察多个图像采集设备采集的图片信息，可以足不出户就能大体地了解到大棚内、大田或者果园内作物的生长情况。

图像采集设备可以设定摄像头每隔一段时间采集一次照片，图片原始格式为JPG文件，将JPG格式的图片转化成十六进制字符串数组，然后将数组进行组包进行上传，该数据包里面已经包含公司编码、设备编码等信息了，所以不需要再经过网关节点进行解包、分析、组包操作了，可以将接收到的数据包直接上传到通信中间件，云服务平台就可以进行图片展示了。

（二）设备控制通信协议

农业物联网一般控制设备包括降温通风机、暖风机、卷帘、补光灯、遮阳网等，还有一些其他设备，比如语音设备、显示大屏等。

1.设备控制之远程控制

远程控制流程如图3-118所示，主要包含以下几个步骤。

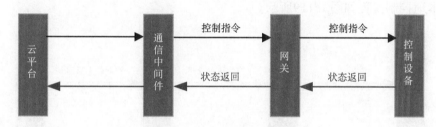

图3-118　远程控制流程

（1）云服务平台发送控制指令代码到通信中间件。云服务平台发送到通信中间件的控制指令代码格式为"{[/数字]}"，每一个"数字"都代表相关设备的一个控制命令，这些"数字"与设备指令之间的对应关系都存储在数据库中。

（2）通信中间件进行解包、分析、组包，将控制指令发送到网关。农业物联网通信中间件收到云服务平台发来的指令代码，根据指令代码到数据库中去搜索与该指令代码相关联的设备控制命令，然后对设备控制命令进行组包，通过套接字连接发送到园区前段网关节点，控制指令格式为"{[设备ID/控制字]}"。

（3）网关节点收到数据包后，再次进行解包、分析、组包，发送到控制设备。经过网关节点解析后得到的数据包如表3-4所示。

表3-4　控制指令通信协议

包头标识	地址	功能类型	长度	控制字	校验
1字节	1字节	1字节	1字节	x字节	1字节
AA	0x01~0xFE	0x05	控制字长度		

（4）控制设备收到指令后，进行相应的设备动作，同时将设备状态返回到网关节点，数据组包格式如表3-5所示。

表3-5 控制指令通信协议

包头标识	地址	功能类型	长度	控制字	校验
1字节	1字节	1字节	1字节	x字节	1字节
BB	0x01～0xFE	0x05	控制长度		

（5）由于表3-4的组包格式中不包含公司编码、设备编码等信息，所以网关节点需要对数据包进行解包、分析后，进行重新组包，组包格式为：

{[公司编码/设备编码/批次号/设备ID/控制字]}

（6）重新组包之后，数据包经由通信中间件上传到云服务平台，此时就能在云服务平台端就能看到设备当前的运行状态。

2.设备控制之本地控制

本地控制流程如图3-119所示。

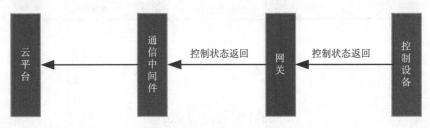

图3-119　本地控制流程

通过操控园区前端控制柜，控制相应的设备进行动作，设备动作完成之后，需要将设备状态返回到云平台上，设备状态返回流程以及返回数据包格式跟远程控制状态返回是统一的。

第五节　农业物联网移动端应用系统

一、智农e联手机App

（一）App简介

智农e联是专为用户推出的帮助农业生产者随时随地的掌握蔬菜作物的生长现场状况及环境数据变化趋势，为用户提供高效、便捷的蔬菜生产服务的手机客户端，在手机端可以实现对蔬菜生长环境的管理：环境参数的数据查看、现场视频远程监控、远程控制设备开关。App分为android版和IOS版。

（二）App下载

智农e联App可在智农云平台网页（http://www.sdaiot.cn:9099/

SmartAgrCloudV2/html/homepage/plantMainTitle.jsp）扫描二维码下载安装包，IOS
版除了扫码下载，也可在AppStore搜索"智农e联"进行下载，如图3-120所示。

图3-120　智农e联App下载

（三）功能介绍

智农e联支持与蔬菜物联网测控平台（http：//www.sdaiot.cn：9099/
SmartAgrCloudV2/new_login.jsp）的通信和数据衔接，手机端和平台端数据同
步，在平台端维护数据，手机端实现信息数据的查看。在App登录后进入主界
面，主界面显示的是用户所在公司下的所有生产单元以及单元中的网关设备运行
状态。选择想要查看的生产单元，展示生产单元中的所有设备信息，内容分为3
栏：数据、视频、控制。

1.随时随地查看生产单元的数据信息，掌握作物生长环境信息

"数据栏"展示的是生产单元中所有采集设备的数据信息：采集设备名称、
在线状态、当前的最新数值、采集时间、预警状态（当前数值高于或低于设置的
阈值，数据后面若是蓝色向下方向箭头，则表示数据偏低，若是红色向上箭头，
则表示数据偏高），每隔1min自动刷新数据，用户对生产单元的温度、湿度、光
照强度、CO_2浓度等环境参数的数据一目了然，实时掌握，对蔬菜作物的生长环
境心中有"数"。

除了能展示最新数据，点击采集终端可进入数据分析界面，查询近期历史数
据，界面以折线图展示本日、本周、本月的数据走势，可显示3条折线：实时数
据、最高阈值、最低阈值，实时数据是采集设备采集的数据在不同时间点的折线
走势图，最高阈值是当前种植作物所处当前种植段在不同时间点设定的最高数值
的走势图，最低阈值是当前种植作物所处当前种植段在不同时间点设定的最低数
值的走势图。用户可选择显示一条线，来分析数据走势；也可选择显示其中2条
线或者3条线同时显示，通过折线图，可清晰的看出数据高于或低于阈值的时间
和大小以及总体走势，方便用户进行数据比较，实时了解作物生长环境的大体优
劣，以便作出相应的调整。

2.随时随地远程控制运行设备

"控制栏"展示的是生产单元中所有的控制设备信息：控制设备名称、当前

的控制状态、控制时间、所有的控制按钮。当前控制状态即设备现在所处的状态，例如，通风机当前是打开的，则显示的状态是"打开"，控制时间即打开通风机的时间。在所有按钮中，绿色按钮代表已被点击，灰色表示非当前状态，可点击控制。比如，通风机当前是打开的，则"开启"按钮为绿色，"关闭"按钮为灰色，点击"关闭"按钮，可即时发送控制指令，远程控制通风机关闭。

此界面体现的重点是"远程控制"。例如，清晨太阳升起就要卷帘，让作物开始进行光合作用，如果每天到作物现场去操作，就很不方便，夏天天气炎热、在路上耽误或者有事情走不开等等，但是，用手机来操作，那么不需要到现场，打开App智农e联，进入控制界面，点击"卷帘"按钮，发送控制指令，卷帘机即可进行卷帘操作，按"停止"按钮，即可停止卷帘，或者在卷帘到限制位置，卷帘机会自动停止，卷帘过程可点击"视频"来查看卷帘画面。其他设备的操作，都可以用手机随时随地控制，比如，控制浇水，通风机开关，控制门锁开关等，只要在作物生长现场安装设备，在智农云平台添加信息，即可实现随时随地"掌""控"。

3. 随时随地查看作物生长的视频画面

"视频栏"展示的是生产单元中所有的视频设备信息，选择要查看的视频设备，即进入该设备监控的作物生长现场画面，视频画面中有多个功能供用户使用，可转动摄像头，调节摄像头方向，展示不同方向的画面，手指按住右下角的方向指标，摄像头就会转动，手指离开屏幕，摄像头即停止转动，转动方向及转动角度大小，用户自己掌握，可以360°查看作物生长现场；可对画面进行放大，帮助更仔细的观察某细节画面；可截图，截图后图片自动保存到手机相册，截图保存到手机，之后用到画面时，在手机相册中找到截图即可；还可录像，录像结束，视频自动保存到手机，在手机相册中进行查看，如图3-121所示。

图3-121　视频查看

4. 其他功能

登录智农e联后，主界面的下面一栏，是有关智农物联的链接和联系信息，分为4个模块：解决方案、经典案例、产品展示、联系智农。

"解决方案"模块是对各经营类型（例如，果蔬类、水产类）物联网模式解决方案的概述、物联网系统实现功能的介绍等。通过此模块的内容展示，用户可以详细了解产业类型+物联网模式可实现的功能，评估使用物联网系统对自己经营带来的价值。同时，用户对于App中不懂的地方，可参考此模块的解决方案了解。

"经典案例"模块是展示使用物联网系统进行经营的公司的信息，信息包括公司的经营类型、从事的业务范围、公司使用物联网系统的背景资料、应用场景，以及公司使用物联网系统的原因介绍、物联网系统给公司带来的改变、带来的收益情况等信息，用户可详细了解这些案例公司的情况来帮助分析自己的实际情况，更准确的评估使用物联网系统对自己经营带来的价值。

"产品展示"模块是对智农物联团队研发的系列产品的展示，包括采集设备、控制设备、水肥设备等，用户可详细了解各产品信息，包括产品介绍、产品图片、功能描述、用途、性能参数、使用方法、销售热线等，可随时与我们联系。

"联系我们"模块是展示联系智农物联团队的方式，界面展示了电话、传真、邮箱、地址以及微信公众号、微博公众号的二维码，想关注信息的用户，可扫码关注，也会在公众号平台实时更新团队的研发信息。

二、智农e管手机App

（一）App简介

智农e管是专为用户推出的帮助农业生产者随时随地的掌握蔬菜作物生长过程管理，为用户提供高效、便捷的蔬菜生产服务的手机客户端，App分为Android版和IOS版。

前面介绍的智农e联App主要是对作物生长环境方面的监、测、控。而智农e管除了实现对作物生长环境的管理外，更重要的是实现对作物生长过程的农事管理，登录智农e管，系统根据作物种植时间自动展示作物当前时间所处的生长阶段，以及当前生长阶段应该进行的农事管理、病虫害防控等指导性信息，同时，用户在进行农事操作后可以通过手机实时记录作物从种植到采收过程进行的所有管理工作，包括定植作物、浇水施肥、除草、喷药、采收等操作。同时，这些记录也将作为作物的溯源信息，必要而且有意义。

（二）App下载

智农e管App可在智农云平台网页（http：//www.sdaiot.cn：9099/SmartAgrCloudV2/html/homepage/plantMainTitle.jsp）扫描二维码下载安装包。

IOS版App也可在AppStore搜索"智农e管"进行下载，如图3-122所示。

图3-122　智农e管App下载

（三）功能介绍

智农e管和智农e联信息同步，账号密码一致，同一账号可在两个App登录。同时，智农e管支持与"蔬菜物联网管理平台"（http：//www.sdaiot.cn：9099/SmartAgrCloudV2/newLoginManage.jsp）的通信和数据衔接，手机端和平台端数据同步，在一端维护数据，另一端可共享信息的查看和编辑。智农e管内容分为6大模块：实时测控、农事管理、水肥一体化、农业病虫害防控、生产档案、智能分析。

1. 实时测控

实时测控模块的功能是对作物生长环境的监、测、控，点击进入实时测控的界面，展示的内容分为3栏：环境监控、远程控制、远程视频。

环境监控展示的是生产单元中所有环境参数的数据信息：采集设备名称、在线状态、数据值、采集时间、预警信息，为方便查看，预警设备和正常设备分别展示，预警设备指的是数据预警的设备，即设备采集的最新数据高于设定的最高阈值或低于设定的最低阈值。

远程控制展示的是生产单元中所有的控制设备信息：控制设备名称、当前的控制状态、控制时间、所有的控制按钮，当前控制状态即设备现在所处的状态，例如，通风机当前是打开的，则显示的状态是"打开"，控制时间即打开通风机的时间，用户可以点击其他控制按钮，比如，点击"关闭"按钮，发送控制指令，即可远程控制通风机关闭。

远视频展示的是生产单元中所有的视频设备信息，选择要查看的视频设备，进入视频画面，视频画面中有多个功能可远程操作：控制球机摄像头转动、截图、录像、缩放等，用户可根据需求自行操作，如图3-123所示。

图3-123　实时测控

2. 农事管理

　　农事管理模块是供用户查询种植作物当前生长阶段应该进行哪些农事操作的模块，根据用户的查询，展示给用户合理的指导信息，点击进入农事管理模块，选择要查看的生产单元，系统会自动显示此生产单元当前种植的作物名称以及作物当前时间所处的生长阶段，并显示作物在此生长阶段需要进行的农事管理。例如，该作物此时处于开花期，那么会显示开花期应该进行的农事管理工作：授粉、喷药、注意温湿度、水肥信息等。用户根据指导信息或者说建议来进行合理的作物管理工作。

3. 水肥一体化

　　水肥一体化模块展示的是水肥一体化设备功能和统计数据的界面，界面主要分为两部分：控制和数据。"控制"部分展示的是水肥设备控制功能的信息，信息包括：水肥设备的控制按钮、此生产单元的电磁阀列表，用户选择要控制的电磁阀，点击控制按钮，即可发送控制指令，远程控制水肥设备。例如，用户想要给1号、3号电磁阀控制的作物浇水，则在电磁阀列表中选中1号和3号，然后点击"水泵启动"按钮，则水肥设备会启动水泵，开始给1号和3号电磁阀控制的作物浇水。"数据"部分展示的是此水肥设备的数据信息，界面以表格的形式展示上一次的"水肥施用统计信息"，表格内容为施用水肥的电磁阀名称、开始浇水时间、结束时间、水肥施用量。用户通过水肥施用数据了解作物的施肥用量、施肥日期，以便更合理的管理作物。另外，界面会展示此水肥设备累计使用数据，方便用户了解设备的使用情况，信息包括：设备首次运行时间、累计总水量、累计总肥量。

4.农业病虫害防控

农业病虫害防控模块是供用户查询种植作物当前时期易发的病害、虫害、障碍信息，以及该如何作出防控措施的模块，根据用户的查询，展示给用户作物不同时期易发的病害、虫害、生理障碍以及给出用户防控措施或者建议。

点击进入农业病虫害防控模块，选择种植作物的生产单元，系统会自动显示此生产单元当前种植的作物名称以及作物当前所处的生长期，并显示作物当前生长期易发的病虫害、生理障碍信息，分为3栏展示：病害、虫害、生理障碍。

"病害"展示的是作物当前时期易发的病害信息。信息包括病害名称、病害图片，图片方便和作物进行对比，更加容易确定病害情况，还包括易发时间、易发环境等易发情况，以提醒用户在发病之前做好防控工作，还包括病害发生后的解决措施，药剂名称、施用浓度、施用量等，帮助用户在病害发生后及时准确的处理，让作物及时恢复健康，以保证产品的"质"和"量"。

"虫害"展示的是作物当前时期易发的虫害信息。信息包括虫害名称、虫害图片，在不确定虫害类型时，可将作物拍照与虫害图片进行比较，帮助确定虫害类型，同时包括虫害易发时间、易发环境、解决药物名称等信息，帮助用户在虫害发生前进行防控和虫害发生后作出及时处理。

"生理障碍"展示的是作物生长过程中易形成的生理性障碍信息，例如，西红柿的畸形果、空洞果、脐腐病；包括图片、名称、形成原因、防控措施等信息，帮助用户判断和作出提前防控措施。

5.生产档案

生产档案模块是供用户记录农事管理的模块（图3-124），目前包括10个小模块：种植计划、生产记录、过程影像、肥料记录、农药记录、农事操作、采收入库、农残检测、发货销售、订单管理。这些信息的记录也将作为成品产品的溯源信息。所有模块记录信息时填空是选择项的，均不需要打字填写，选择即可，选项的内容维护在"蔬菜物联网管理平台"。

种植计划模块是供用户记录种植计划的模块，在生产单元种植作物之前，一般会有至少1个的种植计划，用户可以先将所有的种植计划添加到此模块中，在添加种植记录时，会自动加载添加的所有种植计划，选择一个确定的添加种植。添加种植计划时的信息包括计划名称、计划种植的产品、计划定植日期、预收日期、种植生产单元等。其中，计划种植产品的填空，是选择填空，系统会加载公司的所有作物产品名称，选择即可，选择种植生产单元时，系统会查询显示已经采收完毕，尚未有作物种植的生产单元，方便用户了解各生产单元被种植情况，根据情况作出计划。

生产记录模块是在作物定植前后，供用户记录种植信息的模块，添加生产记录信息时，先选择要种植作物的生产单元，系统会显示之前添加的关于此生产单元的种植计划，选择要种植的计划，完成添加即可。

图3-124 生产档案

过程影像模块是用户记录作物生长过程中有关的图片或短视频的模块，可以是记录农事管理的图片和视频，如除草图片、除草视频、授粉图片、授粉视频。也可以是记录作物生长的图片和视频，还可以记录作物生长过程的趣事和其他有意义的事。记录的信息包括上传的文件类型（选择图片或者视频）、影像地点、影像日期、影像名称、影像说明（可详细介绍此条影像的拍摄信息）、生产单元（选择生产单元可自动关联此生产单元种植的作物，以便产品追溯信息的查询），选择手机中的视频或者图片上传即可。

肥料记录模块是在作物生长过程中记录施肥信息的模块，记录的信息包括肥料名称、施用量、施用日期、生产单元（选择生产单元可自动关联此生产单元种植的作物，以便产品的追溯信息的查询），填写信息，完成添加即可。

农药记录模块是在作物生长过程中记录施用农药信息的模块，记录的信息包括农药名称、施用量、施用日期、生产单元（选择生产单元可自动关联此生产单元种植的作物，以便产品的追溯信息的查询），填写信息，完成添加即可。

农事操作模块是作物生长过程中记录农事管理信息的模块，例如，除草、剪枝、授粉等作物管理。记录的信息包括生产单元（即进行农事管理的生产单元）、操作人、操作日期、操作类型（如除草）、操作内容（可详细填写进行的具体工作），其中"操作人"的填写是选择项，在平台端的"蔬菜物联网管理平台"中公司管理的企业员工中添加公司的员工，在添加农事操作记录的时候，"操作人"一栏会自动加载公司的所有员工，用户只要选择员工名称即可，不需要打字填写。

采收入库模块是在作物产品成熟后进行采收后记录采收信息的模块，记录的信息包括产品名称、采收产品的规格等级、采收数量（kg）、采收日期、生产单元。

农残检测模块是在检测产品农药残留后记录检测结果的模块，记录的信息包括采收批次号、抑制率。其中，采收批次号是指前面进行采收记录后，系统会生成一个采收批号，添加农残检测时会加载已经采收的作物的采收批次号，供用户选择，抑制率即检测结果。

发货销售模块是在产品销售并发货时记录发货销售信息的模块，记录的信息包括采收批次号、销售方式、产品名称、规格等级、发货日期、发货重量、单价（元/kg）、收货方、发货人、运货人、车牌号。其中采收批次号是选择项，系统会加载已采收的产品，选择要销售的产品批次即可；销售方式指可以选择订单获取或手动添加，订单获取指在用户选择采收批次号后会自动填写产品名称、规格等级、发货重量（即默认采收重量），手动添加指自己编辑产品名称、规格等级、发货重量的信息。发货人也是选择项，系统加载公司的所有员工，在员工姓名中选择发货人即可。

订单管理模块是在购买产品时记录购买信息的模块，记录的信息包括购买产品名称、购买量、购买日期、运营商、运营商电话。

6. 智能分析

智能分析模块主要是将大量的、多种复杂的数据进行筛选、分析、处理后展示给用户。内容分为7部分：综合评价、参数评价、测土施肥、报警分析、统计分析、对比分析、行情分析。

综合评价是根据作物当前处所的生长段，对作物所处的环境的一个综合评分，作物环境包括光照、湿度、温度、二氧化碳等环境参数，参数采集设备采集的数据根据公式得出分数，综合各分数作出综合评分，分数范围在 $0 \sim 100$，同时会标注不同分数段对应的等级情况：优秀、良好、较差。同时，界面会显示各参数的最新数值，方便用户进行详细了解和比较。

参数评价展示作物生长环境中的所有参数的数据信息，包括采集设备名称、采集的最新数据、温馨提示（如，当前湿度低，请注意增强湿度），用户可详细了解各个参数数值情况和提示情况，帮助更准确的了解作物生长环境。

测土施肥的内容主要分为两部分：土壤信息和施肥信息。选择要查看的生产单元，系统自动显示该生产单元当前种植的作物名称和所处生长期，展示该作物的需肥特性和土壤施肥建议，同时展示该生产单元的土壤中N、P、K分布信息，信息包括元素含量和该元素对作物的影响，用户通过界面，一方面可以了解土壤N、P、K含量情况和对作物的影响，另一方面可以参考该时期作物的需肥特性和施肥建议，以更好的作出施肥措施，给作物合理的肥料供给。

报警分析的内容是对参数采集设备采集数据的数据汇总。选择要查询的生产单元和要查询的采集设备，选择查询日期，会得出一个数据汇总的表格，数据汇总的信息包括查询时间段的平均值、最高值、最低值、预警总次数、高报次数、低保次数以及当前最新数据、最新采集时间。用户通过表格，可以清晰的看到对某一参数的总体情况。

统计分析的内容分为3栏：产量统计、销量统计、农药化肥统计。3栏内容均是按时间段进行查询，以柱状图的形式展示总统计量。产量统计是展示公司的各种植作物采收产品的总量；销售统计是展示公司各产品销售的总量统计。产量统计和销售统计的意义除了掌握总量的多少，而且通过比较柱状图中各作物的产量和销量，可得出产出率，更方便帮助用户记录数据，农药化肥统计是展示各种肥料的施用总量，帮助用户进行总量的统计。

对比分析的内容展示的是农药化肥、各环境参数的数据信息；如果用户要查看化肥和农药的施用信息，选择农药化肥的对比类型，然后选择农药或者化肥为对比项，系统会以柱状图展示化肥或农药的施用量信息，如果用户要查看环境参数的数据信息，那么就选择环境参数的对比类型，然后选择温度或湿度等具体参数名称，系统会以折线图的形式展示参数的最新数据信息，用户可根据柱状图或折线图对比数据信息。

行情分析的内容是供用户查询作物产品在各地市的最新价格，进入行情分析界面，选择要查询的作物名后，页面会以折线图的形式加载显示作物产品在各地市的最新价格，一条折线代表一个地市，用户可以选择一条或多条进行查看，分析数据走势，实时了解价格行情，如3-125所示。

图3-125　智能分析

三、智农微信公众号

（一）简介

为方便用户能够及时了解新闻资讯和最新的产品信息以及方便与用户进行及时沟通，推出了智农微信公众号，微信号为SmartAgriCloud，微信名为智农云平台，用户可以通过搜索微信号来关注智农云平台并获得推送的消息，如图3-126所示。

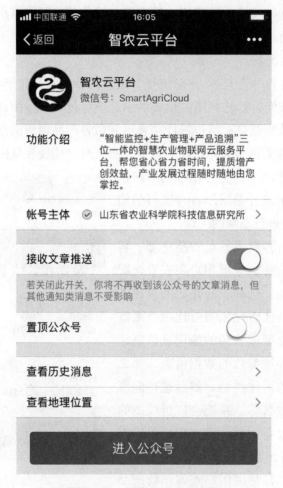

图3-126 智农云平台公众号

（二）详细信息

微信公众号"智农云平台"有三大部分：智农资讯、解决方案、交流互动。

1. 智农资讯

主要包括官方网站、新闻资讯、智农视频、历史消息。点击"官方网站"会连接跳转到智农物联的官网（http：//www.sdaiot.org/）手机版页面，此界面会看到智农物联官网上所有物联网信息，用户可自行进行查看。点击"新闻资讯"，会展示所有的资讯信息，包括山东省农业学院信息研究所农业物联网团队的研发工作信息、研发成果信息、团队会议信息以及其他资讯。用户可通过这些资讯内容，了解团队的研发情况，如果有感兴趣的话题，可与团队联系，大家一起讨论、学习和进步。点击"智农视频"，展示的是所有的视频信息，视频包括产品介绍、会议讲话等。点击"历史消息"，则展示发布过的所有的资讯，页面最上方是搜索栏，用户可通过关键字搜索先要查看的资讯，或者用户想要了解历史资料，则可以下拉查看所有的资讯，如图3-127所示。

图3-127 智农资讯

2. 解决方案

主要包括解决方案、典型案例、农业物联网设备、云平台登录。点击解决方案，展示的是各经营类型（例如，果蔬类、水产类）物联网模式解决方案的概述、物联网系统实现功能的介绍等。通过此模块的内容展示，用户可以详细了解

"产业类型+物联网"模式可实现的功能，评估物联网技术对自己经营的价值。点击"经典案例"，展示的是使用物联网系统进行经营的公司的信息，信息包括公司的经营类型、从事的业务范围、公司使用物联网系统的背景资料、应用场景，以及公司使用物联网系统的原因介绍、物联网系统给公司带来的改变、带来的收益情况等信息，用户可详细了解这些案例公司的情况来帮助分析自己的实际情况，更准确地评估使用物联网系统对自己经营带来的价值。点击"农业物联网设备"，展示的是团队研发的产品信息，包括监测预警设备、实时监测设备、全程追溯设备、智能测控设备，用户可查看产品的详细资料，包括产品介绍、产品图片、功能描述、用途、性能参数、使用方法等、销售热线等。点击"云平台登录"，展示的是电脑端智农云平台的登录界面，为保证用户体验，建议使用电脑登录，智农云平台网址：http：//www.sdaiot.cn：9099/SmartAgrCloudV2/html/homepage/homepageNew.jsp。此外，智农云平台也有配套的手机端App，即智农e联和智农e管，前面已有介绍，用户可下载使用。

3. 交流互动

主要包括智农云端、关于智农、联系我们、搭讪小编。点击"智农云端"，会出现二维码，识别二维码即可下载手机端App"智农云端"。智农云端是智农云平台的手机客户端。点击"关于智农"，展示的是关于山东省农业科学院科技信息研究所农业物联网团队的"前世今生"，包括农业物联网团队的组建介绍、团队科研工作范围和工作方向、团队负责人的介绍以及重要岗位研发人员的介绍。点击"联系我们"，展示的是与团队联系的信息，包括山东省农业学院科技信息研究所的地址、电话、传真、邮箱以及物联网团队官方微博的二维码，用户可扫描关注，在微博端获取有关团队的微博信息。点击"搭讪小编"，展示的是公众号小编的微信二维码，识别二维码，即可和小编成为微信好友，进行深入交流。

四、菜保姆系统

（一）App简介

菜保姆是为农业用户推出的"教农户种菜"和方便农户管理种植作物的App，菜保姆开发的目的是带领"种菜小白"走上"种菜老司机"的道路。让经验还不太丰富的农户，通过使用菜保姆App，也能够合理、正确、规范地种出"质""量"兼具的蔬菜产品。

（二）App下载

菜保姆可在电脑端的菜保姆后台管理系统（http：//123.232.115.146：9090/vegetNurse/login.jsp）的登录界面扫描二维码下载安装包，如图3-128所示。

扫描二维码
下载Android客户端

扫描二维码
下载IOS客户端

图3-128　菜保姆下载

（三）功能介绍

种植蔬菜的农户可以使用菜保姆App记录种植信息，例如，种植作物名称、品类、种植时间、管理情况、农事操作等信息，还可以拍照上传，记录作物的生长过程。农户在菜保姆App记录种植信息后，系统会根据种植时间及种植的作物品类判断作物所处的生长期，从而向农户展示该时期的指导方案，用户可根据指导方案进行管理。如果要获得蔬菜专家一对一有针对性的指导（包括网上交流和现场指导），则可通过签约专家来进行针对性的互动指导。专家会在菜保姆后台管理系统看到签约农户的种植信息，并会根据签约农户种植作物的生长情况，在作物整个生长期间，不定时向农户发送管理信息。菜保姆的功能主要分为3部分：地块汇总、个人中心、消息中心。

地块汇总部分展示的是农户的所有地块的信息，信息包括地块名称、地块签约状态、当前种植作物、作物定植时间。点击地块汇总界面的"+"可添加地块，添加的信息包括地块名称、地块类型（大棚/大田）、建棚时间、长度、宽度面积（系统根据长、宽自动生成）。点击界面中的地块进入一个地块的详细展示界面，包括3个模块：此地块的当前时期的生产方案、历史方案、种植记录。当前生产方案包括标准方案和任务清单，标准方案是作物该生长期管理的标准管理方案，任务清单是农户要进行的农事作业清单，清单分条展示，并显示完成状态（已完成、未完成），农户完成一条时，可点击"完成"按钮，记录此条内容已经完成。点击"历史方案"，展示的是该地块当前种植作物之前各生长期的管理方案。点击"种植记录"，会展示该地块种植过的所有作物名称，选择作物，展示的是该作物生长过程中记录的所有信息，包括上传的图片和文字信息。

个人中心部分展示的是个人管理的信息，包括个人信息、相册、签约、专家服务、账户设置。点击"个人头像"，可编辑个人姓名、电话、地址等个人信息。"相册"的功能类似微信的朋友圈，可记录作物生长过程的管理心得及其他趣事，点击"相册"，会按时间倒序展示上传的图片和文字介绍以及上传时间，点击相册界面右上角的"+"上传记录信息，上传的内容包括文字（记录作物生长情况）、地块（记录的是哪个地块）、上传图片（选择相册的图片），点击"发表"即可保存。点击"签约"，展示的是可提供签约服务的公司列表，选择公司，查看详细信息，包括公司名称、简介、地址、电话（点击即可拨打）以及服务内容，公司一般有多个套餐服务，每个套餐服务包含的服务内容不同，选择套餐名称，查看套餐简介，然后选择服务时长（6个月或12个月），套餐和时长选择后，会出现预估价格，信息确定后，点击"提交预约意向"，即可向后台发送签约申请，等待菜保姆后台管理人员查看。

消息中心展示的是后台管理者或专家向农户推送的信息，包括普通消息和服务消息。普通消息一般是后台管理者推送给全部农户的通知类的消息。服务消息分为两种，一种是专家推送给已签约农户的消息，专家根据农户当前种植的作物和作物当前时间所处的生长期，将该时期作物生长所需水肥特性、易发的病虫害、生理障碍及预防措施和其他的作物管理信息推送给种植作物的签约农户，帮助农户在作物不同生长期及时做好管理工作；另一种是后台管理者推送给提交签约意向的农户，农户在手机端填写签约意向，提交到后台，后台管理者查看意向并处理后，向农户推送一条信息确认的消息，农户查看确认消息，确认无误后，点击"确认"，再提交给后台，后台管理者会收到消息并尽快进行下一步的签约工作，如图3-129所示。

图3-129　菜保姆——消息中心

第四章　信息农具应用案例

第一节　日光温室环境监测与远程预警

一、概述

日光温室能在不适宜植物生长的季节，提供生育期和增加产量，多用于低温季节喜温蔬菜、花卉、林木等植物栽培或育苗等，因此对种植作物生长环境的要求要精确的多。由于种植技术落后，在传统日光温室的生产中，缺乏有效的农田环境监测手段，大多数农户升温、浇水、通风等操作，全凭感觉。人感觉冷了就升温，感觉干了就浇水，感觉闷了就通风，没有科学依据，无法对作物生长作出及时有效的调整，仅凭经验判断，造成成本高、效益低的状况。另外，由于连年的累作，造成土传病害严重，土地营养流失，土壤结构发生变化，以经验为主的生产模式已经不适于当下日光温室的生产。

自然条件下，光照强度与作物的生长密切相关，绿色植物进行光合作用制造有机物质必须由太阳辐射作为唯一能源参与才能完成，不同波段的辐射对植物生命活动起着不同的作用，它们在为植物提供热量、参与化学反应及光形态的发生等方面，各起着重要作用。太阳辐射中对植物光合作用有效的光谱成分称为光合有效辐射，光合有效辐射是植物生命活动、有机物质合成和产量形成的能量来源，它是形成生物量的基本能源，直接影响着植物的生长、发育、产量和产品质量。植物的生长是通过光合作用储存有机物来实现的，因此光照强度对植物的生长发育影响很大，它直接影响植物光合作用的强弱。光照强度与植物光合作用没有固定的比例关系，但是在一定光照强度范围内，在其他条件满足的情况下，随着光照强度的增加，光合作用的强度也相应的增加。但光照强度超过光饱和点时，光照强度再增加，光合作用强度不增加。光照强度过强时，会破坏原生质，引起叶绿素分解，或者使细胞失水过多而使气孔关闭，造成光合作用减弱，甚至停止。光照强度弱时，植物光合作用制造有机物质比呼吸作用消耗的还少，植物就会停止生长。只有当光照强度能够满足光合作用的要求时，植物才能正常生长发育。

　　空气湿度也是影响植物生长发育的重要因子。空气相对湿度直接影响植物的蒸腾速率，在土壤水分充足和植物具有一定的保水能力的情况下，空气湿度低，叶面蒸腾旺盛，根系吸收水分和养分增多，可加速生长。空气湿度饱和时生长速度往往因蒸腾减弱而下降，特别是灌浆期间还会延迟成熟降低产量和品质，且不利于贮藏。但在土壤水分不足时空气干旱会破坏水分平衡，影响生长。即使土壤水分充足，柔嫩的作物组织也可能因大气干旱而失水。空气饱和差增大使植物蒸腾加剧，叶水势降低，气孔阻力增加，最终导致蒸腾的下降，形成一种反馈机制。但也有一些植物在饱和差加大时蒸腾作用立即下降，反而能引起叶片含水量的增加。空气湿度对植物的开花授粉有很大影响，板栗对湿度小于22%时，未成熟花粉因花药变干提前散落，结实率下降。白桦的成熟花药囊在相对湿度大于45%时关闭，可保护花粉不受大雨冲刷淋洗或吸水涨裂损失。空气湿度还对各种病虫害的发生发展有很大影响，多数真菌类病害在湿度大时侵染发病快，而病毒类病害在湿度低时易侵染发病。

　　空气中的二氧化碳可以提高植物光合作用的强度，并有利于作物的早熟丰产，增加含糖量，改善品质。而空气中的CO_2一般约占空气体积的0.03%，远远不能满足作物优质高产的需要，在日光温室种植中，提供不同浓度的二氧化碳，可以促使幼苗根系发达，活力增强，产量提高。

　　土壤温度是指与植物生长发育直接有关的地面下浅层内的温度，影响着植物的生长、发育和土壤的形成，土壤中各种生物化学过程，如微生物活动所引起的生物化学过程和非生物化学过程，都受土壤温度的影响。

　　土壤湿度，即土壤水分，是保持在土壤孔隙中的水分，土壤湿度过低，形成土壤干旱，作物光合作用不能正常进行，降低作物的产量和品质，严重缺水导致作物调萎和死亡。

　　土壤养分是指影响作物生长的氮、磷、钾等元素的含量，氮、磷、钾是植物体内许多重要化合物的重要成分，对作物的生长有着重要作用。监测土壤温度、水分、水位是为了实现合理灌溉，杜绝水源浪费和大量灌溉导致的土壤养分流失。监测氮磷钾、溶氧、pH值信息，是为了全面监测土壤养分含量，准确指导水田合理施肥，提高产量，避免由于过量施肥导致的环境问题。准确、快速的获取这些数据是实现农业生产高效生产的基础。

　　光照强度、空气温度、湿度、CO_2浓度、风速风向等农业气象信息与日光温室生产密切相关，农业进入信息化时代后，对温室内部的空气温湿度、土壤温湿度、CO_2浓度及光照等农业环境信息的采集也越来越重视。获取农作物生长环境信息，进行科学的分析判断，是实施精准施肥、精确灌溉等的重要依据，是实现温室种植的高效和精准化管理的基础。日光温室环境预警是在取得日光温室现场环境数据的基础上，以土壤、环境、气象等环境信息为依据，对日光温室环境进行推测和估计，预测温室大棚未来环境状态，对不正常的环境状态提出警示以便作出防控措施，能最大程度上避免或减少生产活动中造成的损失，从来提升收益，降低风险，在日光温室种植中有非常重要的作用。

二、总体架构

日光温室环境监测与远程预警主要由数据采集、数据传输、数据处理及预警组成。利用传感器对日光温室环境中的光照强度、土壤温湿度、空气温湿度、土壤pH值等环境因子进行检测，通过物联网系统将所测量参数传送到平台系统，实现对农作物生长环境实时监测；平台系统对测量数据进行综合分析，按照规则给出控制决策，通过物联网系统将控制指令下发，由现场控制器实现对各类设施的智能控制，当日光温室内环境超出阈值时，在电脑和手机终端上进行显示和报警，实现对日光温室环境的监测和远程预警，平台系统可根据农作物种类设置生长环境参数范围和控制决策规则，并对所有测量数据进行存储，可依据条件对历史数据进行管理和查询。

单栋日光温室可利用设施蔬菜物联网技术，采用不同的传感器节点和具有简单执行机构的节点（风机、低压电机、电磁阀等工作电流偏低的执行机构）构成无线网络来测量土壤湿度、土壤成分、pH值、降水量、温度、空气湿度和气压、光照强度、CO_2浓度等来获得作物生长的环境，通过模型分析、自动调控温室环境、控制灌溉和施肥作业，从而获得植物生长的最佳条件。还可以通过系统阈值设定进行远程预警。

对于温室成片的农业园区，通过接收无线传感汇聚节点发来的数据，进行存储、显示和数据管理，可实现所有基地测试点信息的获取、管理和分析处理，并以直观的图表和曲线方式显示给各个温室的用户，同时根据种植植物的需求提供各种声光报警信息和短信报警信息，实现温室集约化、网络化远程管理。

三、主要功能

日光温室环境监测与远程预警系统主要有以下功能。

1. 环境数据采集

环采设备是日光温室环境监测与远程预警的重要组成部分，是环境监测及预警的源头环境，是设施蔬菜物联网系统运行的前提和保障。环采设备是指利用物理、化学、生物、材料、电子等技术手段获取农业水体、土壤、小气候等环境信息，实时感知日光温室中光照强度、空气温度、空气湿度、CO_2浓度、土壤温度、土壤水分、土壤养分等环境因子，为系统管理控制提供判断和处理的依据。

主要包括农业环境单参数无线采集节点、农业环境多参数无线采集节点、无线网关节点、农业环境多参数采传一体节点、农业气象信息采集站等设备。采集日光温室环境中的光照强度、空气温度、空气湿度、土壤温度、土壤湿度、土壤水分、CO_2等环境参数。

2. 数据传输

数据传输是指利用各种通信网络，将传感器感知到的数据传输至数据信息中心或信息服务终端。日光温室无线传感通信网络主要由如下两部分组成：日光温室内部感知节点间的自组织网络建设；日光温室及日光温室与监控中心的通信网络建设。前者主要实现传感器数据的采集及传感器与执行控制器间的数据交互。日光温室环境信息通过内部自组织网络在中继节点汇聚后，将通过日光温室间及日光温室与监控中心的通信网络实现监控中心对各日光温室环境信息的监控。

3. 数据处理及预警

通过对获取的信息的共享、交换、融合，获得最优和全方位的准确数据信息，实现对日光温室的施肥、灌溉、通风等的决策管理和指导。结合经验知识，根据系统设定的阈值，控制通风、加热、降温等设备。报警系统需预先设定适合条件的上限值和下限值，设定值可根据农作物种类、生长周期和季节的变化进行修改，当日光温室环境（如空气温湿度、土壤湿度等）出现异常情况时，即达到所设定的阈值时，系统会通过电脑和手机进行预警，提示用户及时采取措施。

日光温室环境监测与远程预警系统采用了模块化设计和使用傻瓜化设计，使得信息农具技术应用非常接地气。系统可以根据不同的生产品种、不同的环境、不同的项目需求进行增减配置，使得不同文化程度的生产者均可以利用现代化手段进行一线生产管理，具有复制性、兼容性、扩展性。

四、应用案例

1. 设施蔬菜物联网试验基地

该基地（图4-1）位于济南市历城区唐王镇，属于单栋日光温室，其建设目标是利用设施蔬菜物联网云平台及系列智能装备产品，实现设施蔬菜生产的智能化调控和精准化管理；打造以信息化技术为支撑、智能化装备为载体、精准化作业为特征的设施蔬菜高效、精细生产模式，显著提高劳动生产率、资源利用率和土地产出率。在"日光温室环境监测与远程预警系统"模块，该系统针对蔬菜日光温室布局特点及对环境监控的需求，安装应用了相应的硬件装备和软件平台，可以实现日光温室的环境监测及远程预警。除此之外，还包括日光温室无人化精准通风、蔬菜作物智能补光控制、蔬菜作物智能遮阳控制、日光温室蔬菜栽培环境一机全管和蔬菜作物水肥一体化精量施用。

图4-1 设施蔬菜物联网试验基地

光照强度传感器，每个大棚内外各安装2个。实现数据采集功能，实时采集光照强度数据；电量信息采集功能，硬件平台通过太阳能供电，可实时获取电池剩余电量信息；数据组包功能，按既定通信协议对光照强度、剩余电量信息组包传输；数据校验功能，数据包的组包过程中含有数据校验信息，确保数据传输过程中数据不出现任何错误；无线通信功能，将按既定协议组包的采集数据，通过SI4432短距离无线通信与网关节点通信，将组包数据上传至网关节点，接收网关节点校时信息，校正本地时间，以实现与网关节点同步；错误处理功能，若程序因内在或外界因素跑飞，系统可通过看门狗程序重启，保证系统长时间在线。光照强度传感器的测量范围：0～200klx；最小分辨率：1lx；工作温度：−30～80℃；通信方式：433MHz无线传输；功耗性能：平均功耗<5mW，至少支持连续7个阴雨天正常工作；专用安装支架：插地式特制金属支架。

空气温湿度传感节点，每个大棚3个。实现数据采集功能，实时采集空气温湿度数据；电量信息采集功能，硬件平台通过太阳能供电，可实时获取电池剩余电量信息；数据组包功能，按既定通信协议对空气温湿度、剩余电量信息进行组包传输；数据校验功能，数据包的组包过程中含有数据校验信息，确保数据传输过程中数据不出现任何错误；无线通信功能，将按既定协议组包的采集数据，通过SI4432无线通信模块与网关节点通信，将组包数据上传至网关节点；接收网关节点校时信息，校正本地时间，以实现与网关节点同步；错误处理功能，若程序因内在或外界因素跑飞，系统可通过看门狗程序重启，保证系统长时间在线。

空气温湿度传感节点的温度测量范围：$-40 \sim 125℃$；温度测量精度：$\pm 0.1℃$（$-10 \sim 60℃$）；湿度测量范围：$0 \sim 100\%$；湿度测量误差：$\pm 2\%RH$（$25℃$常湿$30\% \sim 70\%$）；供电电压：太阳能供电；通信方式：433MHz无线传输；功耗性能：平均功耗4.2mW，至少支持连续5个阴雨天正常工作；专用安装支架：插地式特制金属支架。

CO_2浓度传感节点，每个大棚2个。实现数据采集功能，实时采集CO_2浓度数据；电量信息采集功能，硬件平台通过太阳能供电，可实时获取电池剩余电量信息；数据组包功能，按既定通信协议对CO_2浓度、剩余电量信息组包传输；数据校验功能，数据包的组包过程中含有数据校验信息，确保数据传输过程中数据不出现任何错误；无线通信功能，将按既定协议组包的采集数据，通过SI4432短距离无线通信与网关节点通信，将组包数据上传至网关节点；接收网关节点校时信息，校正本地时间，以实现与网关节点同步；错误处理功能，若程序因内在或外界因素跑飞，系统可通过看门狗程序重启，保证系统长时间在线。CO_2浓度传感节点的测量范围：$0 \sim 10ml/L$；测量精度：$\pm 0.03ml/L \pm 5\%FS$；工作环境：温度$0 \sim 50℃$，湿度$0 \sim 95\%$；工作电压：5V；反应时间：$\leqslant 30s$；通信方式：433MHz无线传输；功耗性能：平均功耗$\leqslant 8mW$，至少支持连续7个阴雨天正常工作；专用安装支架：插地式特制金属支架。

土壤水分传感节点，每个大棚6个。实现数据采集功能，实时采集土壤水分数据；电量信息采集功能，硬件平台通过太阳能供电，可实时获取电池剩余电量信息；数据组包功能，按既定通信协议对土壤水分、剩余电量信息组包传输；数据校验功能，数据包的组包过程中含有数据校验信息，确保数据传输过程中数据不出现任何错误；无线通信功能，将按既定协议组包的采集数据，通过SI4432短距离无线通信与网关节点通信，将组包数据上传至网关节点；接收网关节点校时信息，校正本地时间，以实现与网关节点同步；错误处理功能，若程序因内在或外界因素跑飞，系统可通过看门狗程序重启，保证系统长时间在线。土壤水分传感节点的测量范围：$0 \sim 100\%$（m^3/m^3）；探针材料：不锈钢；测量精度：$0 \sim 50\%$（m^3/m^3）范围内为$\pm 2\%$（m^3/m^3）；工作温度：$-40 \sim 85℃$；工作电压：5V；稳定时间：通电后1s内；通信方式：433MHz无线传输；功耗性能：平均功耗6.2mW，至少支持连续5个阴雨天正常工作；专用安装支架：插地式特制金属支架。

土壤温度传感节点，每个大棚6个。实现数据采集功能，实时采集土壤温度数据；电量信息采集功能，硬件平台通过太阳能供电，可实时获取电池剩余电量信息；数据组包功能，按既定通信协议对土壤温度、剩余电量信息组包传输；数据校验功能，数据包的组包过程中含有数据校验信息，确保数据传输过程中数据不出现任何错误；无线通信功能，将按既定协议组包的采集数据，通过SI4432短距离无线通信与网关节点通信，将组包数据上传至网关节点；接收网关节点校时信息，校正本地时间，以实现与网关节点同步；错误处理功能，若程序因内在或外界因素跑飞，系统可通过看门狗程序重启，保证系统长时间在线。土壤温度传感节点的测量范围：−55～125℃；测量精度：±0.1℃；探针材料：不锈钢；通信方式：433MHz无线传输；功耗性能：平均功耗≤5mW，至少支持连续7个阴雨天正常工作；专用安装支架：插地式特制金属支架。

土壤pH值传感节点，每个大棚3个。数据采集功能，实时采集土壤pH值和EC值；电量信息采集功能，硬件平台通过太阳能供电，可实时获取电池剩余电量信息；数据组包功能，按既定通信协议对土壤pH值和EC值、剩余电量信息组包传输；数据校验功能，数据包的组包过程中含有数据校验信息，确保数据传输过程中数据不出现任何错误。无线通信功能，将按既定协议组包的采集数据，通过SI4432短距离无线通信与网关节点通信，将组包数据上传至网关节点；接收网关节点校时信息，校正本地时间，以实现与网关节点同步；错误处理功能，若程序因内在或外界因素跑飞，系统可通过看门狗程序重启，保证系统长时间在线。土壤pH值传感节点EC传感参数，测量精度：±0.1pH值；最小分辨率：0.005pH值；工作温度：0～100℃；输出信号：−450～1100mV；响应时间：30s读取98%（25℃）。EC传感参数：测量范围：0～20mS/cm；最小分辨率：0.008mS/cm；测量精度：≤±0.02%。通信方式：433MHz无线传输；功耗性能：平均功耗＜5mW，至少支持连续7个阴雨天正常工作；专用安装支架：插地式特制金属支架。

设施蔬菜物联网试验基地环境监测装备如图4-2所示。

图4-2 设施蔬菜物联网试验基地环境监测装备

设施蔬菜物联网云平台，"蔬菜物联网测控平台"借助"物联网、云计算"技术，实现对蔬菜产业生产现场环境、作物生理信息的实时监测、视频监控，并对生产现场光、温、水、肥、气等参数进行远程调控。通过"蔬菜物联网测控平台"可帮助农业生产者随时随地地掌握蔬菜作物的生长状况及环境信息变化趋势，在系统设定环境参数阈值范围，当日光温室内环境超过阈值时，云平台弹出报警信息。

　　智农e联/智农e管手机App，该软件支持平台所有生产过程数据采集、环境信息监测功能。通过该软件可随时随地地查看设备的工作状态、数据监测及报警信息，使用方便。按照作物需求，设定环境参数阈值，超过阈值，会自动向用户推送报警信息，实现远程预警功能，如图4-3所示。

图4-3　远程预警

　　传统的日光温室管理、环境数据监测离不开人的经验，需要劳动人员到现场进行判断，因此对于劳动人员有较大的考验，工作量也比较大，人力成本比较高，但是管理效果却是因人而异，不具备精确性和可复制性。而利用日光温室环境监测与远程预警管理日光温室，环境监测、环境预警等工作都可以通过远程完成，劳动人员不用再亲自跑到大棚里就可以精确了解日光温室内环境数据，观察大棚蔬菜的生长情况，当日光温室内环境超过设定阈值时，会给劳动人员推送预警信息，提醒劳动人员为日光温室进行卷帘、灌溉、通风等，极大地方便了日光温室的管理，提高了工作效率，降低了人工成本。同时，科学便捷的采集各种数据，为日光温室里的作物生产提供强大的理论支持。实现农业生产环境的智能感知、智能预警、智能决策、智能分析、专家在线指导，为农业生产提供精准化种植、可视化管理和智能化决策。

日光温室环境监测与远程预警系统便捷灵敏的各种数据采集，为作物科学生产提供数据支持，使各种作物处于最优的生长环境，提高了作物产量和质量；优秀的远程管理操作功能，突破时空对作物生产管理的限制；大大提高生产管理的效率，节省了人工成本。

（二）山东省农业科学院农业物联网（蔬菜）试验示范基地

该基地（图4-4）依托单位为山东向阳坡生态农业股份有限公司，该基地属于日光温室成片的农业园区，山东向阳坡生态农业股份有限公司是集蔬菜生产、加工、销售、新品种引进、技术培训与咨询服务为一体的高标准生态农业科技示范园区。以"打造现代农业，提升蔬菜品质"为宗旨，依托禹城市大禹龙腾蔬菜种植专业合作社开发建设，拥有投资2 800万元、占地1 200亩的自营农场有机蔬菜生产基地，拥有1 778亩有机蔬菜种植基地，拥有高标准日光温室36栋，大小拱棚50座。属于国家有机农业生产体系重要组成部分和科研开发孵化器，建立完整的蔬菜食用安全追溯体系，铸就了"向阳坡"这一最受消费者欢迎的安全、自然、健康的有机蔬菜品牌。示范园已通过ISO 9001：2008质量管理体系认证、HACCP食品安全管理体系认证、中国有机产品认证。示范园同中国科学院是亲密合作伙伴，是山东省政府办公厅指定蔬菜供应基地，第四届太阳城大会指定产品，山东科学养生协会发起会员单位，山东省第三届旅游饭店协会理事单位，德州市名优蔬菜获得单位，德州市瓜菜菌理事长单位。该基地自2017年5月以来，应用了"日光温室环境监测与远程预警系统"，该系统针对蔬菜日光温室布局特点及对环境监控的需求，安装应用了相应的硬件装备和软件平台。

图4-4 山东省农业科学院农业物联网（蔬菜）试验示范基地

四参数无线采集节点，每个大棚3～5个。实现日光温室蔬菜生长环境中空气温度、空气湿度、土壤水分、土壤温度4个参数的采集。温度测量范围：-40～125℃；温度测量精度：±0.1℃（-10～60℃）；湿度测量范围：0～100%，湿度测量误差：±2%RH（25℃常湿30%～70%）；土壤水分测量范围：0～100%（m³/m³），测量精度：0～50%（m³/m³）范围内为±2%（m³/m³），探针材料：不锈钢，工作温度：-40～85℃；土壤温度测量范围：-55～125℃，测量精度：±0.1℃，探针材料：不锈钢；太阳能供电和无线传输。

智能网关节点，每个大棚1个。其作用为通过无线传输方式连接各传感节点，实现数据汇集和转发。核心处理器≥72MHz；内存≥1k；本地通信方式：433MHz无线；远程通信方式：以太网/GPRS二选一；采集频率：可进行远程设置和调整；工作温度：-40～85℃；供电电压：AC220V；防水等级：IP65。

山东省农业科学院农业物联网（蔬菜）试验示范基地环境监测装备如图4-5所示。

图4-5 山东省农业科学院农业物联网（蔬菜）试验示范基地环境监测装备

设施蔬菜蔬菜物联网云平台，"蔬菜物联网测控平台"借助"物联网、云计算"技术，实现对蔬菜产业生产现场环境、作物生理信息的实时监测、视频监控，并对生产现场光、温、水、肥、气等参数进行远程调控。通过"蔬菜物联网测控平台"可帮助农业生产者随时随地地掌握蔬菜作物的生长状况及环境信息变化趋势，在系统设定环境参数阈值范围，当日光温室内环境超过阈值时，云平台弹出报警信息。设施蔬菜物联网云平台并不只是一个操作平台，而是一个庞大的管理体系，是用户在实现农业运营中使用的有形和无形相结合的控制系统。在这个平台上，用户能够实现信息智能化监测和自动化操作，有效整合内外部资源，提高利用效率。

智农e联/智农e管手机App，该软件支持平台软件所有生产过程数据采集、环境信息监测功能。通过该软件可随时随地的查看设备的工作状态、数据监测及报警信息，使用方便。按照作物需求，设定环境参数阈值，超过阈值，会自动向用户推送报警信息，实现远程预警功能。

　　山东省农业科学院农业物联网（蔬菜）试验示范基地的高档日光温室是具有国内先进农业科技水平的智能化温室，率先使用了农业物联网技术，实现了蔬菜生产的精准化、标准化操作，在大棚种植区棚内依稀可见移动信息控制终端和传感器。控制终端可以与种植户手机直接连接，在手机上可以查看大棚内的温度、湿度情况，并可以随时调整控制达到作物最适宜的环境，还可以远程接收预警信息，及时作出调整方案。日光温室环境监测与远程预警解决了传统农业中，浇水、施肥、打药，农民凭经验的问题，对日光温室内环境实现了"精准"把关，工作人员可以实时监测蔬菜生长环境的细微变化，作出相应的决策。通过日光温室环境监测与远程预警系统，实现了农产品生长全程可视、可控，实现了精准灌溉、施肥和远程预警，降低人工成本及资源成本。生产者可以远程获取日光温室内环境的精确数据，了解植物的生长状况，通过接收传感器采集的数据，进行存储、显示和分析管理，让决策更加简单与精准，用户可通过手机端或者电脑端看到直观的数据图表和曲线，并提供各种声光报警信息和短信报警信息，让管理者在第一时间了解到温室的最新情况，从而实现温室集约化、网络化的远程管理。

（三）夏津县香赵庄瑞丰源果蔬专业合作社

　　该合作社自2016年4月以来，应用了日光温室环境监测与远程预警系统，针对蔬菜日光温室布局特点及对环境监控的需求，安装应用了相应的硬件装备和软件平台。合作社选取示范园区内的10余座典型大棚进行成果的推广应用。由于示范园区内的日光温室大棚的棚体东西向跨度较长，为保障监测数据能够精准地体现棚内环境因子的动态变化，在大棚的东西两端进行均匀布点，每座棚内安装3套六参数采集节点设备，在每座棚内的中间位置安装1套智能网关节点设备。此外，为随时查看棚内作物生产情况，每1套网关节点均配置连接了2台红外高清网络摄像机，两者通过以太网线缆实现直接连接。

　　六参数采集节点，每个大棚3~5个。进行日光温室蔬菜生长环境中空气温度、空气湿度、土壤水分、土壤温度、光照强度和二氧化碳浓度6个参数的采集；温度测量范围：−40~125℃，温度测量精度：±0.1℃（−10~60℃）；湿度测量范围：0~100%，湿度测量误差：±2%RH（25℃常湿30%~70%）；土壤水分测量范围：0~100%（m^3/m^3），探针材料：不锈钢，测量精度：0~50%（m^3/m^3）范围内为±2%（m^3/m^3），工作温度：−40~85℃；土壤温度测量范围：−55~125℃，测量精度：±0.1℃，探针材料：不锈钢；光照强度的测量范围：0~200klx，最小分辨率：1lx；CO_2浓度测量范围：0~10ml/L，测量精度：0.03ml/L±5%FS；太阳能供电和无线传输。

　　智能网关节点，每个大棚1个。其作用为通过无线传输方式连接各传感节点，实现数据汇集和转发。核心处理器≥72MHz；内存≥1k；本地通信方式：

433MHz无线；远程通信方式：以太网/GPRS二选一；采集频率：可进行远程设置和调整；工作温度：-40～85℃；供电电压：AC220V；防水等级：IP65。

夏津县香赵庄瑞丰源果蔬专业合作社环境监测装备如图4-6所示。

图4-6　夏津县香赵庄瑞丰源果蔬专业合作社环境监测装备

设施蔬菜蔬菜物联网云平台，"蔬菜物联网测控平台"借助"物联网、云计算"技术，实现对蔬菜产业生产现场环境、作物生理信息的实时监测、视频监控，并对生产现场光、温、水、肥、气等参数进行远程调控。通过"蔬菜物联网测控平台"可帮助农业生产者随时随地地掌握蔬菜作物的生长状况及环境信息变化趋势，在系统设定环境参数阈值范围，当日光温室内环境超过阈值时，云平台弹出报警信息。设施蔬菜物联网云平台并不只是一个操作平台，而是一个庞大的管理体系，是用户在实现农业运营中使用的有形和无形相结合的控制系统。在这个平台上，用户能够实现信息智能化监测和自动化操作，有效整合内外部资源，提高利用效率。

智农e联/智农e管手机App，该软件支持平台软件所有生产过程数据采集、环境信息监测功能。通过该软件可随时随地地查看设备的工作状态、数据监测及报警信息，使用方便。按照作物需求，设定环境参数阈值，超过阈值，会自动向用户推送报警信息，实现远程预警功能。

每座棚内的无线传感节点设备，采集到相应的环境参数值后，分别以SI4432无线的方式传输至本棚内网关节点。网关节点解析这些数据，进行本地处理、显示或存储，然后即时向外转发，再传输至远程服务器。相应地，网络摄像机采集的视频数据也通过网线实时传输至网关节点，并即时转发至园区监控室进行视频画面的存储和显示。应用基地的监控室内配置了相应的数据接收、存储和显示设备。合作社管理人员足不出屋，就可以方便地观察各棚内环境数据的动态变化情况。当遇有温、湿度等环境因子异常变化时，会将相应大棚及因子突出显示，提醒管理者及时采取相应处理措施，保障作物始终处于良好的生长环境当中，有效避免生产风险的发生，降低因灾致损的可能性。

第二节 日光温室无人化智能卷帘

一、概述

日光温室在农业发展中具有重大意义，它在提供反季节蔬菜、缩短农作物生长周期，以及大幅度提高农作物的成活率等方面起到了巨大作用。在我国北方地区，特别是东北地区，在早春晚秋和冬季温室日光温室中都需要使用保温帘（草帘、保温被等）来提高棚内温度。为了对温室大棚夜间保温，每天清晨太阳升起时，卷起保温帘使得棚内植物得到充足的阳光照射，最大限度利用太阳光，每天傍晚太阳落山时，放下保温帘最大限度保温，卷帘的收放成为温室大棚种植的日常作业，是日光温室种植中非常费时费力的环节。据调查，在温室大棚蔬菜深冬生产的过程中，每667m²大棚人工拉保温帘约用1.5h，太阳西下时，人工放保温帘要用0.5h，这样每天就需要2h的劳动时间。日光温室卷放保温帘起初由人工完成，通常由2名工人手动完成卷帘机实现卷帘的收放，一名员工观察卷帘的卷起和铺放程度，当卷帘到达收放位置后通知另一名员工停止卷帘机的运行，这种卷帘控制方式浪费人力，效率低下，既费工费时，成本又高，无法实现科学合理的管理。经过几十年的快速发展，日光温室的技术性能日趋完善，整体水平由过去的分散化、低水平逐渐向规模化、集约化方向发展，技术水平有了大幅度提高。保温帘的卷放领域，人们研发了日光温室机械卷帘机，用于自动卷放日光温室帘子的农业机械设备。常见的日光温室机械卷帘机可分为固定式和移动式2种。固定式卷帘机的动力和支撑装置放置在温室的后屋面。其将一定间隔的绳子一端拴系在屋脊处，沿着温室屋面布置在外保温覆盖材料的下面；另一端绕过外保温覆盖材料的底端，延伸并固定到位于温室后屋面的卷帘机卷轴上。随着卷轴的转动，绳子收紧缠绕在卷轴上，实现外保温覆盖材料的卷帘作业。卷轴反转后，卷绳放松，外保温覆盖材料在重力的作用下，沿着屋面下滚，实现铺放作业。固定式大棚卷帘机造价较高，安装比较复杂，对大棚的要求也较高，目前应用较少。移动式卷帘机将动力输出轴固定在卷轴上，而卷轴固定在外保温覆盖材料位于前屋面的端部。卷轴将外保温覆盖材料从低端卷起，随着卷轴的旋转，外保温覆盖材料爬升到屋面，实现卷帘作业。电机反向旋转，实现铺放作业。根据卷轴有无轨道，卷轴式卷帘机可分为轨道式和无轨道2种。将动力和支撑装置放在温室前屋面的移动式卷帘机，称为前置卷轴上推式卷帘机，适用于棚面较长的日光温室大棚。动力和支撑装置放在温室一端的移动式卷帘机，称为侧置卷轴上推式卷帘机。

温室机械化卷帘机的使用，增加了日照时间，提高了温室温度。由于机械卷帘速度快，可以早卷帘和晚放帘，从而增加温室的受照时间，通过缩短卷放帘时间，一般每天可增加日照时间近2个小时，提高温室内温度3～5℃；提高了劳动生产率，减轻了劳动强度。据测试，一个70m长的大棚，卷帘机卷放一次仅需8min，而人工卷放一次需要2人工作2h；减少了保温帘磨损，延长了保温帘的使用寿命。由于卷放过程运行平稳，无绳索与保温帘的摩擦，可使保温帘延长使用寿命1～2年；缩短了作物生长周期，提早上市，增加产品经济效益。由于温室内温度增高，生长快，使作物早熟，缩短作物生长期，一般可使作物提前上市5～10天，由于是反季生产，反季量的大小直接关系到产品的价格。温室机械化卷帘的应用，通过减少用工量，减少保温帘的损坏，提高作物的产量，增加反季量等，提高了经济效益。

虽然日光温室机械化卷帘机改变了传统的人工卷帘操作的方法，提高了劳动效率，解决了卷放帘劳动强度大等问题。但仍存在很多其他问题：目前使用的温室大棚卷帘机基本上是依靠现场人工送电，以达到控制卷帘机升降的目的，存在着较大的安全隐患；不管温室中是否有劳动任务，劳动人员都必须到现场操控设备，浪费了时间；卷帘和放帘时间完全凭操作人员的个人经验，制约了卷帘机省力、抢光和提效能力的发挥；过于依赖人工经验，难以进行标准化生产。为了最大限度地发挥卷帘机对温室内光照、温度和湿度环境的控制作用，以安全、可控、省工为目的智能化卷帘机设计需求显得越来越迫切。

二、总体架构

日光温室无人化智能卷帘系统由前端传感、数据采集系统、控制系统、电动执行系统和上位管理计算机软件等部分组成。系统通过一套温室内的温度传感器对日光温室内空气温度进行不间断的实时监测，由数据采集系统的采集模块接收前端传感器的各类电压或电流信号，再由控制系统部分的开关量模块根据计算机接收信号智能控制其内部的逻辑电路，逻辑电路的"通、断"可以间接地控制卷帘机的"开关电路"，从而实现对此类用电器的控制，而上位计算机及软件主要功能是实现计算机对"数据采集系统"和"控制系统"的集中控制，将日光温室自动卷帘智能控制模型嵌入计算机软件系统中，代替人工经验作出收放保温帘的决策，计算机软件部分"模型的决策"转化成"电信号"传递给"数据采集系统"和"控制系统"，可以实现无人化智能卷帘操作。

通过使用无人值守式大棚卷帘控制设备，用户可进行本地或者远程对卷帘进行控制；上限位保护装置、下限位保护装置用于监测卷帘的位置，当卷帘到达最高或最低位置时，上限位保护装置或下限位保护装置会发送信号至主控制器，主控制器会自动发送停止卷帘机信号至驱动控制器以停止卷帘机工作。该设备可通过限位保护装置对收放卷帘进行保护，防止卷帘超过最高或最低位置对设备造成损害，实现了大棚卷帘的无人值守，提高了系统的可靠性和稳定性；同时，用户可同时控制多个卷帘机工作，大大提高了工作效率。

三、主要功能

日光温室无人化智能卷帘系统主要有以下功能。

（一）环境数据采集

环境数据采集是日光温室无人化智能卷帘系统的重要组成部分，是日光温室无人化智能卷帘操作判定的基础和依据，利用环采设备采集日光温室内光照强度、日光温室外光照强度、日光温室内空气温度和日光温室外空气温度等环境数据。

（二）数据传输

数据传输是指利用各种通信网络，将传感器感知到的数据传输至数据信息中心或信息服务终端。日光温室无线传感通信网络主要由如下两部分组成：日光温室内部感知节点间的自组织网络建设、日光温室及日光温室与监控中心的通信网络建设。前者主要实现传感器数据的采集及传感器与执行控制器间的数据交互。日光温室环境信息通过内部自组织网络在中继节点汇聚后，将通过日光温室间及日光温室与监控中心的通信网络实现监控中心对各日光温室环境信息的监控。

（三）智能决策及执行

通过对获取的信息的共享、交换、融合，获得最优和全方位的准确数据信息，实现对日光温室卷帘机决策管理和指导。环境数据传输至数据中心之后，由云平台内的无人化智能卷帘决策模型对环境数据进行分析处理，并作出卷帘或放帘的决策，同时将决策信号传至下位机，远程控制卷帘机电机的开或关，实现无人化智能卷帘。

四、应用案例

（一）设施蔬菜物联网试验基地

寒冷的冬季，对于温室大棚而言，大棚外的保温帘必不可少，它能够调节大棚内作物的光照和环境温度。但是卷帘的收放却增加了极大的劳动强度，也存在一定的危险，虽然出现了机械化作业的卷帘机，但是在收放的时间段内，还需要专门的劳动力去现场一一操作，温室大棚数量过多的话，收放起来会非常麻烦。在设施蔬菜物联网试验基地日光温室无人化智能卷帘模块中，除了前端环采设备，还包括温室大棚远程卷帘控制器和电动卷帘机（图4-7）。

温室大棚远程卷帘控制器，每个大棚安装1个。针对目前农业生产上大棚卷帘机型式，将控制器与其有机结合实现无人值守式温室大棚远程卷帘控制。现场手动、远程自动、无线遥控三选一的控制模式；供电电压为AC380V或AC220V；防水等级为IP4，可防风、防雨、防雷。

图4-7　设施蔬菜物联网试验基地无人化智能卷帘

电动卷帘机，每个大棚安装1个。其主要功能是利用电机控制日光温室保温帘的卷起和收放。电动卷帘机无需重新安装，利用原有农业生产中的电动卷帘机即可，性能参数与农业生产中常用的卷帘机相同。

设施蔬菜物联网云平台，云平台中嵌入了智能卷帘决策模型，系统前端传感器监测到温室大棚现场环境数据，传至云平台，通过智能卷帘决策模型作出收放帘的判定，传送至智能卷帘控制器，实现保温帘的收放。

智农e联/智农e管手机App，通过控制模块，可以远程自动控制或系统智能控制卷帘机的收放，如图4-8所示。

图4-8　智农e联无人化智能卷帘远程控制界面

使用日光温室无人化智能卷帘系统后，设施蔬菜物联网试验基地真正实现了无人值守。工作人员在办公室通过"智农e联"温室大棚远程智能控制App，即可实现对温室大棚卷帘的远程操作，操作起来非常方便。打开App，轻轻一点"收帘"控制键，开始给温室大棚收起保温帘，保温帘接收到"指令"后便自动运行，大棚外的视频和App相连，通过App还可以很清晰的看到卷帘收起的状况，既省心又放心。

（二）济南市历城区观霖种植专业合作社

济南市历城区观霖种植专业合作社主要从事高端绿色农产品的种植和销售，有着多年种植蔬菜的历史和大面积的日光温室。自2017年以来，济南市历城区观霖种植专业合作社安装应用了"日光温室无人化智能卷帘系统"（图4-9）。

图4-9　济南市历城区观霖种植专业合作社无人化智能卷帘

该系统解决了现有日光温室卷帘操作中存在的问题，实现了温室大棚无人值守，实现了省工、省力、安全、高效的智能卷帘机械。该系统包括：

六参数采集节点，用于设施作物生长环境中空气温度、空气湿度、土壤水分、土壤温度、光照强度和二氧化碳浓度6个参数的采集。

智能网关节点，用于通过无线传输方式连接各传感节点，实现数据汇集和转发。

温室大棚远程卷帘控制器，每个大棚安装1个。针对目前农业生产上大棚卷帘机型式，将控制器与其有机结合实现无人值守式温室大棚远程卷帘控制。现场手动、远程自动、无线遥控三选一的控制模式；供电电压为AC380V或AC220V；防水等级为IP4，可防风、防雨、防雷。

电动卷帘机，每个大棚安装1个。其主要功能是利用电机控制日光温室保温帘的卷起和收放。电动卷帘机无需重新安装，利用原有农业生产中的电动卷帘机即可，性能参数与农业生产中常用的卷帘机相同。

设施蔬菜物联网云平台，云平台中嵌入了智能卷帘决策模型，系统前端传感器监测到温室大棚现场环境数据，传至云平台，通过智能卷帘决策模型作出收放帘的判定，传送至智能卷帘控制器，实现保温帘的收放。

智农e联/智农e管手机App，通过控制模块，可以远程自动控制或系统智能控制卷帘机的收放。

每座棚内安装2套六参数采集节点设备，在每座棚内的中间位置安装1套智能网关节点设备。此外，为随时查看棚内作物生产情况，每1套网关节点均配置连接了1台红外高清网络摄像机，两者通过以太网线缆实现直接连接。

据园区工作人员反映，使用日光温室无人化智能卷帘系统后，首先，节省了人工成本。卷帘是日光温室种植过程中劳动强度相当大的环节之一，每亩日光温室每天用人工拉、放保温帘每天需要1.5～2h，即使用电动卷帘机拉、放也需要至少20min，而且劳动人员必须到生产现场才可以操作。而使用日光温室无人化智能卷帘系统，劳动人员在任何地方通过手机和电脑实现远程操作，既省工又省时，提高了作业效率，使用日光温室无人化智能卷帘系统后，人工成本降低了50%；其次，保护了劳动人员的安全。电动卷帘机在给农户带来方便的同时，也会有很多安全问题。由于电动卷帘机使用环境复杂，操作频繁，故障发生率较高，在使用过程中时常会发生危险，因不正确的使用方法，导致卷帘机伤人或致死现象时有发生，造成财产损失和安全事故。使用日光温室无人化智能卷帘系统，劳动人员无需现场操作，有效避免了电动卷帘机造成的人身伤害，使用日光温室无人化智能卷帘系统后，实现了收放帘过程中零事故。最后，增加了太阳能的利用率。日光温室无人化智能卷帘系统利用卷帘控制模型科学的控制保温帘的收放，通过"早揭晚盖"，使蔬菜接受光照时间提前，棚内光照时间增加，增加了作物的光合产物，充分利用增加时间差来提高和保持棚内温度，可使棚内温度提高。棚温提高，光照时间增加利于作物生长，抗病能力增加，产量提高，从而提高经济效益。使用日光温室无人化智能卷帘系统后，综合经济效益提高了20%。使用日光温室无人化智能卷帘系统后，一个工作人员可以管理多个日光温室，实现了智能化、规模化、规范化种植。

第三节　日光温室无人化精准通风

一、概述

日光温室是一个相对封闭的系统，依靠覆盖材料与外界隔离，形成不同于自然环境条件的作物生长空间。日照温室大棚内种植的大多是反季节作物，对生长环境的要求极为苛刻，尤其是对温度、湿度和CO_2浓度的要求更为严格。由于不同的作物具有不同的生长周期，每个生长周期对环境的参数要求也各不相同，如果工人对环境的观察经验不足，就会使作物一直处于恶劣的环境中，影响作物的正常生长，最终导致作物的减产，甚至绝收。日光温室内空气温度、湿度和CO_2浓度对植物生长有非常重要的影响，通风换气可以进行有效调控，创造适宜作物生长的环境条件。其作用表现在以下几方面。

补充CO_2，维持温室内必要的CO_2浓度。CO_2浓度低会影响植物的光合作用，影响植物的生长发育。温室内白昼因作物光合作用吸收CO_2，造成室内CO_2浓度降低，光合作用旺盛时，室内CO_2浓度有时降低至$100ml/m^3$以下，不能满足植物继续进行正常光合作用的需要。通风可从空气中引入CO_2浓度$300ml/m^3$，获得CO_2补充。

排除多余热量，抑制高温。在室外气温较高的春、夏、秋季，白昼太阳辐射强烈，温室在封闭管理的情况下，室内气温可高于室外20℃以上，出现超过植物生长适宜范围的过高气温。在完全不通风的情况下，温室温度可高达50℃以上。过高的温度会导致过快的蒸腾速率，从而导致植物脱水甚至死亡。进行通风可有效引入室外相对较低温度的空气，排除室内多余热量，防止室内出现过高的气温。

促使室内空气流动，促使植物群落中的气体交换。室内空气滞留会抑制作物的蒸腾作用，也会增加作物发生病虫害的风险。通风换气可促进室内空气的流动，有利于作物健康生长。

排除室内水汽，降低室内空气湿度。温室在封闭管理的情况下，土壤中水分蒸发和植物蒸腾作用的水汽在室内聚集，往往产生较高的室内湿度，夜间室内相对湿度甚至可达95%以上。高湿度环境影响植物的蒸腾和水分与养分的吸收，不利于生长发育，还会引发病害。通风引入室外干燥空气可有效降低室内湿度。

传统的通风技术，以工作人员经验判断操作，判断是否通风的条件很多，如棚内浇水后，感觉湿度较高时，需打开通风机进行通风；天气晴天，感觉棚内外温差较大时，需打开通风机进行通风，通风过程中需密切注意温度变化，温度下降过快时，要及时关闭通风口，以防温度过度下降使蔬菜遭受危害；为保证棚内适宜蔬菜生长的温度，外界气温稍高时，需增加通风次数和时间；棚内湿度较大，棚膜及叶尖上有水滴形成一定要及时通风，并加大通风量，即使阴天在温度允许的情况下也需短时通风。人工通风不仅费时费力，而且过于依赖工作人员的经验，不同的工作人员判断是否通风的状态不同，种植效果难以复制。

二、总体架构

日光温室无人化精准通风系统采用总线通信集中控制方式，主要由机械系统、通信系统和控制系统组成。其中，控制系统和机械系统主要负责采集温室内部环境信息，并由下位机驱动通风口的开合，而传输模块将上位机通过移动网络并入物联网云平台。机械系统主要由减速机、卷膜杆、滑轮及拉绳等组成，负责机械传导；通信系统由上位机与下位机通信和上位机与物联网平台通信两部分组成；控制系统上下位机主要由单片机最小系统、温湿度传感器、电机驱动模块、通信模块、手动无线遥控模块等组成。

系统工作过程如下：设定上下限温度和电机工作时间后进入正常工作状态；上位机通过地址扫描的方式逐个采集下位机上的信息，地址配对成功的下位机将相应数据上传，并与用户提前设定好的温度进行比较，并判断通风口的位置；控制下位机驱动对应位置的电机动作，带动减速器正反转，从而启闭通风口，同时上位机采集到的温湿度会在屏幕上实时显示。另外，该系统还设置了手动模式，当接收到人工输入的控制信号时，下位机根据不同按键的键值控制电机的正反转。

系统还通过设施蔬菜物联网云平台集成了智能控制中模糊控制、作物生长模型、预测控制技术和优化算法，在高产出、高质量、低投入的约束条件下，实现对日光温室的无人通风的智能控制。采用作物生长模型和环境预测模型相结合的方法，把该技术嵌入到设施蔬菜物联网云平台自动控制系统中，以达到在无人的条件下对日光温室通风的最佳控制，为作物创造最适宜的生长环境。

三、主要功能

日光温室无人化精准通风系统主要有以下功能。

（一）环境数据采集

日光温室管理中，劳动者往往依靠经验根据温室内外温湿度以及温室内CO_2浓度等条件判断是否要进行通风。在日光温室无人化精准通风系统中，通过空气温度、空气湿度和CO_2浓度等环境采集设备，获取日光温室中环境的准确数据，为下一步的系统判定是否进行通风提供数据支持。

（二）数据传输

数据传输是指利用各种通信网络，将传感器感知到的数据传输至数据信息中心或信息服务终端。日光温室无线传感通信网络主要由如下两部分组成：日光温室内部感知节点间的自组织网络建设、日光温室及日光温室与监控中心的通信网络建设。前者主要实现传感器数据的采集及传感器与执行控制器间的数据交互。日光温室环境信息通过内部自组织网络在中继节点汇聚后，将通过日光温室间及日光温室与监控中心的通信网络实现监控中心对各日光温室环境信息的监控，空气温度、空气湿度和CO_2浓度等环境数据经数据传输系统传输至于平台。

（三）智能决策及执行

通过对获取的信息的共享、交换、融合，获得最优和全方位的准确数据信息，实现对日光温室通风机决策管理和指导。环境数据传输至数据中心之后，由云平台内的通风决策模型对环境数据进行分析处理，并作出开启通风机或关闭通风机的决策，同时将决策信号传至下位机，远程控制通风机电机的开或关，实现无人化精准通风。

日光温室无人化精准通风系统采用了模块化设计和使用傻瓜化设计，使得不同文化程度的生产者均可以利用现代化手段进行一线生产管理，具有复制性、兼容性、扩展性。

四、应用案例

（一）设施蔬菜物联网试验基地

在设施蔬菜物联网试验基地日光温室无人化精准通风模块中，除了前端环采设备以及传输设备，还包括温室大棚自动通风控制器和机械通风设备。

温室大棚自动通风控制器，每个大棚安装1个。采用智能控制技术，远程手动或自动控制轴流风机、离心风机等通风设备门窗的开关启闭。采用智能控制技术通风机电机的开关，通过开启/关闭通风机实现对农业生产现场的温度、湿度、二氧化碳浓度的控制，有自动、手动、定时3种控制模式。自动模式下，根据当前监测的棚内温湿度数据进行判定，当温湿度传感器监测到温湿度达到上/下限设定值时，内部继电器动作，自动开启/关闭通风机来调节温室、大棚内的温湿度；手动模式下，手动按压面板开启/关闭按钮进行操作；定时模式下，可以设定时间，按照设定时间开启/关闭通风机。工作温度：$-30 \sim 70℃$；工作湿度：$10\% \sim 90\%RH$，无凝露；内置继电器最大负载（阻性）：12A/16A、250VAC；最大切换电流：12A/16A；可通过RS485接收上位机指令和上传信息。

机械通风设备，每个大棚安装1个。日光温室通用风机，一般由外框、扇叶、百叶窗、电机、保护网、传动装置等组成。

设施蔬菜物联网云平台，将模糊控制、作物生长模型、预测控制技术等集成到云平台中，系统前端传感器监测到温室大棚现场环境数据，传至云平台，通过云平台作出决策，传送至温室大棚自动通风控制器（图4-10），实现温室大棚风机的开与关。

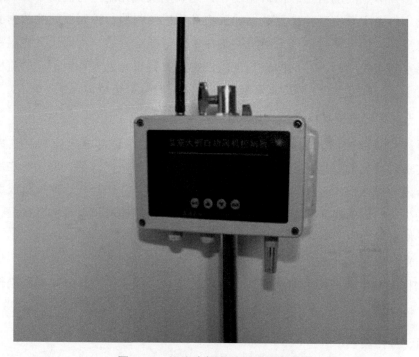

图4-10　温室大棚自动风机控制器

智农e联/智农e管手机App，通过控制模块，可以远程自动控制或系统智能控制温室大棚风机的开与关。

通过日光温室无人化精准通风系统，实现了日光温室自动通风，达到降温、降湿、降低二氧化浓度的功能，提高通风效率、降低通风能耗，有效控制日光温室内环境，从而提高作物产量；系统可根据前端环采设备采集到的环境数据，精准判断通风条件，捕捉最佳时机进行通风，避免低效通风、无效通风、过度通风和有害通风现象的发生；通风过程无需生产人员到现场，实现了无人化操作，节省了劳动力。

（二）山东省农业科学院农业物联网（蔬菜）试验示范基地

山东省农业科学院农业物联网（蔬菜）试验示范基地主要从事高端绿色农产品的种植和销售，有着多年种植蔬菜的历史和大面积的日光温室。日光温室种植过程中，温度、湿度和CO_2浓度的管理与控制是温室大棚生产的关键因素之一，为了实现温室大棚生产中无人精准通风，于2017年在每个日光温室都安装了日光温室无人精准通风系统。

空气温湿度传感节点，每个大棚3个。实现数据采集功能，实时采集空气温湿度数据；电量信息采集功能，硬件平台通过太阳能供电，可实时获取电池剩余电量信息；数据组包功能，按既定通信协议对空气温湿度、剩余电量信息进行组包传输；数据校验功能，数据包的组包过程中含有数据校验信息，确保数据传输过程中数据不出现任何错误；无线通信功能，将按既定协议组包的采集数据，通过SI4432无线通信模块与网关节点通信，将组包数据上传至网关节点；接收网关节点校时信息，校正本地时间，以实现与网关节点同步；错误处理功能，若程序因内在或外界因素跑飞，系统可通过看门狗程序重启，保证系统长时间在线。空气温湿度传感节点的温度测量范围：$-40 \sim 125℃$；温度测量精度：$\pm 0.1℃$（$-10 \sim 60℃$）；湿度测量范围：$0 \sim 100\%$；湿度测量误差：$\pm 2\%RH$（$25℃$常湿$30\% \sim 70\%$）；供电电压：太阳能供电；通信方式：433MHz无线传输；功耗性能：平均功耗4.2mW，至少支持连续5个阴雨天正常工作；专用安装支架：插地式特制金属支架。

CO_2浓度传感节点，每个大棚2个。实现数据采集功能，实时采集CO_2浓度数据；电量信息采集功能，硬件平台通过太阳能供电，可实时获取电池剩余电量信息；数据组包功能，按既定通信协议对CO_2浓度、剩余电量信息组包传输；数据校验功能，数据包的组包过程中含有数据校验信息，确保数据传输过程中数据不出现任何错误；无线通信功能，将按既定协议组包的采集数据，通过SI4432短距离无线通信与网关节点通信，将组包数据上传至网关节点；接收网关节点校时信息，校正本地时间，以实现与网关节点同步；错误处理功能，若程序因内在或外界因素跑飞，系统可通过看门狗程序重启，保证系统长时间在线。CO_2浓度传感节点的测量范围：$0 \sim 10ml/L$；测量精度：$\pm 0.03ml/L \pm 5\%FS$；工作环境：温度$0 \sim 50℃$，湿度$0 \sim 95\%$；工作电压：5V；反应时间：$\leqslant 30s$；通信方式：433MHz无线传输；功耗性能：平均功耗$\leqslant 8mW$，至少支持连续7个阴雨天正常工作；专用安装支架：插地式特制金属支架。

温室大棚自动通风控制器，每个大棚安装1个。采用智能控制技术，远程手动或自动控制轴流风机、离心风机等通风设备门窗的开关启闭。采用智能控制技术通风机电机的开关，通过开启/关闭通风机实现对农业生产现场的温度、湿度、CO_2浓度的控制，有自动、手动、定时3种控制模式。自动模式下，根据当前监测的棚内温湿度数据进行判定，当温湿度传感器监测到温湿度达到上/下限设定值时，内部继电器动作，自动开启/关闭通风机来调节温室、大棚内的温湿度；手动模式下，手动按压面板开启/关闭按钮进行操作；定时模式下，可以设定时间，按照设定时间开启/关闭通风机。工作温度：$-30 \sim 70℃$；工作湿度：$10\% \sim 90\%RH$，无凝露；内置继电器最大负载（阻性）：12A/16A、250VAC；最大切换电流：12A/16A；可通过RS485接收上位机指令和上传信息。

机械通风设备，每个大棚安装1个。日光温室通用风机，一般由外框、扇叶、百叶窗、电机、保护网、传动装置等组成。

设施蔬菜物联网云平台将模糊控制、作物生长模型、预测控制技术等集成到云平台中，系统前端传感器监测到温室大棚现场环境数据，传至云平台，通过云平台作出决策，传送至温室大棚自动通风控制器，实现温室大棚风机的开与关。

智农e联/智农e管手机App，通过控制模块，可以远程自动控制或系统智能控制温室大棚风机的开与关。

山东省农业科学院农业物联网（蔬菜）试验示范基地属于规模化的日光温室种植，单靠人工对每个大棚通风管理需要时刻关注大棚内外温度、湿度和二氧化碳浓度信息，需要大量人手，耗时费力，而且人工经验存在误差。引入日光温室无人精准通风系统后，前端感知设备采集温室大棚内外温度、湿度和CO_2浓度等环境数据，传至物联网云平台，由云平台将监测数据与系统内数据库进行比较，当棚内温度高了，湿度大了，CO_2浓度高了时，自动发送开启指令至通风机，打开进行通风，直到棚内环境数据达到适合作物生长的范围内时，关闭通风机。使棚内的温度、湿度、CO_2浓度始终处于适合作物生长的最佳状态，实现了日光温室大棚无人化精准通风，提高了工作效率，降低了人工成本，提高了作物产量和质量。

第四节　蔬菜作物智能补光控制

一、概述

光照与作物的生长有密切的关系。最大限度地捕捉光能，充分发挥植物光合作用的潜力，将直接关系到农业生产的效益。随着社会的发展和人们对新鲜蔬菜瓜果的需求量越来越大，果蔬生产者对果蔬大棚的产出要求也越来越高。大多数蔬菜每天需要的光照时间在12h左右，但冬季北方光照时间短，一般在7h左右。尤其是受温室结构、卷放帘时间、棚膜上的尘土露水等的影响，温室内一般光照不足，冬春季节因受阴、雨、雪、雾等天气的影响，设施内部光照不足和光质组成不平衡现象尤为严重，严重影响了北方设施农业生产。因此，冬季进行适当的人工补光是非常有必要的。根据温室生产和光环境的特点，用于温室补光的光源，必须具备栽培作物所必须的光谱成分（即光质）和一定的功率（即光量），灯具应具有经济耐用、使用方便、安全无污染的特点。目前，作为温室补光用的光源主要有白炽灯、白光荧光灯、植物生长型荧光灯、金属卤化物灯（金卤灯）、高压水银灯（高压汞灯）、高压钠灯、LED光源等。白炽灯，价格低廉，补光的同时可以增温，但发光率低，用电成本高，寿命短，是热光源，在潮湿的温室内经常爆灯，几乎淘汰；白光荧光灯，生理辐射所占比例比白炽灯高（75%~80%），光照更均匀，还可通过采用成组灯管创造要求强度的光照，但近4成的黄绿光对植物生长作用不大，主要的红蓝光相对不足，目前应用较多；植物生长型荧光灯，生理辐射所占比（80%~85%），光照更均匀，还可通过采用成组灯管创造要求强度的光照，当季即可收回投入成本，但玻璃灯体，运输途中易碎，目前日光温室应用比较普遍；金卤灯，发光效率高于高压水银灯，功率大，寿命长，但灯内的填充物中有汞，当使用的灯破损或失效后抛弃时，会对环境造成污染，但光谱中含有较多的远红光，发热量大，不能近距离照射作物，目前应用较多；高压汞灯发光效率高，功率大，寿命长，蓝光比例高，但热光源，表面温度高，发热量较大，不能近距离照射作物，需要镇流器高压启动，断电后需完全冷却才能重新启动，不可以频繁启动。高压钠灯，发光效率高、耗电少、寿命长、透雾能力强、不诱虫，但功耗高，发热量大，表面温度高，不宜近距离照射作物，不宜频繁启动。钠灯缺少蓝光，容易造成幼苗徒长，目前连栋温室中应用较多；LED光源，使用低压电源，节能高效，适用范围广，稳定性强，响应时间快，无污染，可以改变颜色，使用寿命长，但散热功耗较高，采购成本高，是目前研究最多最有前景的类型。

日光温室内部植物补光灯照明的意义在于延长一天内足够多的光照强度。主要用于在晚秋和冬季种植蔬菜，温室照明对生长期和秧苗质量有巨大的影响。如西红柿种植过程中，使用补光灯会在植物秧苗长出两片子叶后开始光照，持续光照12天可以减少6~8天的秧苗预备期。在多云和光照强度低的日子里，人工照明是必须的。尤其是在晚上给作物补充光照，可以促进作物生长。据有关研究，采用补光技术的温室作物，可提前成熟10天左右，产量提高30%，同时显著提高作物的免疫力和抗病能力，果实着色较好、畸形果少、品质优良，含糖量及维生素含量均得到提升。通过补光可以提供植物生长所有阶段所需要的光照、弥补冬季太阳光照的不足，而使植物生长不受季节的影响，促进植物光合作用，加速植物生长，进而缩短生长周期，调节农作物的开花与结果，控制株高和营养成分，提高免疫和抗病害能力，延长有效产收期，从而提高果蔬的品质与产量。

温室补光并不是简单的补光灯的开闭，温室补光继承了农业科学多学科性、复杂性的特点，所涉及的学科包括植物学、生物统计学、照明技术、控制技术等。影响作物生长的条件因素也非常多，除了阳光、空气、水这几个植物生长的环境因子之外，种子、土壤等也会影响植物的生长，各种条件的相互影响温室补光操作复杂化。首先，需要建立面向控制特定作物生长发育、优质高产所需的光照配方。所谓光照配方，是指以优质高产为目标，按照作物种类及其生长发育各阶段所需的光质种类及其数量属性的参数集合。其次，依据光照配方制定光环境控制策略。光照配方建立后，需要合理地制定光环境的控制策略。人工补光的目的一般分为补充自然光的不足和调节作物生长周期（如开花期的调节）2种。在实际生产中，一般遵循按需补光的原则，即按照作物生长发育的需求，从延长光照时间和增加光照强度2个方面进行补光。光环境控制的目的，应该是在作物生产中实现低投入、高产出的平衡状态，既不能一味地追求低投入忽视产出，也不能一味地追求高产出而忽视投入，因此在实际生产中光环境的控制策略，必须考虑温室补光灯的调控能力和在调控过程所消耗的成本投入。温室补光因日光温室类型而存在本质上的不同，也与栽培作物种类、季节因素有关，应根据不同植物、不同生育期对光周期的需求，合理确定补光灯的种类和时间。这种补光需求的时空变异性导致温室补光必需实施智能化管控，才能节能、高效。温室内光环境的质量和数量属性瞬时间都在发生日变化和季节变化，如果采用恒定不变的补光系统进行光环境调控是不适合的，难以取得很好的生物学效益。所以，充分考虑利用自然光条件，科学设计补光时间，按需补光的蔬菜作物智能补光控制系统非常有必要。

二、总体架构

蔬菜作物智能补光控制系统分为感知、判断和控制三大部分。硬件系统采用模块化设计，由光强采集模块、电源模块、单片机控制模块、补光模块、电压校准电路模块、上位机模块构成。其中，光强采集电路包括一个定值电阻与光敏电阻，通过监测光敏电阻与地线的压差检测出外界光强度，将结果传输给主控芯片；主控部分为单片机，通过与设定的光照强度阈值对比进行智能调节；电源电路采用稳压电路，输出稳定直流电压为控制系统供电；光源电路采用恒流驱动模块上位机模块可以显示当前补光灯的运行状况和当前光照强度。

软件系统嵌入智能控制模块，一方面，建立一个面向控制及包含光照强度的日光温室小气候模型、作物生长模型及能量消耗模型，为实现智能控制奠定基础；另一方面，针对日光温室研制智能化程度高、操作简单直观、管理方式多样、系统廉价可靠的控制系统及其调节机构。控制系统应具备调节灯具的光质、光强和光周期，控制灯具的空间位置等功能。系统可以依据用户的相关设置控制植物的补光量，实现可对植物各阶段进行按需补光，避免不同植物在不同生长阶段以及不同地区补光不足或过度的问题，同时达到实际需要的光饱和点，避免过度补光，摆脱以往靠人工管理经验的补光方式，提高能源利用率，减少能源浪费，节约了人工成本。

三、主要功能

日光温室智能补光系统主要有以下功能。

（一）采光感知

利用光照传感器感知日光温室中光照情况。在采光电路中，利用光敏电阻对于光照的敏感程度所引起的电变化，通过采样模块，通过和已经存贮的数据进行对比、分析，从而确定目前外界环境的光照情况。

（二）数据传输

数据传输是指利用各种通信网络，将传感器感知到的数据传输至数据信息中心或信息服务终端。日光温室无线传感通信网络主要由如下两部分组成：日光温室内部感知节点间的自组织网络建设、日光温室及日光温室与监控中心的通信网络建设。前者主要实现传感器数据的采集及传感器与执行控制器间的数据交互。日光温室环境信息通过内部自组织网络在中继节点汇聚后，将通过日光温室间及日光温室与监控中心的通信网络实现监控中心对各日光温室环境信息的监控。数据采集系统将采集到的光照数据通过传输系统传输至云平台。

（三）智能决策及执行

补光模型智能控制模型从光质、光强和光周期等方面进行智能控制，从光的质量和数量双重角度与植物光环境需求规律相对应，选择出最适宜植物生长的一种系统对应的模式。再通过补光灯对植物进行补光，恰到好处地为植物生长提供适宜的光环境条件，最大程度地挖掘植物生长发育的潜力，最大限度地促进植物快速优质的生长。

四、应用案例

（一）山东省农业科学院农业物联网（蔬菜）试验示范基地

近年来，随着雾霾天气的逐渐增多，每年平均日照时间已经是连续十年偏少。植物受自然光照的机会逐渐减少，对一些蔬菜瓜果也造成了很大的影响。该基地自2015年在蔬菜大棚内引入了最新研制的蔬菜作物智能补光控制系统，主要用于解决冬季大棚蔬菜因雾霾阴天而导致的光照不足难题，特别适用于冬暖式大棚。

智能补光控制器，每个大棚安装1个。智能补光控制器用于自动控制大棚内植物补光灯的开启/关闭，对植物进行智能补光，主要包含光敏元件、温敏元件、定时元件以及存储显示元件等。通过设置光照强度参数、温度参数以及时间等方式，实现大棚内植物补光灯的调控。供电电压：AC220V；负载继电器输出容量：AC220V/7A；显示方式：数码管显示；控制模式：现场手动、远程自动和时间3种模式。

LED补光灯（图4-11），每个大棚安装1套。利用太阳光的原理，依照植物生长规律必须需要太阳光，代替太阳光给植物提供更好的生长发育环境。

图4-11　山东省农业科学院农业物联网（蔬菜）试验示范基地温室智能补光灯

光照强度传感器，每个大棚内外各安装2个。实现数据采集功能，实时采集光照强度数据；电量信息采集功能，硬件平台通过太阳能供电，可实时获取电池剩余电量信息；数据组包功能，按既定通信协议对光照强度、剩余电量信息组包传输；数据校验功能，数据包的组包过程中含有数据校验信息，确保数据传输过程中数据不出现任何错误；无线通信功能，将按既定协议组包的采集数据，通过SI4432短距离无线通信与网关节点通信，将组包数据上传至网关节点，接收网关节点校时信息，校正本地时间，以实现与网关节点同步；错误处理功能，若程序因内在或外界因素跑飞，系统可通过看门狗程序重启，保证系统长时间在线。光照强度传感器的测量范围：0～200klx；最小分辨率：1lx；工作温度：-30～80℃；通信方式：433MHz无线传输；功耗性能：平均功耗<5mW，至少支持连续7个阴雨天正常工作；专用安装支架：插地式特制金属支架。

设施蔬菜物联网云平台，设计了基于专家规则的智能补光系统，系统可对植物各阶段进行按需补光。系统前端传感器监测到温室大棚现场环境数据，传至云平台，通过云平台的智能补光系统作出决策，传送至温室大棚补光灯，实现智能补光。

智农e联/智农e管手机App，通过控制模块，可以远程自动控制或系统智能控制温室补光灯的开与关。

使用该系统后，园区工作人员反映：在遇到阴天下雨时使用，如有一些需要在冬季上市的蔬菜瓜果，在光照时间不长的情况下就有可能耽误了上市时间，必然会给我们这些种植户造成一些损失，像是这几天雾霾严重，光照时间减短了很多，有些蔬菜瓜果上市的时间可能就会延误，使用这种灯就可以避免这种情况的发生。LED补光灯能模拟植物需要，按照太阳光进行光合作用的原理，在自然光照不充足的情况下，对植物进行补光或者完全代替太阳光，蔬菜作物智能补光控制系统可以智能控制补光灯自动进行补光，通过手机App手动开启或关闭补光灯，简单方便，省时省工。使用蔬菜作物智能补光控制系统，可以提前或推后种苗上市的时间，从而增加产量，有效提高经济效益。科学补光可以极大提高农产品产量及品质，达到增产、优质、高效、抗病和无公害的目的。通过补光可以促进农作物光合作用，调节农作物的开花与结果，控制株高和营养成分，加速农作物生长，提高免疫和抗病害能力，延长有效产收期，提高果蔬的品质与产量。蔬菜作物智能补光控制系统实现了科学自动补光，不依赖人工经验，补光效果更显著，同时减少了人力投入，降低了人工成本。

（二）设施蔬菜物联网试验基地

随着冬季来临，雨雪、雾霾天气也逐渐增多，植物受到自然光照的时间也大幅减少，对冬季大棚蔬菜种植造成了很大影响。蔬菜作物智能补光控制系统走进了设施蔬菜物联网试验基地的大棚中，并取得了"补充光照、减病增产"的成效。

智能补光控制器，每个大棚安装1个。智能补光控制器用于自动控制大棚内植物补光灯的开启/关闭，对植物进行智能补光，主要包含光敏元件、温敏元件、定时元件以及存储显示元件等。通过设置光照强度参数、温度参数以及时间等方式，实现大棚内植物补光灯的调控。供电电压：AC220V；负载继电器输出容量：AC220V/7A；显示方式：数码管显示；控制模式：现场手动、远程自动和定时3种模式。

LED补光灯（图4-12），每个大棚安装1套。利用太阳光的原理，依照植物生长规律必须需要太阳光，代替太阳光给植物提供更好的生长发育环境。

图4-12　设施蔬菜物联网试验基地温室智能补光灯

光照强度传感器，每个大棚内外各安装2个。实现数据采集功能，实时采集光照强度数据；电量信息采集功能，硬件平台通过太阳能供电，可实时获取电池剩余电量信息；数据组包功能，按既定通信协议对光照强度、剩余电量信息组包传输；数据校验功能，数据包的组包过程中含有数据校验信息，确保数据传输过程中数据不出现任何错误；无线通信功能，将按既定协议组包的采集数据，通过SI4432短距离无线通信与网关节点通信，将组包数据上传至网关节点，接收网关节点校时信息，校正本地时间，以实现与网关节点同步；错误处理功能，若程序因内在或外界因素跑飞，系统可通过看门狗程序重启，保证系统长时间在线。光照强度传感器的测量范围：0～200klx；最小分辨率：1lx；工作温度：−30～80℃；通信方式：433MHz无线传输；功耗性能：平均功耗<5mW，至少支持连续7个阴雨天正常工作；专用安装支架：插地式特制金属支架。

设施蔬菜物联网云平台，设计了基于专家规则的智能补光系统，系统可对植物各阶段进行按需补光。系统前端传感器监测到温室大棚现场环境数据，传至云平台，通过云平台的智能补光系统作出决策，传送至温室大棚补光灯，实现智能补光。

智农e联/智农e管手机App，通过控制模块，可以远程自动控制或系统智能控制温室补光灯的开与关。

这种LED灯模拟植物需要太阳光进行光合作用的原理，在自然光照不充足的情况下，对植物进行补光或者完全代替太阳光，全面增加了大棚蔬菜光照时间，植物光合作用更加充足，作物叶片在短时间内就能产生叶绿素，形成养分转换。一方面增强了作物的抗病能力，提升了农产品的品质；另一方面也大幅加快了作物的生长，提高了作物的产量。补光灯的操作可通过手机App完成，简单方便。手机App可以根据不同蔬菜水果光照时间的不同，科学设定补光时间，同时自动感应光照强度进行补光，不需要人为控制，实现植物补光智能化，合理利用植物生长补光灯，促进光合作用，加速植物生长，可以提前或推后黄瓜上市时间，农作物平均增产在20%左右。

第五节　蔬菜作物智能遮阳控制

一、概述

植物的生长是通过光合作用储存有机物来实现的，因此光照强度对植物的生长发育影响很大，它直接影响植物光合作用的强弱。光照强度与植物光合作用没有固定的比例关系，但是在一定光照强度范围内，在其他条件满足的情况下，随着光照强度的增加，光合作用的强度也相应的增加。但光照强度超过光的饱和点时，光照强度再增加，光合作用强度不增加。作物光合作用也有光饱和点，光照超过光饱和点叶绿素就要分解，呼吸作用增强，组织脱水，生理活动受到抑制，造成光合作用减弱，甚至死亡。夏季自然界光照经常在8万~12万lx，叶菜类蔬菜光饱和度3万~4万lx，一般喜温果菜4万~5万lx。夏季的强光、高温，直接影响了蔬菜的产量和质量。温室遮阳系统是现代温室重要的配套系统之一。温室遮阳是利用具有一定透光率的遮阳网遮挡过强阳光，减少太阳辐射，保证温室内作物正常生长所需的光照，降低室内温度。温室遮阳系统根据在温室中的安装位置可分为内遮阳和外遮阳，安装在温室屋面之上的称外遮阳，安装在温室屋面以下的称内遮阳。用来支撑遮阳网及其收张的是遮阳网架。从降温原理看，外遮阳是直接将太阳辐射阻隔在室外，而内遮阳则是安装在温室覆盖材料下面，太阳辐射有相当一部分被遮阳网自身循环吸收，遮阳网温度升高后再传给室内空气。所以外遮阳降温效果要比内遮阳好。但内遮阳同湿帘风机降温系统配合使用时，可以减少温室内需降温的有效气体体积，提高湿帘风机降温系统功效。内遮阳采用铝箔遮阳网使温室具有保温节能作用。温室内外遮阳帘收拢和展开的驱动是利用驱动电机和减速齿轮箱来实现的，目前普遍使用的3种类型驱动机构为：齿轮齿条推拉驱动、钢索驱动和链轮—钢索驱动。

（一）齿轮齿条推拉驱动

这类驱动大型温室项目或者桁架之间启闭的拉幕系统。它利用传动齿轮驱动开间长度的齿条在相邻两个桁架间运行。齿条与推拉杆φ32热镀锌圆管相连接（推拉杆与齿条的长度和=温室总长度−1个开间距离，这样齿轮与推拉杆才能来回移动），推杆牵引着幕布的活动边在开间里来回运行。齿轮齿条的驱动减速电机通常安装在温室中部附近，它们也可以安装在除首、末之外的任意一个开间内，因为齿条传动装置需一个开间的长度来自由运行，齿轮齿条驱动系统具有系统运行稳定，运行不易出现错误，减少维修费用。

（二）钢索驱动

钢索驱动既能用于天沟之间启闭幕布，也能用于桁架之间启闭幕布。这种系统中，钢索采用镀锌钢缆或不锈钢丝绳（或叫做航空钢缆），通过钢索牵引着幕布的活动边运行，驱动钢索缠绕在驱动轴的换向轮或紧线套筒上，随着电机带动驱动轴换向轮转动，缠好的钢索一端退绕放线，另一端则继续绕线，从而使闭合的驱动钢索实现在开间或跨度间的往复运动。钢索驱动系统的电机驱动装置一般安装在一侧山墙端（桁架间启闭）或一边侧墙处、幕布运行的平面上。通过滑轮将钢索向下引导，减速电机也可以安装在侧墙或山墙上任意方便安装的高度位置。

（三）链轮—钢索驱动

链轮—钢索驱动系统能同时驱动天构间和桁架间启闭的拉幕系统。一定长度的链条（像自行车链条一样）与钢索连接成一个与温室同长同宽的闭环，减速电机带动链轮齿转动，齿轮咬合着链条，链条带动钢索闭环前后运动。每块幕布的活动边都装有活动边导杆，他们与钢索固定连接，并随着钢索的前后运动而牵引着幕布的开启与闭合。这种系统的电机驱动装置一般安装在山墙或侧墙上，并通过滑轮和导向链轮齿将动力传导到幕布运行的平面上。传统温室大棚通过人工开启/关闭遮阳网，改变温室大棚中光照度和温度，1个人最多管理1~2座大棚，规模化的生产需要大量的劳动力。

二、总体架构

蔬菜作物智能遮阳控制分为感知、判断和控制三大部分。智能感知层为光照传感节点和温度传感节点，通过对日光温室光照、温度环境参数的实时采集，为蔬菜作物智能遮阳提供参考依据。云平台接收来自智能感知器通过网络传输的温室大棚环境条件关键参数数据，通过判断模块作出决策。同时，智能控制器通过网络接收控制指令，遮阳帘与智能控制器的继电器连接，实现温室遮阳帘的智能调节。

三、主要功能

日光温室智能遮阳系统主要有以下功能。

（一）环境数据采集

利用光照强度传感器、空气温度传感器、空气湿度传感器等环采设备采集日光温室内外的光照强度、空气温度、空气湿度等环境数据。并将数据通过传输系统传输至云平台，为智能遮阳分析决策提供依据。

（二）数据传输

数据传输是指利用各种通信网络，将传感器感知到的数据传输至数据信息中心或信息服务终端。日光温室无线传感通信网络主要由如下两部分组成：日光温室内部感知节点间的自组织网络建设、日光温室及日光温室与监控中心的通信网络建设。前者主要实现传感器数据的采集及传感器与执行控制器间的数据交互。日光温室环境信息通过内部自组织网络在中继节点汇聚后，将通过日光温室间及日光温室与监控中心的通信网络实现监控中心对各日光温室环境信息的监控。

（三）智能决策及执行

环境数据采集系统采集的数据上传至云平台中，根据温室现场的环境数据，遮阳模型进行分析、决策，通过调节遮阳网的开启关闭，使部分阳光进入温室，保证作物避免强光灼伤，同时降低温室温度，来满足温室对光线的需求。

四、应用案例

日光温室在不适宜植物生长的季节，能提供生育期和增加产量，在寒冬季节保温种植喜温蔬菜，但当春、秋、夏季节，光照充足时，日光温室内温度可达50～60℃，不适合蔬菜的生长，因此需要开启遮阳网或铺设遮阳帘进行遮阳降温，人工操作费时费力，还存在一定的安全隐患，不适用规模化种植。山东省农业科学院农业物联网（蔬菜）试验示范基地自2016年引进了蔬菜作物智能遮阳控制系统，在日光温室内外安装了光照传感器、温度传感器以及智能遮阳控制器等硬件设备，农业物联网云平台和手机App软件系统。

使用该系统后，每座日光温室利用物联网技术，光照传感器、温度传感器采集蔬菜大棚内外光照强度和温度的信息，通过无线网络传输至云平台，通过模型分析，当外界光照或棚内温度超过一定限值自动开启遮阳网，外界光照或棚内温度低于一定限值自动关闭遮阳网，从而调节温室内光照强度和温度，获得植物生长的最佳条件。所有的日光温室通过接收无线传感汇聚节点发来的数据，进行存储、显示和数据管理，实现了生产基地所有温室大棚环境信息的获取、管理和分析处理，并以直观的图表和曲线方式显示出来，同时当日光温室内光照强度和温度超出设定值时，系统自动向工作人员发出报警信息，实现了园区日光温室集约化、网络化远程管理。

第六节　蔬菜作物水肥一体化精量施用

一、概述

水分和肥料是作物生长发育的两大重要因素，水肥对作物生长发育的影响主要是对作物株高、茎粗等生长指标及作物光合速率、气孔导度等生理指标的影响。适合的水肥促进作物生长，反之，则抑制作物的生长发育。合理的水肥管理有利于作物高产，而盲目的水肥管理不但对作物生长发育不利，还将导致水肥资源浪费和环境污染。长期以来，传统种植浇水采取大水漫灌的方式，化肥施用没有节制，浪费严重，利用率较低。水肥一体化技术是将灌溉与施肥融为一体的农业新技术。水肥一体化是借助压力系统（或地形自然落差），将可溶性固体或液体肥料，按土壤养分含量和作物种类的需肥规律和特点，配兑成的肥液与灌溉水一起，通过可控管道系统供水、供肥，使水肥相融后，通过管道、喷枪或喷头形成喷灌、均匀、定时、定量，喷洒在作物发育生长区域，使主要发育生长区域土壤始终保持疏松和适宜的含水量，同时根据不同作物的需肥特点，土壤环境和养分含量状况，需肥规律情况进行不同生育期的需求设计，把水分、养分定时定量，按比例直接提供给作物。水肥一体化是指根据作物需求，对农田水分和养分进行综合调控和一体化管理，以水促肥、以肥调水，实现水肥耦合，全面提升水肥利用效率。与传统模式相比，水肥一体化实现了水肥管理的革命性转变，即渠道输水向管道输水转变、浇地向浇庄稼转变、土壤施肥向作物施肥转变、水肥分开向水肥一体转变。水肥一体化有以下优点。

（一）提高水肥利用率

传统土施肥料，氮肥常因淋溶、反硝化等而损失，磷肥和中微量元素容易被土壤固定，肥料利用率只有30%左右，浪费严重的同时作物养分供应不足。在水肥一体化模式下，肥料溶解于水中通过管道以微灌的形式直接输送到作物根部，大幅减少了肥料淋失和土壤固定，磷肥利用率可提高到40%～50%，氮肥、钾肥可提高到60%以上，作物养分供应更加全面高效。根据多年大面积示范结果，在玉米、小麦、马铃薯、棉花等大田作物和设施蔬菜、果园上应用水肥一体化技术可节约用水40%以上，节约肥料20%以上，大幅度提高肥料利用率。

（二）节省劳动力

在农业生产中，水肥管理需要耗费大量的人工。如在华南地区的香蕉生产中，有些产地的年施肥次数达18次。每次施肥要挖穴或开浅沟，施肥后要灌水，需要耗费大量劳动力。南方很多果园、茶园及经济作物位于丘陵山地，灌溉和施肥非常困难，采用水肥一体化技术，节省了大量劳动力。

（三）保证养分均衡供应

传统种植注重前期忽视中后期，注重底墒水和底肥，作物中后期的灌溉和施肥操作难以进行，如小麦拔节期后，玉米大喇叭口期后，田间封行封垄基本不再进行灌水和施肥。采用水肥一体化，人员无需进入田间，即便封行封垄也可通过管道很方便地进行灌水施肥。因为水肥一体化能提供全面高效的水肥供应，尤其是能满足作物中后期对水肥的旺盛需求，非常有利于作物产量要素的形成，进而大幅提高粮食单产。

（四）利于保护环境

水肥一体化条件下，设施蔬菜土壤湿润比通常为60%～80%，降低了土壤和空气湿度，能有效减轻病虫害发生，从而减少了农药用量，降低了农药残留，提高了农产品安全性，减轻了对环境的负面影响，生态环保。

（五）减少病虫害的发生

水肥一体化技术有助于调节田间湿度，减轻病虫害的发生。对土传病害（茄科植物疫病、枯萎病等，会随流水传播）也有很好地控制作用。

二、总体构架

蔬菜作物水肥一体化精量施用系统分为前端感知系统、水肥一体化系统、智能控制系统和滴灌系统四大部分。前端感知系统是通过空气温湿度传感器、光照传感器、土壤温湿度传感器、土壤pH值传感器等获取温室内环境数据和作物本体数据。水肥一体化系统是核心部分，按土壤养分含量和作物种类的需肥规律和特点，调节肥料、水、酸碱等的配比，通过可控管道系统供水、供肥，使水肥相融后，通过管道和滴头形成滴灌、均匀、定时、定量，浸润作物根系发育生长区域，使主要根系土壤始终保持疏松和适宜的含水量，同时根据不同的蔬菜的需肥特点，土壤环境和养分含量状况，把水分、养分定时定量，按比例直接提供给作物。智能控制系统接收各传感器采集的数据并发送到云端，云端软件分析进行智能化分析，发送指令给控制器，实现灌溉设备的远程自动化控制。用户可根据栽培作物品种、生育期、种植面积等参数，对灌溉量、施肥量以及灌溉的时间进行设置，形成一个水肥灌溉模型。通过对各前端传感器的数据分析，结合作物的生长发育需求，科学合理的安排灌溉计划，实现电脑端和手机端的远程自动化控制。

三、主要功能

蔬菜作物水肥一体化精量施用系统主要有以下功能。

（一）环境数据采集

环境数据采集是蔬菜作物水肥一体化精量施用系统中重要组成部分，通过空气温度传感器、空气湿度传感器、土壤水分传感器、土壤pH值传感器以及土壤EC值传感器采集生产现场的各种环境数据。

（二）数据传输

数据传输是指利用各种通信网络，将传感器感知到的数据传输至数据信息中心或信息服务终端。日光温室无线传感通信网络主要由如下两部分组成：日光温室内部感知节点间的自组织网络建设、日光温室及日光温室与监控中心的通信网络建设。前者主要实现传感器数据的采集及传感器与执行控制器间的数据交互。日光温室环境信息通过内部自组织网络在中继节点汇聚后，将通过日光温室间及日光温室与监控中心的通信网络实现监控中心对各日光温室环境信息的监控。

（三）智能决策及执行

系统可根据监测的土壤水分以及作物种类的需肥规律，自动设置水肥灌溉计划，远程控制生产现场水肥一体机进行施肥浇水操作。还可以按照用户设定的配方、灌溉过程参数自动控制灌溉量、吸肥量、肥液浓度、酸碱度等水肥过程的重要参数，实现对灌溉、施肥的定时、定量控制，充分提高水肥利用率，实现节水、节肥，改善土壤环境，提高作物品质的目的。

四、应用案例

(一)设施蔬菜物联网试验基地

由于长期种植,蔬菜大棚常年累作,土壤环境恶化,影响到作物的生长。自2014年引进了蔬菜作物水肥一体化精量施用系统(图4-13),系统由物联网云平台、墒情数据采集终端、视频监控、水肥一体机、管路等组成。整个系统可根据监测的土壤水分、作物种类的需肥规律,设置周期性水肥计划实施轮灌。施肥机会按照用户设定的配方、灌溉过程参数自动控制灌溉量、吸肥量、肥液浓度、酸碱度等水肥过程的重要参数,实现对灌溉、施肥的定时、定量控制,充分提高水肥利用率,实现节水、节肥、改善土壤环境,提高作物品质的目的。

图4-13 设施蔬菜物联网试验基地水肥精量施用系统

使用该系统,提高了水肥利用率,使用该系统前,何时灌溉,何时施肥,施多少肥,浇多少水,都是以经验为主,人为判定,水肥利用率低,使用该系统后,根据传感器的数据,结合作物的生长期和实际需求,精准施用,水肥利用率高。使用该系统,提高了效益,使用该系统前,施肥浇水都是人工操作,每个工人只能管理1~2个温室,人工成本高,使用该系统后,系统自动施肥浇水,无需人工操作,人工成本低。经多年的使用经验证明,该系统能有效提高水肥利用率,提高蔬菜产量和质量,降低人工成本,提高了效益。

(二)山东省农业科学院农业物联网(蔬菜)试验示范基地

山东省农业科学院农业物联网(蔬菜)试验示范基地主要从事高档水果、蔬菜的种植和销售、加工,有很多蔬菜温室大棚。蔬菜生长最重要的元素莫过于水,蔬菜大棚通过灌溉提供蔬菜所需的水分是唯一途径,传统种植过程中,蔬菜大棚种植高水高肥,水利用率低下,高耗肥料等问题,增加了成本的同时,还污染了环境。自2015年,在基地的番茄种植大棚内,安装了水肥一体机精准施用系统,通过灌溉系统给作物施肥浇水,作物在吸收水分的同时吸收养分,借助压力灌溉系统,将完全水溶性固体肥料或液体肥料,按番茄生长各阶段对养分的需求和土壤养分的供给状况，配兑而成的肥液与灌溉水融为一体，适时、定量、均匀、准确地输送到番茄根部土壤。系统由物联网云平台、墒情数据采集终端、视频监控、智农水肥设备、管路等组成。其中，智农水肥设备是按照"实时监测、精准配比、自动注肥、精量施用、远程管理"的设计原则，安装于作物生产现场，用灌水器以点滴状或连续细小水流等形式自动进行水肥浇灌，实现对灌溉、施肥的定时、定量控制，提高水肥利用率，达到节水、节肥，改善土壤环境的目的。设备分为本地控制和远程控制两种控制方式。本地控制分为执行部分和控制部分。执行部分包括两个35W的微型注肥泵，一个0.55kW的离心泵，以及开关电源和2分水管、PVC水管等。控制部分采用PLC和节水MCGS触摸屏。本地控制分为3种控制方式：流量控制、时间控制和手动控制。流量控制界面可以设定泵流量，按下启动键，当流量到达目标流量后，就自动停止。时间控制界面可以设定时间、选择运行哪些泵。按下启动键，达到预定时间则会自动停止运行。手动控制可以对各个电机进行灵活操作，可以单独控制水泵。智农水肥设备是整个系统的核心。

番茄生长期间追肥结合水分滴灌同步进行。根据设施番茄不同生长期、不同生长季节的需肥特点，按照平衡施肥的原则，在设施番茄生长期分阶段进行合理施肥。定植至开花期间，选用高氮型滴灌专用肥；开花后至拉秧期间，选用高钾型滴灌专用肥；逆境条件下需要加强叶面肥管理。滴灌专用肥尽量选用含氨基酸、腐殖酸、海藻酸等具有促根抗逆作用功能型完全水溶性肥料。使用蔬菜作物水肥一体化精量施用后，实现了节水、节能，滴灌比地面沟灌节约用水30%~40%，同时节省了抽水的油、电等能源消耗。减少了番茄病害的发生，滴灌能减少大棚地表蒸发，降低温度、湿度，减少病虫害和杂草的发生。提高了工作效率，在滴灌系统上附设施肥装置，将肥料随着灌溉水一起送到根区附近，不仅节约肥料，而且提高了肥效，节省了施肥用工。一些用于土壤消毒和从根部施入的农药，也可以通过滴灌施入土壤，从而节约了劳力开支，提高了用药效果。减轻了对土壤的伤害，滴灌是采取滴渗浸润的方法向土壤供水，不会造成对土壤结构的破坏。

第七节　水产养殖智能增氧控制

一、概述

（一）研究背景与意义

我国是水产养殖大国，水产品总量连续20余年位居世界第一位，2017年我国水产品总产量已经达到6 900万t，占世界水产品养殖总量的70%，2017年我国水产品进出口总量923.65万t，进出口总额324.96亿美元，同比分别增长11.56%和7.92%，均创历史新高，水产养殖业在改善民生和增加农民收入方面发挥了重要作用。虽然我国水产养殖业发展迅速，但是还主要依靠粗放式的养殖模式，增长速度的提高是以消耗和占用大量资源为代价的，这一模式导致生态失衡和环境恶化的问题已日益显现，细菌、病毒等大量孳生和有害物质积累给水产养殖业带来了极大的风险和困难，粗放式养殖模式难以持续性发展。另外，在水产品养殖过程中缺乏对水质环境的有效监控，养殖过程不合理投喂和用药极大地恶化了养殖产品的生存和生长环境，加剧了水产养殖过程疾病的发生，使水产养殖业蒙受重大损失。当前我国已经进入由传统渔业向现代化渔业转变的关键时期，现代渔业要求养殖模式由粗放式放养向精细化喂养转变，以工厂化养殖和网箱养殖为代表的集约化养殖模式正逐渐取代粗放式放养模式，但集约化养殖模式需要对水产养殖环境进行实时调控，对养殖过程饵料投喂和用药进行科学管理，对养殖过程疾病预防预警进行科学管控，这需要以信息化、自动化和智能化技术为保障，物联网技术可以有效地提升现代水产养殖业的信息化、自动化水平，将其与集约化养殖模式相结合是现代化水产养殖业发展的重要方向。

从整体上看，水产养殖是一个由"环境—气候—水生—技术"等多个子系统的时间序列相对分明的复杂系统，各个子系统及其因素之间组成相互交叉的网络联系，单凭个人的经验和操作是无法有效准确掌握水产养殖的精准性的。通过综合使用各类信息农具，结合物联网、通信、信息处理等各类先进信息技术，组成水产养殖环境智能监测系统，将会使水产养殖获得更高的经济效益。水产养殖环境智能监测水体温度、pH值、DO、盐度、浊度、氨氮、COD、BOD等对水产品生长环境有重大影响的水质参数，太阳辐射、气压、雨量、风速、风向、空气温湿度等气象参数，在对所监测数据变化趋势及规律进行分析的基础上，实现对养殖水质环境参数预测预警，并根据预测预警结果，智能调控增氧机、循环泵等养殖设施，实现水质智能调控，为养殖对象创造适宜水体环境，保障养殖对象健康生长。

挪威、德国、法国、美国、丹麦等国家基本上能利用物理、化学和生物的手段对水质进行自动调控，从而达到HACCP操作规程。欧美和日本等国家早在20世纪80年代就开始使用连续多参数的水质测定仪，完全实现了水质监测自动化。国外主要是利用现场总线方式对水温、水位、pH值、DO、盐度、浊度等进行在线控制。Qi等（2001）利用无线传感器网络系统建立了覆盖水产养殖、加工、销售等各个环节的追溯系统，通过集成各类信息感知设备，可以实时感知和完整记录水产养殖供应链各环节的数据，形成一条覆盖养殖、加工、配送、销售等各环节的完整链条。Yoneyama等（2009）建立了罗非鱼胆固醇含量检测的无线传感器网络，实现罗非鱼胆固醇的在线快速监测。Jake（2010）建立了集约化水产养殖水质远程无线传感器网络系统，该系统可以根据水质含氧量的历史数据进行预警，为养殖人员进行溶解氧量的控制提供参考，避免经济损失。Michael等（2012）设计了现代化水产养殖监控系统，通过系统可以对水产养殖环境中的水温、溶氧量等数据进行实时的监测和控制。Thomas等（2014）对最新的手机智能物联网水产养殖有了新的认识，通过研发手机App应用系统，对水产养殖环境的监测和控制进行远程调控，不再用电脑的冗繁方式，使得各项操作更加便捷。

我国于1988年研发了第一个水质连续自动监测系统，所用仪表设备多为进口，价格昂贵，运转费用较高，主要用于水利和环保等领域。近年来，国内不少科研单位对工厂化养殖的水质自动监测进行了大量的研究，也取得了很多阶段性成果。陈娜娜等（2011）综合应用传感器技术、ZigBee无线传感器和GPRS通信技术，设计实现了一个无线监控系统，提出一种改进的无线传感器网络路由协议，可降低路由消耗，提高可靠性。闫敏杰等（2010）设计了基于无线传感器网络的鱼塘在线监测系统，该系统利用无线传感器节点测得监测区域中的温度和溶氧量，并通过ZigBee无线网络将数据传输到终端控制系统，控制系统作出判断的同时发出报警信号并控制增氧机的工作状态。史兵等（2011）设计了一套基于无线传感网络的规模化水产养殖监测信息系统，提高了参数控制精度。同时这种基于无线传感网和溯源技术相结合的智能系统在工厂化水产养殖中发挥了重要作用，利用无线射频识别技术（RFID）实现了溯源功能，利用无线传感网技术对数据进行采集和传输，通过程序自动对数据进行分析和处理，并进行自动控制。马从国等（2015）为了实现对规模化水产养殖池塘溶解氧的监控，研制了一种基于无线传感网的水产养殖池塘溶解氧智能监控系统，实现了对池塘溶解氧的分布测量、智能控制和集中管理。

近年来水产养殖普遍受到了生产企业的关注和政府部门的支持。使得信息农具和水产养殖物联网技术在规模化水产养殖领域快速发展起来，但是仍然存在精细化养殖比例较低、核心技术创新不足、基础理论研究薄弱、设备自动化程度低等问题，缺乏系列化成套装备产品，各项技术未形成大范围的推广应用，研发价格实惠、可操作性强、性能稳定的水产养殖环境控制技术，并进行推广应用，是当前我国水产养殖领域的发展趋势。山东省农业科学院科技信息研究所农业物联网团队结合这一趋势，研制了水产养殖智能增氧控制设备，研发了水产养殖智能增氧控制平台，结合现代化信息技术实现了对水产养殖的实时智能控制。

（二）前期调研

1. 功能需求分析

水产养殖要求对养殖水体和养殖场内部温度、光照、溶解氧含量等数据进行实时监测，并根据监测结果利用调节设备对环境参数进行调节，使其达到养殖要求。根据对山东省内外多家水产养殖企业的实地调查，养殖环境中需要监测以下几个方面。

（1）pH值监测。pH值过高或过低都会影响鱼类生长，甚至引起病变，根据水质要求养殖水体的pH值应高于7.3，最好维持在7.6～8.2。养殖过程中要经常检测水体pH值，要求全天24h对水质pH值进行监测，了解水质的实际情况，当pH值超过设定的规定范围时，进行预警并采取相应措施进行处理。

（2）溶解氧监测。溶解氧是养殖水体的重要参数指标，溶解氧含量的多少会影响鱼类的生存、生长、摄食欲望和饵料利用率。溶解氧要求大于6mg/L，通过检测氧气浓度，养殖人员就能知道养殖环境中是否缺氧，这样才能及时作出调节控制，打开增氧泵增氧，保证水产品安全生长。

（3）光照监测。光照会影响水产品对饵料的摄取，光照时间、光照强度密切影响水产品的性腺发育，产卵周期。通过对光照的时间长短及光线的强弱进行监测，以500～1 500lx为宜，观察是否需要用遮光网或遮光布。

（4）水温监测。水温高于或低于适温范围，或水温不稳定都易造成应激反应而影响生长发育和成活率。在水温低于7℃或高于22℃时，水产品生长会减慢或不生长。在水温10～22℃范围内，随水温的升高，生长速度加快。根据需要温度全天24h对水温进行监测预警，水温过低或过高时，需要控制设备调节。

（5）盐度的监测。盐度对于水生物的作用与温度一样，水生物有其适应的盐度范围，盐度过高和过低都不可，大部分水产品最适宜盐度范围是25%～30%，根据盐的测试值，可以在盐度设置范围内自动控制换水系统，调节水质盐度。

（6）氨氮含量监测。氨氮主要来自养殖水环境中含氮有机物的分解及水生物代谢，水中氨氮含量过高，对鱼类的毒性，造成鱼类慢性中毒，影响鱼类生长。所以必须控制好水体中氨氮的含量。系统对氨氮含量进行监测，氨氮含量不能超过0.01×10^{-6}，超出正常值范围时报警，养殖人员对养殖区进行清洁或换水等处理。

2. 性能需求分析

根据对水产养殖环境的调查，结合养殖场管理人员的建议，提出软硬件产品的性能需求如下。

（1）环境适应性强，稳定性好，要考虑海水养殖场环境适应能力，保证硬件方面工作的稳定性和使用寿命。

（2）养殖场内监控设备采用无线通信方式，减少布线负担。本地要求能显示环境参数，便于人工控制。

（3）具有可扩展性，满足将来监控点和自动控制的设备增多的需求。

（4）远程管理能力，可通过客户端进行生产现场实时监测和环境设备的控制。

（5）便于管理和操作，具有经济、低功耗等特点。

二、总体架构

水产养殖智能增氧控制平台面向水产养殖领域的实际应用需求，通过集成水产养殖信息智能感知技术和设备、视频监控设备、无线传输技术和设备、智能处理技术，实现鱼、虾、蟹等水产品养殖的养殖环境监测和控制。系统总体架构主要由水产养殖环境信息智能监控设备、水产养殖视频监控系统、水质智能调控系统、无线传感网络等各部分组成。水产养殖环境信息智能监测和控制终端包括无线数据采集终端、智能水质传感器、智能控制终端等设备，主要实现对溶解氧、pH值、电导率、温度、氨氮、水位、叶绿素等各种水质参数的实时采集和处理，增氧机、投饵机、循环泵、压缩机等设备智能在线控制。水产养殖视频监控系统可实现现场环境实时查看；视频信息可回看、传输和存储，及时发现养殖过程碰到的问题，查找分析原因，确保安全生产。水质智能调控系统是专门为现场及远程监控中心提高云计算能力的信息控制系统，主要提供鱼、蟹等各种养殖品种的水质监测、预测、预警、池塘管理和控制等各项工作，为用户管理提供决策工具；无线传感网络包括无线采集节点、无线路由节点、无线汇集节点及网络管理系统，采用无线射频技术，实现现场局部范围内信息采集传输，远程数据采集采用2G、3G等移动通信技术，无线传感网络具有自动网络路由选择、自诊断和智能能量管理功能。

三、主要功能

平台主要功能为针对我国现有的水产养殖场缺乏有效信息监测技术和手段，水质在线监测和控制水平低等问题，采用各类设备和平台，实现对水质和环境信息的实时在线监测、异常报警与水质预警，采用无线传感网络、移动通信网络和互联网等信息传输通道，将异常报警信息及水质预警信息及时通知养殖管理人员。根据水质监测结果，实施调整控制措施，保持水质稳定，为水产品创造健康的水质环境。

（一）智能水质监测传感器

针对水质传感器多为电化学传感器，其输出受温度、水质、压力、流速等因素影响，传统传感器有标定、标准复杂，适用范围狭窄，使用寿命较短等缺点，采用IEEE1451智能传感器设计思想，使传感器具有自动识别、自标定、自校正、自动补偿功能。智能传感器还具有自动采集数据并对数据进行预处理功能、双向通信、标准化数字输出等其他功能。

　　智能水质监测传感器的硬件结构如图4-14所示，它由信息号监测调理模块、微控制器、TEDS电子表格、总线接口模块、电源及管理模块构成。微控制器采用TI公司生产的MSP430F149，它是16位RISC结构FLASH型单片机，配备12位A/D、硬件乘法器、PWM、USART等模块，使得系统的硬件电路更加集成化、小型化；多种低功耗模式设计，在1.8～3.6V电压、1MHz的时钟条件下，耗电电流在0.1～400μA，非常适合低功耗产品的开发。信号调理电路和总线接口模块均采用低电压低功耗技术，配合高效的能源管理，使整个智能传感系统可以在电池供电条件下长期可靠工作。

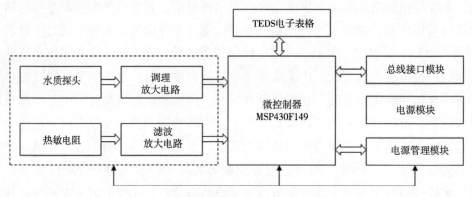

图4-14　硬件结构示意图

1. 传感器测量范围与精度

●水温：0～50℃，±0.3℃；

●酸碱度（pH值）：0～14，±3%；

●电导度（EC）：0～100ms/cm，±3%；

●溶解氧（DO）：0～20mg/L，±3%；

●氧化还原电位（ORP）：−999～999mV，±3%；

●气温：−20～50℃，±0.3℃；

●相对湿度：0～100%，±3%；

●光照度：0～30 000lx，±50lx；

2. 智能水质监测传感器的主要特点

●采用IEEE1451智能传感器设计思想，将传感器分为STIM智能变送模块和NCAP网络适配器两部分；

●STIM内含丰富的TEDS电子数据表格，实现变送器的智能化；

●STIM内置标定曲线和Channel TEDS，直接输出被测工程值；

●内置温度传感器以及Calibration TEDS实现0～40℃范围内温度补偿；

●校准参数可以在线修改，方便实现智能传感器的自校准；

●工作电压2.7～3.3V，配合低功耗管理模式，适用于电池供电；

●IP68防护等级，可以长时间在线测量不同水深的水质参数；

●STIM与NCAP用RD485总线相连，NCAP可自动识别传感器类型，实现即插即用。

（二）无线增氧控制器

1.设计原理

无线增氧控制器由检测装置测氧仪传感器（RY952型）测定氧气的含量，将测定的数值传送给单片机（AT89C51），并由监测系统将监测的数值传送显示在单片机电路板的数码显示器上；单片机有预先编入的程序，单片机将接收到的数值根据设定的程序进行分析比较，并发出相应的指令。当单片机接收到的数值比所设定的数值大或相等时，发出指令给光敏开关（SMKD2），光敏开关处于截止状态，增氧机不工作。当单片机接受的数值比设定的数值小时，说明氧气含量不足。此时单片机发出的指令使发光二极管发光就会控制光敏开关的开启，增氧机就通过光敏开关开启。

2.组成部分

无线溶解氧控制器是实现增氧控制的关键部分，它可以驱动叶轮式、水车式或微孔曝气空压机等多种增氧设备。无线测控终端可以根据需要配置成无线数据采集节点及无线控制节点。无线控制节点是连接无线数据采集节点与现场监控中心的枢纽，无线控制节点将无线采集节点采集到的溶解氧智能传感器及设备信息通过无线网络发送到现场监控中心；无线控制节点还可以接收现场监控中心发送的指令要求，现场控制电控箱，电控箱输出可以控制10kW以下的各类增氧机，实现溶解氧的自动控制。

无线测控终端的设计遵循IEEE802.15.4协议，根据应用场合不同可以分为采集终端和控制终端。测控终端的主控电路模块包括微处理器、输入输出模块、数据存储模块和无线通信模块四大部分，可实现对智能传感器和输出继电器的控制，以及数据预处理、存储和发送的功能。主电路模块使用低功耗无线芯片作为微处理器，适用于电池供电的设备。

3.主要功能

该设备能连续监测水产养殖环境的溶解氧和水温，当溶解氧低于下限时自动启动增氧，当溶解氧高于上限时自动停止增氧机，当午间高溶氧时还能自动启动增氧机进行补氧，确保以最少的能耗保持溶氧的适宜度，同时还具有完善的附加功能，以确保测控系统的可靠性、稳定性、准确性和易用性，使用户能够达到省心省力、省电省料、增产高产的目的。

●测量显示功能：连续测量池塘的溶解氧和水温；同时显示测得的溶解氧值、水温值和设定的氧限值；另有6个工作状态指示灯；

●自动控制功能：当溶氧低于下限时自动启动增氧机，高于上限时自动停止；

●手动操作功能：手动启动/停止增氧机；设置上、下限等参数；一键式自动校准；检查仪器工作状态；

●系统自诊及报警功能：仪器自我诊断系统运行状况，一旦发现故障或发现停电、欠压、缺氧等情况时，则立即报警、显示故障代码并强制启动增氧机。

4.性能参数

●仪器电源：220VAC；

●温度测量误差：不大于 ±0.5℃；

●增氧机电源：380V/220V均可；

●测量距离：标配50m（加长达400m）；

●溶解氧测量范围：0～20.0mg/L；

●控制功率：15kW；

●溶解氧测量误差：不大于 ±0.5mg/L；

●包装尺寸：30cm×25cm×35cm；

●稳定性：每次清洗后，连续90天不超差，换膜周期更长；

●安全性：端子盒接线更安全，具有水泵保护功能；

●仪器重量：约8.5kg（标配）；

●温度测量范围：0～50.0℃；

5.工作性能

●使用寿命长：寿命可达10年，是其他产品的5倍以上；

●稳定性能好：可连续稳定使用90天，是其他产品的20倍以上；

●测量距离远：最佳测点水域中心400m的测量范围；

●显示信息多：高亮独立显示溶解氧、氧限、水温，避免观测失误，6个工作状态指示灯；

●控制功能全：除自动控制外，还具有独立手动按键，便于手动控制；

●可靠性能好：完善的可靠性措施，采用WTD技术，自动复位，永不死机；容错技术、自诊断技术及多重故障报警功能，全内置式停电报警，无需更换电池，外置报警器可自动充电；

●双组分时输出：在提高控制功率的同时，进一步提高了可靠性。

溶解氧控制器如图4-15所示。

图4-15　溶解氧控制器示意图

（三）水产养殖无线传感网络

无线传感网络可实现2.4GHz短距离通信和GPRS通信，现场无线覆盖范围3km；采用智能信息采集与控制技术，具有自动网络路由选择、自诊断和智能能量管理功能。

● 采用自适应高功率无线射频电路设计，无线传感网络发送功率达到100mW，接收灵敏度从-96DBm提高到-102DBm，现场可视条件下，射频通信距离达到1 000m；

● 采用集中式路由算法和UniNet协议，可靠路由达到10级；

● 采用智能电源综合管理技术，提升节点装置的适应性和低能耗性能，装备能量使用寿命延长5～10倍；

● 采用无线网络自诊断规程，实现无线网络运行状态监视和故障报警。

（四）水质智能调控系统

水质是水产养殖最为关键的因素，水质好坏对水产养殖对象的正常生长、疾病发生甚至生存都起着非常重要的作用，因而在水产养殖场的管理中，水质管理工作是必不可少的。目前，大多数养殖户对水中溶解氧含量的判断主要来自经验，即通过观察阳光、气温、气压，判定水中溶解氧含量的高低，并控制增氧机是否开启增氧；少数水产养殖户借助便携式仪表设备来测量水中溶解氧的浓度，通过这种办法的直接测量，比纯经验的方法更加精确，但这两种方法都存在工作强度大、人工成本高的问题。同时，增氧机开机时间的长短通常也是按照经验来控制的，这种比较落后的养殖技术不仅不能保证水产品在较高的溶解氧环境下快速生长，提高饲料的转化率，而且在增氧机的使用上也是比较费电，增加了生产成本。为了更加有效地进行水质管理，通过集成水产养殖水质信息智能感知技术、无线传输技术、智能信息处理技术，开发水产养殖水质智能调控系统，实现了对水质实时监测、预测、预警与智能控制。

1. 模型构建

由于水质溶解氧变化受到多种因素的制约，存在较大的滞后性，当发现溶解氧较低时已经来不及采取措施，所以需要提前预测溶解氧变化趋势及规律，以便实时开启增氧机等设备，保持水体水质稳定。通过对水产养殖物联网实时监测溶解氧、温度、pH值、盐度、水温、气压、空气温湿度、光照数据进行分析，揭示水质参数变化趋势及规律，采用智能算法实现对水质溶解氧等参数变化趋势预测预警，以解决水质参数预测难题。在水质预测的基础上，设计了基于规则的水质预警模型。

针对水质智能调控问题，选取实时溶解氧量（RV）和实时溶解氧变化量（RD）作为控制器的输入，输出变量为增氧时间（T），再选取相应的模糊控制规则，即可以获得较好的动态特性和静态品质，且不难实现，可以满足系统的要求。模糊控制器的结构原理如图4-16所示。

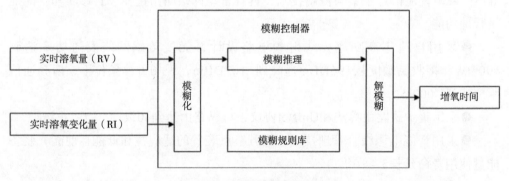

图4-16 模糊控制过程示意图

2. 系统架构

采用B/S架构，客户在使用过程中无需安装客户端软件，只需在互联网环境中，通过浏览器点击系统网址，就可以进入系统登录界面，操作便捷。平台系统由数据层、处理层、应用层组成。数据层负责水产养殖现场采集数据及生产过程数据的存储；处理层通过云计算、数据挖掘等智能处理技术，实现信息技术与水产养殖应用的合；应用层面向用户，根据用户的不同需求搭载不同的内容。

3. 主要功能

（1）用户管理。对用户设置不同的应用权限。普通用户可以实时获取无线传感器采集到的现场数据，比如水温、溶解氧含量、pH值等。此外，用户还可以查看这些水质环境因子的历史曲线图，同时通过查看视频对水产养殖现场进行视频监测。对于管理来说，除了以上操作外，还可以对环境监控设备进行管理，比如设备名称、位置、操作等事项的修改等。

（2）数据查询。感知层无线传感网络的采集设备会定时对水质环境因子进行信息采集，这些数据会保存在数据库中，包括温度、pH值、溶解氧含量和水位水压。这些数据的储存会给用户提供一些科学、直观的数据，可为养殖户提供一些科学的决策和积累丰富的养殖经验。用户在对水质环境关键因子的历史数据进行查询时，可以通过分类的方式进行查询。

（3）设备管理。用户通过该模块对终端设备进行管理，可以完成设备名称自定义、设置设备网络地址、对设备进行增加、删除等操作。

（4）视频监控。水产养殖过程中，难免会遇到一些大风、大雨等自然环境，这个时候如果去养殖现场查看水产养殖现场的环境可能会有点危险。除此之外，日常养殖过程中，养殖户也无需经常去养殖现场进行查看现场环境，只需要通过远程视频监测的功能即可解决以上两个问题。图4-17为山东省农业科学院农业物联网团队水产养殖基地的现场。

图4-17　山东省农业科学院农业物联网团队水产养殖基地现场

四、应用案例

通过水产养殖智能增氧控制平台的示范应用，可以实现水产养殖全程信息可测、可控，实现养殖过程精细化管理，提高水产养殖管理效率，降低养殖风险，促进传统生产方式的转变，实现水产养殖高效、安全、健康、环保和可持续发展。通过将实施水产养殖智能增氧控制平台前后的效果进行对比发现，采用该平台后养殖的水产品质量明显提高，产量大约提高15%，平均每亩增收1 000元，同时减轻了养殖户半夜起床给养殖环境增氧的负担，实现了智能化养殖。

第八节　海带育苗光强智能调控

一、概述

（一）研究背景与意义

近年来，随着我国经济的迅速发展，人民生活水平得到大幅度提高，人们的消费观念也发生很大变化，追求饮食的绿色、健康、无公害，成为人们日常追求的健康生活方式之一。海带是一种在低温海水中生长的大型海生褐藻植物，属海藻类植物，具有降脂、防癌、益智、健体等多种功效，其富含的甘露醇、碘、盐藻多糖等成分都具有很好的医药保健作用，素有海洋"冬虫夏草"的美誉，成为人们日常食用的健康蔬菜之一。同时，海带富含的胶质成分，也使其成为海藻化工和农业肥料等行业的重要原料。当前，海洋捕捞业已面临资源衰退的严峻形势，再加上海带育苗难度大，优良品种难以在野生环境下保持其优良性，现在许多国家已开始人工养殖海带，在我国，大面积的海带人工养殖使我国的海藻产业迅速发展，年总产值高达近70亿元，形成了一个包括育苗、养殖、加工、化工和保健药品开发的产业链条，不仅解决了近30万人员就业问题，而且对于保持自然环境的生态平衡等也发挥了重要的生态效益。山东是海带养殖大省，养殖面积及产量均居全国前列。其中，地处山东半岛最东端的荣成市海带养殖区面积达十万余亩，年产鲜海带一百多万吨，占全省总产量的80%以上、占全国海带总产量的25%以上，被誉为"中国海带之乡"。我国的海带苗种繁育产业主要集中在山东半岛以及福建沿海一带，其苗种产量占全国95%以上。以山东半岛为例，多数采用室内自然光育苗法，整个育苗时间3个月左右。海带人工育苗过程主要受光照、水温、溶解氧等因素影响，在海带幼苗的不同生长发育阶段，对于光照强度、海水温度和溶氧浓度等均具有不同的需求。由于海带等藻类幼苗对日光的敏感性，光照强度成为决定育苗产量和质量的关键影响因素。

多年以来，该行业一直采用传统的光强监测方式，以育苗人员的感官经验判断为主，以手持式光照仪器现场测量为辅，由于需要雇用较多人员专门从事海带育苗车间的光强监测，企业为此付出了较大的人力成本，并且经常因判断不准确、测量不及时、监测点位不全面等问题，导致海带大面积烧苗或生长不良等重大生产事故，给企业带来经济损失和安全隐患。从目前多数育苗企业的实际生产情况来看，对上述关键影响因素的决策基本以常年来形成的经验判断为主，管理上缺乏统一的标准规范指导。比如传统育苗的光线控制与管理，主要依靠育苗技术人员以手持式光照仪器现场测量数据结合感官经验进行判断处理，而在实际生产过程中，往往由于对环境因素变化的反应和处理具有滞后性，导致海带苗发育大面积受损，且这种损伤往往是无法修复和挽回的。

通过对海带育苗行业进行深入调查，以及查询海带育苗相关技术资料和委托专业机构检索，均未发现国内外有海带育苗环境在线监测、智能控制以及海带育苗物联网云平台研发和应用等方面的报道。基于上述的产业需求背景和研发现状，开展关于海带育苗光照强度智能调控领域的研究开发和示范应用具有重大的现实意义。

物联网技术是改造和提升传统农业产业的有力手段，大力发展农业物联网已经成为国家重要战略，普及应用物联网技术是今后我国农业发展的必然趋势。据统计，我国目前从事海带育苗生产的大中型企业约有100多家，年供应商品海带苗约为300亿株。当前粗放的管理方式，已经严重制约了海带育苗产业的快速发展，缺乏物联网等新技术的渗透和应用已成为该产业的突出瓶颈。随着人力成本的不断提高，我国的海带育苗产业需要向规模化和标准化生产方向迈进，在这样的背景下，以自动监测、智能控制和远程服务为主要特征的农业物联网技术及产品，正在迎来越来越大的应用市场和现实需求。山东省农业科学院农业物联网团队研发了以"海带育苗物联网云平台"等为代表的农业物联网系列化产品，并应用到水产等行业和领域，在国内海带育苗产业内掀起一场基于云计算和大数据的物联网平台系统示范应用的热潮。通过成果的示范应用，可精确实时监测育苗车间内各点的光照强度，并自动报警，能够显著降低因灾致损率，保障育苗质量，节省人力投入，效果显著，研究成果具有极为广阔的市场需求和产业化前景。

（二）前期调研

海带的幼苗培育有自然海区育苗、人工夏苗培育以及人工克隆育苗等多种形式，结合试验基地的实际养殖情况，选取室内人工夏苗培育方法作为调研对象，进行平台构建的需求分析。

1. 育苗用水的调节和控制

水温不仅影响海带幼苗的生长发育，而且影响海带出苗率，适宜的低温是海带生长和度夏的重要条件。在整个培养过程中，水温5～10℃是比较适宜的温度，苗长得好，出苗率高。如果水温偏高，则幼苗生长较快，但容易出现病害；如果温度偏低，则幼苗生长缓慢，出库时难以达到标准，而且使成本增加。由于海带所处的生长发育阶段不同，对水温的要求也不相同，采苗后半个月内，水温要稍高一些，促进海带孢子体的生长发育，一般可以控制在7～7.5℃，半个月后，可将水温降到6～6.5℃，8月到9月中旬是自然海区水温较高时期，为了防止病害的发生，培育水温应适当控制得低一点，一般控制在5～5.5℃，9月下旬以后，幼苗很快就要出库，为促进幼苗生长，水温一般控制在6～6.5℃，10月后，水温进一步提升，一般8～8.5℃，在接近出库前几天，为使幼苗下海后能适应自然海区的高温条件，可将水温逐渐提升到11～12℃。在海带育苗期间，要求水温条件的相对稳定，因此，降温和提温应缓慢进行，幅度不可太大。

海带夏苗是高密度、集约化的培育，随着幼苗的新陈代谢，海水中的含氧量升高、营养物质减少、酸碱度也发生变化，幼苗的生长受到抑制，同时微生物也将大量繁生，幼苗的病害发病率也会增加。在育苗过程中，每天应补充适量的新鲜海水，并适当控制整个育苗环境保持一定的流速，这样就能使幼苗的生长环境保持相对的适宜、稳定。一般情况下，溶氧量在5mg/L、pH值在7.5～8.5的范围内，幼苗能正常发育和生长。

2.海带育苗中光照的控制

光线是海带幼体进行光合作用的能量基础，因此，适宜的光照条件是海带幼苗生长发育所必需的。通常所说的光照，包括两个方面的内容，即光照时间和光照强度。以自然光培育的海带夏苗，每天10h光照时间，就能满足幼苗的生长发育，但自然光的强度却远远超过育苗的实际需要，而且由于受天气、云量、太阳的位置等影响，光照强度的变化又往往很大，所以对光照强度必须进行严格的控制和调节，这是海带育苗期间的一项重要的经常性的管理工作。

在育苗生产上，孢子的萌发阶段，为一周左右，光照强度控制在200～500lx，第二周，逐步提高到1 000lx左右，半个月以后，逐步提高到1 500～2 500lx，8月底后，逐步提高至2 500～3 000lx，出库前，可再提高到3 000～6 000lx。调光要求作到仔细认真，强度均匀，变化平稳。在一天当中，要根据日光变化，对各类调光帘适时收放，缩小光强的日变化幅度，同时要根据育苗室各个位置的采光特点，有目的地收放部分调光帘，缩小育苗室内的光强水平分布差，最大限度的提高室内光强的均匀度。

3.海带育苗中肥料的使用

海带幼苗要生长，就要不断地从周围环境中吸收矿物质元素，而在室内育苗的条件下，由于水体小、幼苗密度大，海水交换差，幼苗所需要的营养得不到满足，所以，必须施肥，幼苗生长才能正常地进行。施肥的总原则是前期少后期多，海带幼体刚刚长出到长到2mm这一阶段，施氮肥3mg/kg，磷肥0.2～0.3mg/kg；当幼苗长到2mm以后，施肥量进一步增加到氮肥4mg/kg，磷肥0.4mg/kg。使用量为每吨海水10～20mg。施氮肥不能使用尿素、硝酸铵、硫酸铵等含铵的化肥，因为制冷系统中蒸发器漏氨会使海水中的毒氨增加产生毒害作用，使用含铵的化肥会干扰对漏氨的检测。施肥时，应将肥料溶化配成肥液，然后滴流到制冷槽或者储水池中。由于育苗用水是循环使用的，所以施入的肥料一般只按更换新海水量加以计算和补充。此外，还要定期对育苗水进行分析，以便根据实际情况及时调整施肥量。

二、总体架构

本项目对于海带育苗过程中的光照、温度、肥料等信息进行调研，了解到海带育苗过程中的实际需求，并以此为依据，研发海带育苗环境信息感知系统、传输系统和智能控制系统，构建"海带育苗物联网云服务平台"，致力于为我国海带育苗产业提供一个开放高效的物联网云服务平台。通过该平台，各海带育苗企业可以实现对光照强度、海水温度、溶氧浓度等关键指标参数的实时监测，实现对育苗环境的智能化控制，并实现育苗档案管理、数据可视化展示、远程视频监控、育苗大数据分析等多种功能。通过成果的示范应用，可以帮助育苗企业提高管理效率，减少人力投入，节省生产成本，降低生产损失，大幅度提高经济效益，对于加速推进我国海带育苗产业的现代化进程具有重要意义。

三、主要功能

（一）海带育苗光照强度无线监测节点设备研发

在我国多数海带育苗企业中，光照强度监测采用人工使用手持式光照度计测量。育苗季内，技术人员每天需要不停的拿着光照度计在育苗车间内各处走动，由于人为等因素影响导致测量数据准确度不高且效率低下。针对以上问题，研发专用于海带育苗环境的光强无线监测设备（图4-18）。采用硅光电池元件作为光照传感器探头，硅光电池在感光条件下产生电压信号，信号采集电路对光照探头产生的电压信号进行处理，经过校正、补偿后按一定线性关系转换成相应光照强度值。最后通过无线通信方式经网关节点实时传输至上层平台。

图4-18 海带育苗环境光照强度监测设备

1.技术方案

光照强度监测设备的功能为采集并与网关节点通信，以传输最新光照强度数据。实际应用中，光强采集节点放置于水中，采用电池供电。主要由核心处理单元、信号处理单元、通信单元及电源电路4部分组成，结构如图4-19所示。

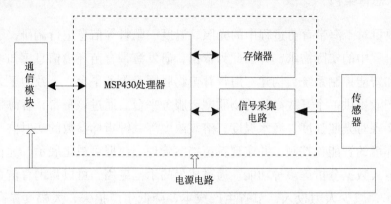

图4-19　海带育苗无线监测设备研发技术路线

信号处理单元与传感器（光照探头）直接相连，光照探头是一种硅光电池器件，在感光条件下产生电压信号，信号采集电路对光照探头产生的电压信号进行处理，将得到的电压模拟量传输给核心处理单元。

核心处理单元选用MSP430单片机，它具有混合信号处理器之称，且功耗低、性能稳定。它接收信号处理单元传输过来的模拟信号并通过A/D转换对数据采样，采样数据经过校正、补偿后按线性关系转换成光照强度值。为了确保采集数据的准确性，光强采集节点需进行标定。处理器采集到数据后需通过通信模块将其发送给网关节点。

通信模块与网关节点通信采用SI4432，SI4432组网方式简单，支持多频段且功耗低，光强采集节点与网关节点通过SI4432组成星型网络，光强采集节点处于星型网络非中心节点的一点。

电源电路负责提供光强采集节点各部分的电源供给。光强采集节点采用铅蓄电池供电，电池放电完成后可进行充电。

2.技术参数

● 测量范围：0~200klx；

● 最小分辨率：1lx；

● 工作温度：−30~80℃；

● 通信方式：433MHz无线传输；

● 功耗性能：平均功耗<5mW，至少支持连续7个阴雨天正常工作。

（二）海带育苗海水水质无线监测设备研发

海带幼苗的生长发育，除了受光照强度影响较大以外，还受到海水温度和海水中溶解氧浓度的影响。我国海带夏苗生产多采用循环冷却海水的方式，使用液氨作为冷却媒介。往往会有液氨成分泄露在海带育苗池的海水当中，对海带苗的生长造成较大影响。针对上述问题，研发了一款专用于海带育苗的在线式海水水质监测设备。将集成水温传感器、溶氧传感器、离子传感器（包括NH_4^+离子传感器和NO_3^-离子传感器），数据分辨率和采集精度等性能指标达到或接近国际同类产品。

1. 技术方案

（1）具备4路模拟信号输入，采集精度为0.1%等级，可以接入4路4～20mA/0～10V输出的传感器信号。

（2）水温测量。可以使用投入式温度传感器，可变送输出4～20mA/0～5V信号。

（3）pH值测量。一般由投入水中的pH值测量电极和带pH值显示的仪器主机构成。主机可以安装在控制柜面板上，便于观测显示。pH值测量仪一般都有带4～20mA变送输出，可以直接接入的模拟量输入通道。

（4）DO（溶解氧浓度）测量。一般由投入水中的DO值测量电极和带溶氧浓度值显示的仪器主机构成。主机可以安装在控制柜面板上，便于观测显示。测量仪一般都有带4～20mA变送输出，可以直接接入的模拟量输入通道。温度、pH值、溶解氧这3种传感器目前国产化率比较高，质量比较稳定，属于海带育苗水质监测的基本配置。

（5）具备4路开关/脉冲计数信号输入通道，可以监控增氧机、投饵机等设备的启停工作状态。具备2路继电器输出，通过交流接触器，可以对增氧机、水温加热管（或恒温机组）进行连接，实现对重要控制设备的远程控制。

（6）RS485接口，可以连接各种带RS486通信接口的各种水质分析仪器。便于用户按照经济效益规模，在未来扩充监测点功能，分期追加设备投资。采用了灵活的RS485通信接口设计。支持不同通信协议、不同通信速率、不同字节格式（校验、停止位）的RS485接口仪表可以同时接入访问。

（7）在水质监测现场，用户可能需要安装不同协议和格式的各种测量仪器，RS485自由访问设计，可以完美地实现用户需求。可以设定6组定时RS485通信，每组最多可以设置8次不同的访问数据。当定时访问时间到达时，将主动访问所对应的仪表。并且将通信结果进行存储记录，同时将通信结果上报数据中心。针对不同厂家不同类型的仪表，RS485通信接口上响应特点不完全一致的状况，可以通过设定适合现场要求的通讯时间间隔参数，以及RS485通信重发机制，确保可靠地实现对各类设备的通信。

（8）内部采用16bitD-S型ADC，具备极强抗干扰能力，使测量品质达到高度可信赖的0.1%级精度，保障用户的系统数据采集精度在传输环节没有损失。

（9）具备完善的监测机制，除了可以设定常规的模拟通道上下限报警之外，还可以有效的识别模拟通道变化率报警。这样的设计为快速预测和发现各种有害环境因素提供了可能。

（10）采用SMS短信通道作为辅助的通信手段，支持报警短信发送到管理人员，以及支持短信呼入进行各种查询和控制。用严谨可靠的通信和控制设计，确保其达到高度的数据安全性。在因外部因素（如移动网络故障、SIM卡欠费）导致与数据中心的通信故障发生后，本地的数据采集和存储不受影响。当故障消除之后，可以快速地与数据中心重新建立连接、恢复通信。并且可以将通信故障发生期间的现场运行数据，通过中心快速查询得到，确保用户的数据完整性和安全性得以保障。

2. 技术参数

● 水温：$0 \sim 50 \, ℃$，$\pm 0.3 \, ℃$；

● 酸碱度（pH值）：$0 \sim 14$，$\pm 3\%$；

● 电导度（EC）：$0 \sim 100 \, ms/cm$，$\pm 3\%$；

● 溶解氧（DO）：$0 \sim 20 \, mg/L$，$\pm 3\%$；

● 气温：$-20 \sim 50 \, ℃$，$\pm 0.3 \, ℃$；

● 相对湿度：$0 \sim 100\%$，$\pm 3\%$；

● 光照度：$0 \sim 30 \, 000 \, lx$，$\pm 50 \, lx$；

● 重新校准：每年一次；

● 通信：3G/4G（可根据要求定制）；

● 太阳能电池板额定功率：10W；

● 电池寿命：单次充电可使用21天以上；

● 工作温度：$0 \sim 45 \, ℃$；

● 安装位置：任意平台或标杆；

● 每次测量数据量：220kB；

● 每月数据传输：512MB。

（三）网关节点

网关节点影响着系统的稳定性，它的主要功能包括4部分：第一，获取各个光强采集节点的数据；第二，与海带育苗光照监测平台间建立长连接进行实时通信；第三，处于无线传感网络与平台通信网络之间，能够进行协议解析与转换；第四，可配置，寻址的光强采集节点地址可配置，运行参数可配置，基地属性可配置。网关层次结构如图4-20所示，实物如图4-21所示。

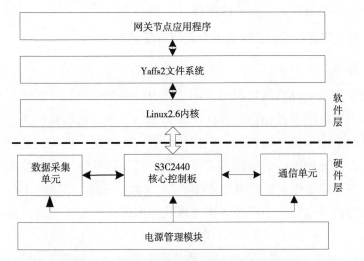

图4-20　海带育苗环境智能控制网关层次结构

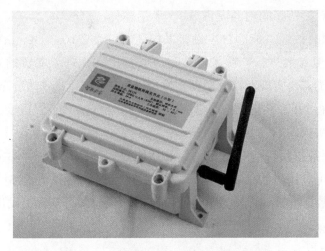

图4-21　海带育苗环境智能控制网关实物

网关节点选用Samsung公司的S3C2440处理器，搭载Linux2.6内核与Yaffs2文件系统，主要完成光强采集节点地址轮询、数据处理与协议转换、人机交互界面开发与配置功能实现。

处理器依次对通过海带育苗光照监测平台设置的节点地址轮询，寻址命令及光强数据获取通过数据采集单元实现。数据采集单元由SI4432模块实现，处于星型网络的中心节点位置，以便能与各光强采集节点通信。

数据获取完成后，网关节点应用程序将获取的数据包解包，并将解析的数据更新到交互界面中，按照与平台通信协议组包，数据上传周期时间到达，将组包的数据由通信单元依次发送给平台端。

通信单元与海带育苗光强监测系统保持长连接状态，通过以太网与GPRS两种方式，上行传输数据，下行传输指令。

（四）海带育苗物联网云服务平台系统研发和建立

1. 需求分析

在人工海带养殖育苗的过程中，不适宜的水质及光照条件将导致海带幼苗发病率升高，严重影响海带幼苗的存活率。为了给海带幼苗培育创造适宜的生长环境，需要及时掌握准确环境参数。利用传统方式通过品、查、人工测试、试纸检验等形式开展，准确性、时效性都不高。通过借助物联网信息化技术手段，实现对培育环境中对幼苗生长发育极为重要的5个参数：盐度、温度、DO、pH值以及光照强度进行实时监测。根据企业需求以及实地调研，总结出系统的基本功能需求如下所示。

（1）监测对象。实现对培育环境中盐度、温度、溶解氧、pH值及光照强度5项基本参数的实时监测。另外，根据养殖户要求，最好能实现远程视频监控，可以方便及时查看育苗车间内的设备等。

（2）监测时效性。能够自主设置采样周期，设定10s至30min可变采样周期可以自动对环境参数进行一次采样测量，并且能实现环境参数的长时间在线测量。研发的系统需要实现对培育车间内水质盐度、温度、溶解氧、pH值以及光照强度等参数进行24h在线监测，数据能在采集节点、网关节点以及服务器自动存储，并且能够在软件平台上实时显示。

（3）监测数据统计与分析。监测的环境数据能够及时显示并且存储到服务器，育苗人员可利用电脑、手机等信息终端进行远程访问，能够根据实际育苗情况设定环境参数标准，在监测数据超出标准时，及时向育苗人员发出警告。

2. 可行性分析

海带育苗池中安装具有温度、溶解氧、pH值、光照强度等信息监测功能的水质监测设备，通过无线传输模块可以及时地向平台上传监测的参数。平台集成光照强度监测设备、水质监测设备、无线传感网、智能网关等各类设备，可自动采集海带育苗环境参数，用户可以通过电脑实时查看育苗环境信息，及时获取异常报警信息及环境预警信息，并可以根据环境监测结果，实时调整控制设备。前期研发的各项硬件设备为平台开发提供了环境参数实时监测的支持。

3. 平台功能

海带育苗物联网云服务平台（图4-22）可以实现对海带育苗全过程环境的智能化监测和控制，同时针对监测数据提供数据分析和报警等功能，平台主要功能如下。

（1）实时数据监测。在系统前端以地图等形式进行海带育苗现场的设备展现和管理，实时显示各传感器的当前数据，并可控制相关执行设备，数据推送服务能够实现多客户端的同步数据更新，用户登录平台后可查看各个前端设备的实时数据。

（2）历史数据查询与导出。前端设备采集的数据均存入SQL Server数据库中，提供海带育苗数据云服务，支持查询历史传感器数据，通过可视化图表/曲线来展示，同时增强与用户的交互性，用户可根据自己的需求选择查询的时间段查询数据，也可以导出所选时间段数据进行分析。

（3）视频监控。支持海带育苗现场水上部分的视频采集、拍照、录制，可以远程控制云平台转动，实现摄像头360°移动侦测，用于对监测数据和现场状态的辅助验证。

（4）远程控制。通过海带育苗云平台或相关便携式设备对现场的执行设备进行控制，或调节其运行状态，用户也可根据自己的需求远程更改各项设备采集的数据上传频率。

（5）数据分析。通过海带育苗多参数模型及相关数据挖掘模块，实现育苗数据的在线分析决策。

（6）异常报警。用户可针对一天不同时间段或海带幼苗不同生长期设定需求的光照强度阈值，若实际光照强度超出阈值范围，系统会自动报警以告知用户。

（7）设备管理。用户可根据自己的需求添加/删除光强采集节点、更改设备（网关节点、光强采集节点等）ID号。

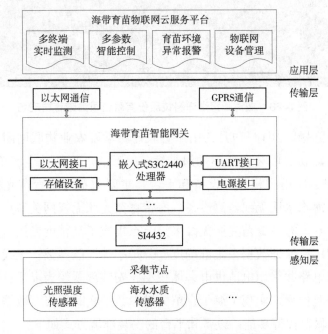

图4-22 海带育苗物联网云服务平台架构

四、应用案例

威海长青海洋科技股份有限公司主要从事海珍品育苗、养殖与加工业务，拥有年育苗总量6亿株的藻类育苗场和1万余亩的藻类养殖区，年产淡干海带1.5万t、龙须菜5 000多t，育苗及养殖产量居全国前列。该公司海带育苗采用自然光夏苗育苗法。首先在海上人工培育种海带、选种，然后在室内自然光照条件下进行采苗、育苗，整个育苗时间大约3个月。由于海带幼苗对日光较为敏感，光照强度直接决定育苗产量和质量。多年以来，企业一直采用传统的光强监测方式，以手持式光照度计对光强测量，以育苗人员的经验进行判断，这样需较多的人力资源，且常因为判断不准确、测量不及时、监测不全面造成大面积烧苗事故。图4-23为威海长青海洋科技股份有限公司海带育苗现场。

图4-23 威海长青海洋科技股份有限公司海带育苗现场

针对这一问题，2014年7月，山东省农业科学院农业物联网团队先后在威海长青海洋科技股份有限公司所属的海带育苗一厂、二厂两处生产单元5座海带育苗车间内，安装应用了相关的设备和平台，主要包括海带育苗光照无线采集节点、海带育苗海水水质无线监测设备、海带育苗光照无线网关节点、海带育苗物联网应用平台等。海带育苗光照无线采集节点集成了高精度专用传感器，并优化了数据处理程序，保证数据采集准确度、分辨率等性能参数；无线采集节点采用了低功耗传感电路并采用电池供电，体积小，安装部署较为灵活；系统集成了海带育苗相关经验模型，实现了海带育苗关键参数的实时采集、数据智能分析、智能报警、全天候监控等功能。设备和平台的安装部署方式如下。

（1）在海带等藻类育苗车间内，首先确定光照强度监测的关键点位，然后在各监测点位分别放置一个海带育苗专用光照强度传感节点（图4-24）。此节点为研发的第三代光照传感节点，通过优化电路等技术手段，进一步降低了设备板卡的总体功耗，实现了电池供电、无线传输，同时将设备的安装方式调整为育苗池内可移动式使用，提高了使用的灵活性。

（2）在每个生产单元（育苗车间）内安装一台海带育苗专用网关节点（图4-25）。各采集节点的监测数据无线传输至网关节点，由网关节点汇聚并即时上传至云服务平台。

（3）每个生产企业办公区内安装一台大屏显示器（图4-26），并配置一部平板或智能手机。育苗人员通过大屏或手机实时监测各育苗车间光照强度变化情况，并根据报警信息及时处理。

（4）为测试数据采集准确性，选取光照强度作为测试对象，以专业技术人员利用手持测量仪测量数据作对比，测量方式如图4-27所示，在同一地点同一时间利用该监测系统在两种不同光强环境下分别测试3组数据（表4-1），前3组数据为光强较低时测量，后3组数据为光强提高后测量。结果发现，误差均在2.0%以内，采集准确度高。

图4-24　海带育苗专用光照强度传感节点

图4-25　网关节点

图4-26　海带育苗企业办公区

图4-27　专业技术人员现场测量

表4-1 现场测试数据对比情况

数据编号	节点采集数据（lx）	手持测量仪器数据（lx）	误差率（100%）
1	410	402	2.0
2	436	429	1.6
3	439	433	1.4
4	5 140	5 110	0.6
5	5 130	5 094	0.7
6	5 040	5 013	0.5

通过现场示范应用，海带育苗技术人员可通过手机App、电脑等终端实现对应用现场的远程监控，大大提高了生产效率，系统采集数据准确性高、工作稳定。通过示范应用有效解决了海带育苗过程中光强判断不准确、测量不及时、监测点不全面等问题，防范和遏制了海带大面积烧苗等重大生产事故的发生。同时该系统的运行为公司节省了大量人力投入，降低了工作强度，提高了育苗效率。在应用期内，共新增直接经济效益100万元，获得间接效益1 200万元。

第五章　信息农具的困境

第一节　观念与认同

现代农业是在近代农业的基础上发展起来的以现代科学技术为主要特征的农业，是广泛应用现代市场理念、经营管理知识和工业装备与技术的市场化、集约化、专业化、社会化的产业体系，是将生产、加工和销售相结合，产前、产中和产后相结合，生产、生活和生态相结合，资源高效利用与生态环境保护高度一致的可持续发展的新型产业。

农业信息化是现代农业建设的重要内容，是发展农业现代化的必然之路，以数字化、网络化、智能化为特征的新一代信息技术的发展可解决传统农业发展面临的不少困难和问题，成为加快推进农业现代化的迫切需要。

一是信息化发展水平成为衡量农业现代化程度的重要标志。信息化是当今世界经济和社会发展的大趋势，是现代农业科技的核心，是现代农业的制高点，信息化程度的高低已经成为一个国家农业现代化程度的重要标志。信息技术使得知识形态的生产力得到更广泛的传播，资源得到更充分的利用，农业生产率和农产品品质得到较大的提升。党中央、国务院高度重视信息化发展，对实施创新驱动发展战略、网络强国战略、国家大数据战略、"互联网+"行动等作出部署，并把农业农村及农业信息化发展摆在的突出位置。

二是信息化为农业现代化发展提供了强大的驱动力。我国资源和环境压力日益凸显，传统农业发展方式已经不适应当前农业发展，迫切需要运用信息化的技术手段来优化和配置资源，提高资源利用效率，充分发挥信息资源作为新的生产要素的作用。农业信息化是依托部署在农业生产现场的各种传感节点和无线通信网络实现农业生产环境的智能感知、智能预警、智能决策、智能分析、专家在线指导，为农业生产提供精准化种植、可视化管理、智能化决策。农业信息化的实质是传统农业的产业化和非农业化，它拥有越来越多其他产业的属性，兼有工业、服务业、信息业的特点，而本身的传统农业属性越来越弱。发展农业信息化的意义在于通过生产领域的智能化、经营领域的多元性以及服务领域的全方位信息服务，推动农业产业链的改造升级；实现农业精细化、高效化与绿色化，保障农产品安全、农业竞争力提升和农业可持续发展。

三是信息技术的日新月异推动农业信息化创新发展。互联网的创新发展、信息技术的突飞猛进，为农业信息化发展带来了新的机遇。移动互联网发展热潮、智能终端设备推陈出新，物联网应用领域的持续深入，云计算成为信息平台建设的理想选择，大数据则为精准化分析提供了新的技术手段。与此同时，微信、互联网金融等新媒体和新业务的迅速普及为改变传统生产、经营、管理、服务模式提供了新通道。农业信息化可重构农业产业链，推动农业产业链的改造升级。农业产业链贯通供求市场，由农业产前、产中、产后不同职责单元组成。传统农业产业链存在信息不对称、协调机制不健全的问题，增加了农业生产风险，阻碍了农业竞争力、可持续发展能力的提升。在生产领域，借助物联网、云计算等新兴信息技术，通过布设安装各类传感器，及时获取农业土壤、水体、小气候等环境信息和农业动植物个体、生理、状态及位置等信息；通过安装智能控制设备实现农业生产现场设备远程可控；通过构建农产品溯源系统，将农产品生产、加工等过程的各种相关信息进行记录并存储，并以条码识别技术进行产品溯源。通过农业信息化的发展，在农业生产环节摆脱人力的依赖，实现"环境可测、生产可控、质量可溯"。农业经营领域，实现多元化的营销方式。物联网、云计算等技术的应用，打破农业市场的时空地理限制，农资采购和农产品流通等数据将会得到实时监测和传递，有效解决信息不对称问题。通过主流或自建电商平台拓展农产品的销售渠道；自成规模的龙头企业可通过自营基地、自建平台、自主配送实现全方位、一体化的经营体系；也可根据市场和消费者的特定需求，打造定制农业。

四是农业信息化实现农业的精细、高效、绿色健康发展。传统农业不考虑差异、空间变异，田间作业均按照均一的方式进行，不但造成资源浪费，同时也因为过量使用农药、肥料而引起环境的污染。农业信息化的发展，可通过构建知识模型对生产现场采集数据进行分析，并根据不同生产对象的具体需求作出精确化的决策，让农业经营者准确判断农作物是否该施肥、浇水或打药，在满足作物生长需要的同时，节约资源又避免环境污染。云计算、大数据等技术的发展为生产者提供精确化决策的同时，通过发送指令可控制现场设备进行农业作业，避免了因自然因素造成的产量下降，提高了农业生产对自然环境风险的应对能力。智能化、机械化的农业作业实现了有人工到智能的跨越，减少了劳动成本，提高了劳动生产效率。通过对农业精细化生产，实施测土配方施肥、农药精准科学施用、农业节水灌溉，合理地利用了农业资源，减少了污染，提高了农业可持续发展的水平，做到农业生产生态化。借助条码识别技术，构建全程可追溯系统，健全从农田到餐桌的农产品质量安全全程监管体系，做到农产品安全化。

信息农具的出现是农业生产信息化水平在物联网等新一代信息技术应用方面的直观反映。

一是信息农具的使用可实现生产过程智能化。信息农具的产生，代替了人力的手工劳动，采用智能化的设备在产前、产中、产后各个环节中实现了智能化作业，从而大大减少了人力的投入，降低了劳动的体力强度，提高劳动生产率。所谓生产过程的智能化，包括选种、育苗、嫁接、定植、除草、水肥施用、采摘、分选、包装等从种植到餐桌全过程的智能化作业。生产过程的智能化在农业信息化的构成中占有重要的地位，它是实现农业现代化的基础。

二是信息农具的使用可实现生产技术科学化。科技创新是传统农业向现代农业转变的动力源泉。农业生产技术科学化其内在的含义是将科学的、先进的农业生产技术广泛应用于农业生产，用以提高农产品产量、提升农产品品质，并大幅降低农业生产成本，保障农产品质量安全。信息农具不断完善的过程，其实就是先进的农业科技不断注入到农业生产的过程。不断完善的农业基础研究、应用科学研究，促使新技术、新材料、新能源的不断涌现，同时，新技术、新材料、新能源又在不断提高和完善信息农具的功能和作用。信息农具将使农业现状发生巨大的变化，科技将在对传统农业改造的过程中发挥至关重要的作用。

三是信息农具使用可实现生产组织社会化。所谓生产组织是生产过程的组织与劳动过程的组织的统一，是对微观经济单元组合布局的引导，是对社会分工的协调，是对专业化生产进行管理。信息农具，尤其是农业综合服务平台的出现，将农业生产与农产品流通的各个环节有机的联系在一起，并伴随着农业现代化的不断推进各环节之间依赖程度不断增加，各环节、各部门优势互补，提高了农业生产率。通过农业综合服务平台，摒弃了农业生产中小而全和相对较封闭的经营状态，让农业生产的各个环节按专业化的分工组织起来，走开放式经营的道路，实现了生产的专业化、生产组织的合理化、流通范畴的洲际化。

四是信息农具使用可实现生产绩效高优化。农业现代化的最终目标是实现高产优质高效的农业生产，能否做到农业生产高产优质高效是检验农业现代化转变成功与否的决定性因素。信息农具的使用可对农业装备进行科学配置，改进农业生产技术，增长方式摒弃了粗放的形态，经营理念不再停留在传统的农业经济上，最终使得农产品产量高、品质好、经济效益高。

综上所述，信息农具的使用可大大的促进现代农业的发展。近年来，以硬件设备、软件平台为主的信息农具不断推陈出新，利用智能感知、无线通信、智能控制和农业辅助决策支持系统等先进技术，对农业生产现场环境信息、作物生命体数字化特征实时监测，获取种植作物生长状态、农业病虫害等信息，并通过农业综合服务平台对生产过程应用建模，对获取数据分析决策，并反馈控制实现生长环境的相应调控，初步实现合理使用农业资源，降低成本，提高农产品产量和质量的目标。

目前，信息农具在应用方面，还仅仅只是试点示范。示范点应用呈现点状分布，较为分散不成体系，示范效应尚不明显，未能体现出规模效益。农户一般认为信息农具"不接地气"、有无均可，对信息农具使用还处于观望状态。

一、农户对信息农具的观念形成分析

观念从通俗意义上来理解，就是人们在长期的生活和生产实践当中形成的对事物的总体的综合的认识。它一方面反映了客观事情的不同属性，同时又加上了主观化的理解色彩。所以，观念是人们对事情主观与客观认识的系统化的集合体。

人们对于某一事物的观念是在长期实践中产生的。由于人们自身认识的历史性和阶段局限性，就决定了人们的认识会因时间的变迁而出现与时代不符合的意念。对信息农具的观念的产生受以下几个因素的影响。

（一）传统农业思想根深蒂固

我国农业历史悠久，受自给自足的传统农业思想的影响，农民不愿去相信现代科学技术，祖辈相传的手艺与经验根深蒂固，对于新事物、新科技难以接受，信息农具的观念转变较为困难。

传统农业是在自然经济条件下，采用人力、畜力、手工工具、铁器等为主的手工劳动方式，靠世代积累下来的传统经验发展，以自给自足的自然经济居主导地位的农业。我国传统农业是集约型农业，它的主要特点是因地制宜，精耕细作，以提高土地利用率、提高单位面积产量为中心，采取良种、精耕、细管、多肥等一系列技术措施。我国传统农业以天、地、人为农业生产指导思想，天为天时，地为地势、地形、土质，人为人力。其中，人的因素尤为重要，"天"或"地"是客观注定，而人是其他事物的主宰。传统农业的生产方式本质上说是自给自足的生产方式，它的基本模式是小农经济，以家庭为单位，精耕细作，自给自足为生产目的进行农业生产，所生产的产品都用来供自己消费或在满足自给自足的前提下再将剩余农产品进行交易。我国传统农业的形成与封建地主经济制度下小农经营方式和人口多、耕地少的格局的逐步形成有关。传统农业生产中，金属农具和木制农具如铁犁、铁锄、铁耙、风车、水车、石磨等得到广泛使用，畜力成为生产的主要动力。一整套农业技术措施逐步形成，如选育良种、积肥施肥、兴修水利、防治病虫害、改良土壤、改革农具、利用能源、实行轮作制等。传统农业生产中农具、动力及农业技术基本满足了自给自足需要。

（二）基础设施不够健全，信息化应用程度低

基础设施是农业信息化实施的前提和基础，是加快农户接受信息农具等新事

物的有效途径。基础设施不够完善，从一定程度上阻碍了农户认识并使用信息农具。

由于我国地域广阔、农户居住分散、政府投入相对较少而农民无力投资等原因，我国农业信息化程度低于工业288.9%。随着我国实施推进农村地区"宽带中国"战略和进村入户工程，加快了农村信息化基础体系的完善，提高了农村网络覆盖率和手机等智能终端的使用率。截至2015年，我国光缆线路总长度达到2 487.3万km，互联网宽带接入端达到4.7亿个。移动互联网使用方面，2015年移动互联网接入流量消费达到41.87亿G，移动互联网用户每月平均接入流量达到389.3M。根据《中国互联网网络发展状况统计报告》统计显示，我国网民规模达到7.10亿人，互联网普及率达到51.7%，我国网民中手机网络使用人数占比达到24.5%。但城乡差距较大，农村互联网普及率比城镇地区低35.6个百分点，仅为31.7%。"不会上网"和"不愿上网"仍然是我国农村人口上网的主要障碍，其中68%的农村非网民认为"不懂电脑和网络"而不去上网，10.9%的非网民认为"不需要/不感兴趣"。

基础设施的不够健全，致使农民对计算机、互联网作用的认识非常有限，还没有建立起依赖信息技术进行农业生产的习惯，信息化应用程度较低，我国分散的小农经济现状目前还没有得到根本性的改观，大大的限制了信息农具应用的整体水平。

（三）信息农具应用推广面积小，规模效应未体现

信息农具使用还是以试验示范为主，但试验示范规模相对较小。《2016年全国农业物联网发展报告》中给出农业物联网试验示范情况：国家发展改革委和财政部联合开展了两批国家物联网应用示范工程，第一批于2011年启动，包括黑龙江农垦大田种植物联网应用示范、北京市设施农业物联网应用示范和江苏省无锡市养殖业物联网应用示范3个项目已作为首批国家物联网应用示范工程智能农业项目；第二批于2013年启动，选择了新疆生产建设兵团105团精准棉花种植和内蒙古大兴安岭农场大田玉米种植2个项目作为精准农业国家物联网应用示范工程。农业部于2013年启动了农业物联网区域试验工程，围绕天津、上海和安徽农业特色产业和重点领域，开展了天津设施农业与水产养殖物联网试验区、上海农产品质量安全监管试验区、安徽大田生产物联网试验区。在国家物联网应用示范工程中，北京作为设施农业物联网示范省（市）在大兴、朝阳、平谷、顺义、通州、延庆、房山、昌平8个区（县）的23家园区（基地），建设了5 000亩设施农业物联网技术核心应用示范区。

信息农具试验示范基地以新型农业生产经营主体为主，新型农业经营主体正是信息农具使用的主体和排头兵，但目前我国新型农业经营主体规模较小、实力弱、基础条价差，除了进行试验示范园区（基地）外，很多园区（基地）缺乏利用先进信息技术实现内部管理信息化和外部经营信息化的积极性和主动性，还需要国家扩大示范规模，形成规模效应。

二、农户对信息农具的认同状况分析

认同是指人对自我及周围环境有用或有价值的判断和评估。对新生事物的认同，首先新事物要容易接触，而后新事物要对自己带来价值。信息农具作为新生事物，它还处于初级阶段，价格相对较高成为推广应用路上的绊脚石；信息农具研发技术尚不成熟，设备性能尚未达到农户需求；信息农具应用模式还不够成熟，信息农具的出现到底能为农户带来怎样的效益，农户尚不清楚。价格较高，稳定性不足，效益模糊致使农户并不认同信息农具。

（一）成本高是信息农具认同路上的绊脚石

农产品的成本是衡量农业生产过程耗费和农业企业经营管理水平的尺度，我国农业生产有着较大成就，同时也存在着生产成本高、利润小的问题。就粮食作物而言，1978—2014年我国小麦、水稻、玉米3种粮食作物劳动力投入减少，2014年较1978年下降了82.4%，机械投入费用由每亩0.84元上升到134.08元，化肥等农资投入费用由每亩7.08元上升到132.42元。由于农资成本、人工成本上升等因素，我国农业生产的利润率越来越低。

信息农具设备及平台的实施和维护对资金投入的需求较大，无论是生产现场传感设备、控制设备等硬件设备的安装部署，还是软件平台的搭建及使用维护都需要投入较大的资金。目前，市场上一套农业物联网传感器设备和相配套软件系统的价格从几千元到几万元不等，曾有报道一些示范园区中平均每亩地的物联网设备成本在8 000元左右。相比于农业种植收益，信息农具的实施成本一般普通农户无法承担。此外，农业的生产基础条件可控性比较差，在一定程度上降低了信息农具所实现的效果；另外，农业生产环境较为恶劣，生产现场安装部署信息农具设备使用寿命降低，这进一步加大了农业物联网的维护成本。

在工业、制造业领域新技术、新设备的出现为企业带来了较大的利润，农业不同于工业、制造业，信息农具的出现一定程度上提高了农业生产率，但其在前期投入成本较大，尤其是在经济收益较低的粮食生产等农业产业中，而且产出预期也难以预测，用户不可避免地需要兼顾成本和效益的问题，"看上去很美"的信息农具投入使用、大面积推广并得到农户认可显得更加艰难。

（二）技术不成熟，设备性能低于预期

物联网技术产品尚不成熟，设备性能远远低于应用预期。农业物联网产业链中包括3个方面的内容：传感设备、传输网络、应用服务。传感设备为物联网应

用提供数据来源，数据是一切应用的基础。目前传感器技术在农业生产领域的方方面面都有相应的应用，包括温度传感器、湿度传感器、二氧化碳传感器等各种不同应用目标的农用传感器。RFID可应用在农畜产品安全生产监控、动物识别与跟踪、农畜精细生产系统和农产品流通管理等方面。在实际生产应用中，与环保等其他行业应用领域一样，传感器的可靠性、稳定性、精准度等性能指标不能满足应用需求，产品总体质量水平亟待提升。如土壤墒情监测传感器、CO_2浓度的传感器、叶表面分析仪等技术和设备还不成熟，测量数据准确性差。传感设备应用环境较为恶劣，多为高温高湿环境，恶劣的应用环境导致设备经常出现故障，极大地挫伤了用户使用的积极性。传输网络是物联网技术应用的中枢，传输网络多采用移动互联网络或因特网实现数据双向传输。农业生产基地多处于偏远乡村，网络不稳定，传输质量差。应用层是物联网与用户直接的接口，它与农业行业相结合，实现物联网的智能化应用。目前，农业物联网应用还处于初级阶段，现在的农业生产中用到的物联网设备只是收集数据，而且收集的数据有很多地方也是不太准确的，这和每个农场最开始装这些设备的目的初衷有非常大的关系，平台仅对WSN获取的作物生长环境信息，如空气温湿度、光照强度等参数进行展示，通过远程视频，对整个园区进行实时监控，而水肥施用、调温、补光等控制均通过用户远程控制，还不能实现数据采集—处理—自动调控的闭环智能处理。

很多农场使用物联网监测数据并不是为了指导生产、降低成本、提高决策准确度，进而提高效率，只是为了购买设备来体现农场的信息化发展。真正的农业物联网应用应能够非常精准的收集作物、动物所生长的环境信息和生理信息，并反馈给农业综合服务平台，通过服务平台对数据的处理得出决策依据并采取生产动作，需浇水则浇水，需降温则降温，形成智能化的反馈机制。

目前，农业物联网技术有些关键环节还没有完全突破，农业生产所使用传感器的准确性得到了一定的发展，但是与以色列、荷兰等科技公司的比起来还差太远。由于科研水平和阶段没有匹配现代农业物联网的发展速度，所以国内根本没有完整的一种作物可以由系统的指导参数来应用到生产中，追溯体系、包装物流及销售等环节的物联网也都没有发挥应有的作用。这与前期物联网设备投入相比，产品的不成熟，应用的单一性，不够智能化使得农户对其不够认同。

（三）信息农具应用所带来的效益模糊

我国信息农具发展及应用还处于发展初期，应用模式还不够成熟，为用户能带来怎样的效益还不够清晰。

目前信息农具的市场需求仍然处于设备采购、网络接入阶段，更多的是把信息农具的安装使用当作企业（园区）一种营销的手段和工具，整个农业产业还没有对利用信息农具来提高农业生产品质及效率引起足够的重视，试验示范区均取得了一定的成效，但在基础设施建设、设备安装使用、后期运行维护，都有项目资金补贴，大多数总结主要停留在提高了劳动生产率、资源利用率、土地产出率等简单的定性描述和大致比例估算，没有把信息农具应用所增加的硬件和软件作为增加的生产成本综合在内进行评估。在综合评估的方式下，信息农具的使用为农产品有效供给、农民增收、农产品质量安全、缓解市场波动等带来怎样的效果，用户并不清晰。

农业产业化发展道路上，近年来我国农业产业化经营虽取得很大发展，但产业化程度仍然处于较低水平，生产经营主体还是以个体散户为主，农业产业链中各个经营主体之间没有通过农业生产综合服务平台等形式进行有效的连接。在这种情况下，分散的农业生产个体无论是作为信息提供者，还是作为信息需求者，都缺乏话语权，多是被动地接受市场信息。社会化、产业化不高的小规模生产，使得农业经营者缺乏信息需求的动力，必然影响对信息农具的认同。

信息农具推广道路上，目前大多数信息农具（农业物联网）示范类工程基本上依赖政府的科技推动和项目资金支持建设，项目研究结束后项目的推广也基本终止，未起到良好的示范带头作用，大多数农户未看到实际效益所在。

信息农具要做到"接地气"，得到农户的广泛认可，还需在农户需求方面继续探索，确实让农户看到效益所在。

第二节　产品成本

成本是在生产经营过程中所耗费的生产资料转移的价值和劳动者为自己劳动所创造的价值的货币表现，也就是企业在生产经营中所耗费的资金总和。成本在生产经营过程中起到的重要作用有以下几方面。

一是成本是补偿生产经营耗费的尺度。企业是自负盈亏的商品生产者和经营者，企业为了保证再生产的不断进行，它必须通过销售收入来补偿其生产经营耗费，维持企业再生产按原有规模进行，而成本是衡量这一补偿份额大小的尺度。同时，成本也是划分生产经营耗费和企业利润的依据。

二是成本是制订产品价格的基础。在商品经济中，产品价格是产品价值的货币表现，目前，还不能准确计算产品的价值，成本是作物价值构成的主要组成部分，一般通过计算产品成本来衡量产品价值。只有准确的核算产品成本，才能使得价格更加接近于价值，更好的反映社会必要劳动的消耗水平。

三是成本是计算企业盈亏的重要依据。企业只有在销售收入超出生产投入时才能获取盈利，通过成本可计算生产经营投入和企业纯收入，在销售活动中，成本占据比例越小，企业的纯利润就越高。

四是成本是企业进行许多决策的重要依据。企业要努力提高其在市场上的竞争能力和经济效益。首先必须进行正确可行的生产经营决策，而成本就是其中十分重要的因素之一。因为在市场经济条件下，价格等因素一定的前提下，成本作为价格的主要组成部分，其高低是决定企业有无竞争能力的关键。企业只有努力降低成本，才能使自己的产品在市场中具有较高的竞争力。

五是成本是综合反映企业工作质量的重要指标。成本是一项综合性的经济指标，企业经营管理中各方面工作的业绩，都可以直接或间接地在成本上反映出来，如产品设计好坏、生产工艺合理程度、产品质量高低、费用开支大小、产品产量增减以及各部门各环节的工作衔接协调状况等。因此，可以通过对成本的计划、控制、监督、考核和分析等来促使企业以及企业内各单位加强经济核算，努力改进成本，降低成本，提高经济效益。

成本作为企业正常运转的关键因素，在企业持续发展过程中发挥着至关重要的作用。企业的成本管理是影响企业效益的重要因素，只有企业成本得到了有效的管理，才能发挥它应有的作用，企业经济效益自然而然的会提高，那么企业的发展会更具竞争力；若企业的成本没有得到有效的管理，则会直接影响企业的生产、销售等各个环节。

下面看一个案例（案例引自邱小立。三元牛奶：失守大本营）。

玉米、大豆均为奶牛饲喂的饲料的原材料，2004年，奶牛饲喂饲料的各种原材料价格都出现了不同幅度的上涨：与2003年相比，玉米价格最高时上涨33%，大豆价格最高时上涨73%。而在原材料价格上涨的同时，牛奶价格却下跌了近25%。原材料几个上涨，产出物却价格下跌，这对于整个行业来说都较为困难。三元牛奶与它的竞争对手伊利、蒙牛相比，成本控制能力明显较弱。2004年1—9月，伊利主营业务成本占主营业务比例为70.34%，而三元的比例为79.11%，这直接导致了三元的主营业务利润率低于伊利8个多百分点；同时，三元的管理费用占主营业务的比重也高于伊利等主要竞争对手。由此导致了三元牛奶成本较高。除了地处北京，土地、原材料、环保以及奶源建设投入大，人工成本几乎要高于某些竞争对手2倍以上等客观原因外，还有一些主观的失误，包括建设北疆和澳大利亚奶源生产基地的失败等。三元牛奶成本较于其他几家竞争企业成本较高，在相同售价下，三元牛奶的利润最低，如此一来便无法与其他几家竞争企业相抗衡。最后，在如此窘境下三元牛奶不得不提高牛奶价格（三元加钙奶从原来的0.95元提高至1元，三元纯鲜奶从原来1元提高至1.15元），希望通过提高价格来摆脱亏损的困境。据报道，牛奶涨价后北京一些社区的牛奶批发点减少了三元牛奶的进货数量，北京之外部分省市的终端上，三元的产品也已经没了踪影。正是由于对成本的控制失误，三元的利润降低，在与对手的竞争中无法占据有利地位，使企业陷入困境。

农业是一个特殊产业，周期长、利润低。《华西都市报》曾有一篇报道四川成都49岁的王志全作为三个合作社的职业经理人，管理着3 500余亩土地，种小麦、水稻、油菜籽，一年收入可达百万元。仅看这年收入百万元，确实让人羡慕不已，一个农民年收入百万即便在东部大城市，也属于高收入阶层。抛去羡慕，经过计算之后不难发现，一年收入高达百万元，却掩饰不了农业低利润的现实，从侧面反映出农业生产成本的不断攀升和农业低利润。3 500余亩地一年利润为百万元，将利润平均到每亩土地，一亩土地一年收入不足300元，较低的利润与一年的辛苦劳动严重不匹配，较低的利润也使得越来越多的农民选择外出打工。我国农业生产已进入高成本时代，并且农业生产成本逐年提高，蔬菜、粮食、油料等每亩投入的增量要高于每亩产出量的增加，农业生产收益率逐年下降。农业生产中，化肥、农药、农业机械、劳动力等成本占据了农业生产总成本的80%。

我国农业成本持续上升使得农业生产效率和竞争力相对下降。与国外发达国家相比，我国农业成本较高。2015年，我国玉米、稻谷、小麦、大豆、棉花等主要农产品亩均总成本分别为1 083.72元、1 202.12元、984.30元、674.71元、2 288.44元，分别比美国高出56.05%、20.82%、210.42%、38.44%、222.84，每50kg玉米、稻谷、小麦、大豆、棉花平均出售价格分别比美国高出109.91%、50.89%、98.69%、102.78%、44.57%。较高的农业生产成本中，玉米、稻谷、小麦、大豆、棉花劳动力成本增幅分别为256.71%、230.27%、261.57%、172.46%、336.07%，分别是美国的14.78倍、4.11倍、16.33倍、8.5倍、28.23倍，成为农业成本增高的主要因素。

更为严峻的是，农业挣钱虽然不容易，但是赔钱却容易得多，根据农业部门统计，全国每年遭受自然灾害的农作物的面积大概占总面积的1/6，主要包括旱灾、洪涝、冰雹、霜冻、病虫害等，比如，春季一场倒春寒可能导致核桃、苹果、花椒等经济树木花芽冻死，直接影响当年的产量，严重的可导致绝收；一次冰雹，可以让本来能卖6元/kg的苹果一夜间伤痕累累，算好的利润根本经不起风险的冲击。

农业低利润，信息农具设备安装前期投入大，严重阻碍了信息农具的推广应用。曾有报道，苏北某县斥巨资推荐农业物联网应用项目，建成后将作为水产养殖、粮食种植物联网农业试点区。示范园有2 000亩地使用了物联网技术，每5亩地安装一套传感器，管理人员坐在中央控制室就可实时了解每块地的土壤湿度、水位、肥力等数据变化；需要灌溉时，工作人员只要轻点鼠标就能实现远程调控。运作两年后，与一般种植农户相比，物联网示范园区中通过物联网设备的使用，每亩地节省的劳动力成本为120元左右。同时减少了农资投入成本，通过物联网终端监测设备精准测定土壤肥力情况，化肥和有机肥的投入量减少20%～30%，农药的使用量也有相应的减少，每亩减少农药使用成本70～80元，粮食产量提高率为8%～10%。通过各种终端即可查看生产现场环境信息，并可对其进行调控，增产的同时还降低了农业生产成本，看上去是很美的事情。但问题就在物联网农业的成本太高，示范园内的智能化灌溉系统和土壤测定系统平均每亩地的物联网设备成本需8 000元左右，预计可使用10～15年。如果以15年计算，每年每亩的成本为530多元，首次投入太多，一般农民显然不具备这个条件。

农业是个对成本敏感的行业，而信息农具投入的前期资金又很大，这造成了农户及农业企业没有动力进行这方面的技术改造。信息农具使用成本高的原因主要源自以下几个方面。

一、传感器成本较高

从当前农业物联网等技术的研究和应用来看，感知技术是农业物联网的关键，一切物联网应用的核心—数据依靠感知技术来获取，它是决定农业现代化的制约因素，而传感器是感知技术的核心。近年来，农业物联网传感器技术发展较快，农业环境信息感知传感器、农作物生命信息传感器、农产品信息传感器等不同类型的传感器的出现为农业生产数据采集提供了强有力的支撑。

《2016—2020年中国传感器行业深度调研及投资前景预测报告》中指出，我国农用传感器在技术应用中还远未成熟，无法满足智慧农业发展对传感器的需求，农用传感器存在的诸多技术瓶颈制约着智慧农业的快速发展。我国农用传感器在高精度、高敏感度分析、成分分析等高端方面与国外差距巨大，中高档传感器产品几乎100%从国外进口，90%芯片依赖国外。目前全球传感器市场主要由美国、日本、德国的几家龙头公司主导。2014年，全球传感器市场规模达1 260亿美元，同比增长20%左右。美国、日本、德国及中国合计占据全球传感器市场份额的72%，其中中国占比约11%。

葛文杰在《农业物联网研究与应用现状及发展对策研究》一文中列举了不同分类农用传感器代表性产品，这些农用代表性传感器大都由美国、日本、奥地利等国家研发（表5-1～表5-3）。

表5-1　农业环境信息传感器代表产品及研发国家

分类	测量信息	代表性产品	研发国家
农业环境信息 传感器	光照强度	Decagon，40003	美国
	空气/土壤温度	Decagon，40023/15TM	美国
	空气/土壤湿度	Decagon，40023/10HS	美国
	雨量	Decagon，40799	美国
	CO_2	E＋E Elektronik，EE80	奥地利
	畜禽舍有害气体	Membrapor AG，C-100	瑞士

（续表）

分类	测量信息	代表性产品	研发国家
农业环境信息传感器	土壤压实或容重	Decagon，6TU	美国
	土壤盐分	Stevens，93640Hydra	美国
	土壤pH值	Global Water，WQ201	美国
	土壤电导率	Decagon，GS3	美国
	土壤重金属	HORIBA，XGT	日本
	水体溶解氧	HACH，LOD	美国
	水体叶绿素	YSI，YSI6025	美国

表5-2　农作物生命信息传感器代表性产品及研发国家

分类	测量信息	代表性产品	研发国家
农作物生命信息传感器	叶片温度	SIT，PTM-48	美国
	冠层温度	SIT，PTM-48	美国
	叶片湿度	SIT，PTM-48	美国
	作物氮素	LI-COR，LAI-2200	美国
	虫害信息	TPCB-IV-A	奥地利
	茎干强度	HK-ZYMJ-C	瑞士
	果实膨大	PHYTALK	美国
	根系生长	ROOTVIZ	美国
	光合/呼吸/蒸腾速率	LI-6400	美国
	叶面积指数	LAI-2000	美国
	归一化植被指数	GreenSeeker	日本
	茎干直径	DR/DD	美国
	作物叶绿素	SPAD-502	美国

表5-3　农产品信息传感器代表性产品及研发国家

分类	测量信息	代表性产品	研发国家
农产品信息传感器	颜色/大小/形状在线检测	SIT，PTM-48	美国
	色度计	SIT，PTM-48	美国
	组分含量在线检测	SIT，PTM-48	美国
	糖度计	LI-COR，LAI-2200	美国
	酸度计	TPCB-IV-A	奥地利
	硬度计	HK-ZYMJ-C	瑞士
	缺陷/损伤/病害在线检测	PHYTALK	美国

农用传感器从国外进口，导致其费用较高，根据传感器种类及准确率和分辨率不同，其成本一般在50～1 500美元。国内传感器相对价格便宜，但在精度及使用寿命上还有差距，农业生产环境较为恶劣，高温高湿的生产环境导致其后期维护成本增加，变相的增加了传感器的成本。传感器无法自身实现数据交互，需要设计并研发传感器变送器配合农用传感器的使用，这又增加了部分成本。

二、以小农经济为主的生产模式

以小农经济为主的生产模式决定了农业生产的规模，农业规模经济理论基本观点是农业中大生产优于小生产。小规模的农业生产直接决定了农业生产的利润要小于大规模的农业生产。对于低利润的小规模农业生产而言，信息农具投入成本更为突出。信息农具应用成本是边际下降的，可是这无法在个体的、小规模的生产中推广，小规模的农业生产无法像大规模农业生产一样来分摊从而降低成本。

在大规模农业生产中，其耕地面积大都在1 000英亩（1英亩≈6.07亩。下同）以上（以美国为例，2011年1 000英亩以上的农场占美国总耕地面积的一半以上），大规模的农业生产使得生产效率有所提高，如表5-4所示，2008—2011年在1 000英亩以上的美国农场蔬菜、水果的股本平均回报率在10%以上，小规模的农业生产与之差距较大。对于大规模农业生产而言，信息农具应用投入成本与之利润相比，相对较低。

表5-4　2008—2011年美国农场股本平均回报率（单位：%）

耕地面积（英亩）	农场类别				
	谷物	大豆	小麦	水果	蔬菜
<10	—	—	—	-1.4	-0.9
<100	-0.9	-1.3	-2.6	—	—
500～999	4.8	1.7	0.4	7.1	8.9
≥1 000	—	—	—	10.7	17.9
≥2 000	8.0	8.2	5.5	—	—

我国农业生产主体是分散的个体生产者，是以家庭为单位的小农经济为主的生产模式。改革开放以来，我国用家庭联产承包、统分结合的经营体制取代了之前的人民公社，这在当时就是一种巨大的进步，解决了困扰我国长久的温饱问题。但是，承包责任制只是最大限度地挖掘了科学文化水平既定条件下以家庭为单位的创造力，导致不同家庭之间的联合生产性较弱。从生产规模和分户经营两个角度来对比，家庭联产承包制和影响我国数千年的小农经济是有相同点的，已

难适应新时期农村经济产业化、规模化发展的需要。小规模的农业生产使得信息农具使用未达到边际下降效应，平均亩投入成本增高。

三、商业模式单一，产品需求量小

目前，我国农业物联网的研究主要集中在技术层面，而对农业物联网的商业化运作研究尚未开展。农业物联网的推广多依赖中央、地方的财政支持，利用战略性新兴产业发展专项资金、农业物联网发展专项资金，集中力量推进农业物联网关键核心技术研发和产业化，大力支持标准体系、创新能力平台、重大应用示范工程等建设。"十二五"末我国在包括农业的10个重点领域完成了一批应用示范工程，培育和发展10个产业聚集区，100家以上骨干企业，一批"专、精、特、新"的中小企业，这些农业企业的物联网系统的应用大多数依靠政府的财政支持项目予以维持，项目金额在十几万到上千万元不等，一旦离开了政府的财政支持，基本没有能够独立走市场化道路的农业物联网可持续商业模式。商业模式是制约农业物联网发展的重要因素之一，只有真正解决了谁在为农业物联网应用买单问题，农业物联网产业才能实现可持续的发展，只有农业物联网产业能够可持续发展，才能实现规模效应，其产品使用量增长，价格才能有所下降。

第三节　技术及使用门槛

信息农具的作用就是要把农业生产中动植物信息、农业装备、农业设施通过技术连成网，实现对农业动植物生长现场环境或农业生产产品的全方位监测、管理与控制，达到最佳的产量，最大程度的降低成本，最大程度的控制对水、土、气的消耗和污染。信息农具发展、使用是农业发展的必然趋势，是推进我国农业现代化发展这个重大历史任务过程中的重要一环。

目前，我国信息农具发展包括农业专用传感器、网络通信、综合服务平台（智能信息处理）等共性关键技术研发与应用，实现了农业生产环境信息、动植物生理信息的实时感知，农业生产现场智能装备的远程控制，农业生产过程数据信息化管理，农产品质量安全追溯等功能。信息农具的产业发展涵盖了农业专用传感器和农业智能装备制造产业、农业通信网络服务产业、农业智能识别技术与设备产业、农业精准作业机具产业等新兴产业，初步形成了关键技术研究、产品研发、平台搭建、应用示范为一体的产业发展路线。

我国信息农具总体而言还处于初步阶段，信息农具关键技术还不够成熟，其中包括农业先进传感与制造技术（电子和电磁学传感技术、农业光学传感技术、动植物生命特征传感技术）、先进无线传感网络技术、农业智能应用系统及服务技术（模型、方法与平台）。

一、农业先进感知与制造技术

农业信息感知是信息农具发展和应用的基础，是信息农具获取农业生产信息的关键手段，作为信息农具的神经末梢，它是信息农具链条上需求总量最大和最基础的环节。但由于农业环境的复杂性、严酷性以及农业生物为生产主体的特征，使我国农业专用信息感知方面的关键技术突破困难，技术成熟度低。

目前，在农业信息感知方面，光、温、水、气、热等常规环境传感器已相对比较成熟，在农业生产动植物本体及土壤信息感知方面发展还有待提升，传感器的稀缺成为制约动植物本体与土壤信息感知的关键因素，研制出适用于农业生产环境的新型动植物本体与土壤信息感知传感器是信息农具发展急需解决的最主要技术问题之一。

（一）植物本体信息感知技术

植物传感器是农业专用传感器的研究难点之一，目前常用光学（包括光谱、多光谱、高光谱等）和电磁学原理对其进行测量。

1. 植物外部形态信息监测技术

植物外部形态监测可通过接触式及非接触式两种形式进行测量，接触式多采用位移传感器进行机械测量，此类传感器通常会对作物正常生长产生影响；非接触式测量多采用光谱技术、多光谱技术、高光谱技术进行检测，通常做法为通过成像设备获取图像信息，然后通过图像处理算法进行处理并获得测量值。叶片测量传感器中，对于叶片厚度检测多采用电阻式位移传感器或电感式位移传感器，夹在叶片上通过传感器检测叶片厚度变化引起的位移变化来测量叶片厚度，此类传感器对分辨率、测量精度、灵敏度要求较高，目前技术还存在一定差距。叶面积测量传感器多采用计算机视觉技术进行测量，且多采用图像采集设备田间获取样本后在实验室条件下进行样本处理来测量叶面积，该方法不伤害作物本身，但设备成本较高，且造成误差因素较多如图像获取设备距叶片位置变化会带来较大误差，采集样本时阴影同样会带来误差。

2. 植物内部生理特征检测技术

植物内部生理特征信息难以测量，19世纪初，国内外学者及专家已开始了对植物养分信息检测方面的研究。植物养分信息检测可用于作物长势分析、作物生长模型构建等方面，是较为重要的参数之一。多采用机器视觉、光谱分析、多光谱分析等技术实现养分信息检测。如何勇等采用可见/近红外光谱技术进行了油菜、黄瓜等叶片SPAD值的无损检测。Inoue等人采用波长400～900nm范围的可见/近红外光谱通过建立多元回归模型，对水稻叶片的氮含量和叶绿素含量进行了预测。刘飞等应用光谱和机器视觉技术等快速检测方法获得了黄瓜叶片的氮含量和叶面积指数。植物径流传感器多采用热技术方法进行测量，通常包括热脉冲法、热平衡法。热脉冲法是通过在植物的不同位置安装两个不同温度的探针，利用脉冲滞后效应和热补偿效应来测量径流；热平衡法是利用热量平衡原理，对植物局部进行加热后，利用电路记录植株的某一段处的能量差来计算径流。这两种方法均会对植株造成一定的伤害，测量精度也不够准确。氨基酸等植物生理信息检测的研究才刚刚起步，在氨基酸等信息的检测中多采用光谱技术进行检测，如刘飞等应用近红外光谱技术结合连续投影算法实现了油菜在正常生长下叶片氨基酸总量的快速无损检测。该方法可实现内部信息的无损检测，但该技术还不够成熟。

综上所述，在植物本体信息研究方面存在以下几点技术难点。

（1）植物生理传感器高精化方面有待提升。植物生理传感器通过测量植物外部形态与内部生理的细微变化来检测其内部的水分、养分等生理信息。以叶片厚度信息而言，叶片厚度信息为微米级，这就要求植物生理传感器必须具有较高的灵敏度和精度，只有这样才能对植物生理信息进行精确的测量。植物本体信息检测传感器高精化技术有待提升，以提高传感器的精度和灵敏度。

（2）植物生理传感器的类别有待扩充。植物生理传感器检测种类有限，多数植物生理传感器通过叶片、茎秆对植物生长状况进行检测，在检测类型上还有待扩充。比如说，大部分植物通过根部吸收所需的水分及营养，根部生长状况是影响作物生长的关键因素之一但目前还没有作物根部生长状况检测的相关技术。随着植物生理学的不断发展，影响植物生长的因素的研究会更加深入，这就需要研发更多类别的植物生理传感器来获取这些影响因子，以更加全面的检测植物生长。

（3）植物生理参数无损动态检测技术有待完善。以接触方式测量植物生理参数对植物正常生长产生了一定影响，植物生理无损动态检测技术还有待完善、加强。无损动态检测技术多采用计算机视觉技术，利用该技术的关键在于获取较高分辨率的图像数据，并研究获取更好的消除噪音的有效方法，提高图像的处理速度及数据精度。

（4）植物生理参数检测模型构建有待突破。在对植物生理数据参数进行检测时，不管利用光谱分析法还是其他方法，所检测到的数据不能直接的反应作物的生理状况，还需要根据感知信息构建相应的模型，结合模型才能实现植物生理数据的精确感知，当前构建模型还不够完善，模型构建技术还有待突破。

（二）畜禽养殖信息监测技术

（1）畜禽养殖领域，通过传感器主要实现体温、心率等动物生理指标信息以及动物行为监测。

①畜禽行为监测技术。畜禽的行为是指畜禽的活动形式、身体姿势以及外表上可辨认的变化。对畜禽行为的监测分析可获得畜禽生理状况，可迅速感知畜禽异常状况并及时采取措施，减少经济损失。畜禽养殖人员对采食、饮水、排泄3种行为较为关注，其中采食、饮水行为是判断畜禽健康状况的重要依据。通过采食量的监测可辅助判断异常个体，并可根据采食量的不同制定个性化的饲喂计划，在采食量监测方面，常用测量方法针对群体进行测量而对个体采食量测定效果不理想，有研究者曾利用高频反射涡流传感器吞咽次数进行测量并分析个体采食量，这种方法人工观察吞咽次数主观性强，效率低下。在动物饮水量监测方面，通常采用流量传感器、射频识别技术、红外探测技术进行测量，但这种方式监测无法识别畜禽竞争饮水时具体哪只饮水，也无法排除浪费水的量，监测数据不够精确。畜禽活动行为监测方面，研究人员常采用三轴加速度传感器监测动物行为，通过K-means均值聚类算法、SVM算法对数据处理后分析结果的精度有所提高，但高效精准识别动物日常行为需要构建大样本的数据集，由于实际饲养中的畜禽种类、年龄的差异性和变化性，进一步增加了动物行为数据库的构建难度。

②畜禽发情行为监测技术。饲喂动物发情行为监测是畜禽养殖管理中的重要组成部分，发情行为的有效监测可大幅度提升饲喂动物受孕几率，从而提高其繁殖率，最终提高经济效益。目前，畜禽发情行为的监测多采用外红传感器、RFID装置、计步器等感知技术进行监测。

红外传感器监测畜禽发情方式多利用传感器获取动物体表温度，通过温度判定运动量的大小，并根据动物日平均活动量判定动物是否发情。RFID装置监测畜禽发情方式是利用RFID装置感知雌、雄个体互相亲近的频率及时间长短来判断是否发情；计步器方式是根据发情期的动物步数远大于平常的步数为依据来判断动物是否发发情。目前，不同监测畜禽发情所采用的传感器监测技术各有优势，但存在监测步骤繁琐、准确率低的问题，畜禽发情行为监测技术及设备还需要不断完善与提升。

③畜禽位置监测技术。放牧饲喂畜禽中获取其位置是要解决的重要难题，实时感知放牧动物活动信息，对于动物行为监测具有极其重要的意义。通过对放牧动物位置的监测，可用于分析动物行为、粪便及尿液时空分布等问题。畜禽位置的监测多数研究者采用无线传感网络技术获取，无线传感器网络部署灵活、可靠性强、扩展方便，但无线传感网络在放牧区域内主要依靠电池供电，不方便长时间的使用。因此，无线传感网络在节能技术及供电方式上的研究还不够完善。

传感器监测技术数据获取方式自由，其信息采集与传输技术对外界的抗干扰能力强、携带方便，还可连续记录动物（特别是散养放牧的动物）行为生理信息，为动物行为特征分类模型的建立提供了有效的行为特征信息。对于监测到的动物行为生理特征信息，可通过构建模式库自动分析特征信息所蕴含的动物生理健康状况，发现异常个体进行报警。但是畜牧业生产环境复杂，因此设计传感器必须考虑其工作环境。在许多情况下，采用动物项圈将节点固定在动物颈部是目前最常用的方法，但对于特殊监测目标，则应灵活调整位置。同时为了避免动物在躺卧或者相互争斗时破坏传感器节点，需要提高传感器的抗压、抗震性能。

（2）畜禽养殖中，也可通过图像监测技术对动物进行相关特征信息分析、获取，例如基于图像信息自动分析动物行为及动物生存舒适度。

①利用图像监测技术估算动物体质量。畜禽养殖中，动物个体质量测量是养殖管理中重要的一环，管理人员可通过饲喂动物体质量变化来调整饲喂量。传统称重方式费时费力，还会影响饲喂动物的正常生长，利用图像方式可无接触的估算动物体质量。图像方式是利用动物体的体积与投影面积的相关性估算动物体质量，结合电子耳标号来识别畜禽个体，然后利用图像处理技术分析获得的畜禽个体图像中畜禽的体积和个体质量的关系，拟合个体质量与畜禽形态相关关系，最终估算畜禽个体质量。

经研究者的试验表明，利用图像监测方式无接触测量畜禽养殖个体质量的方法可行，测量误差在允许的范围之内，但当畜禽个体投影与畜禽舍墙面等其他阴影重合时便难以进行估算。目前利用图像监测技术估算个体质量的研究主要对象是猪，在其他类别的相关研究较少。测量畜禽质量时，畜禽栏个体较多时，识别并区分个体还存在一定的困难。总而言之，利用图像无接触监测畜禽个体质量的研究还有待增强。

②图像监测技术识别动物行为。图像监测技术可用于研究畜禽排泄、饮食、呼吸、分娩等日常行为规律，并对发现异常行为进行早期的预警，通过家禽养殖场中饲喂动物个体排泄频率、持续时间可有效识别患有腹泻、肠胃炎的个体。畜禽舍环境温度对动物成长繁殖非常重要，及时准确调节环境温度有助于保证动物福利水平，提高其生长效率，图像监测技术可根据猪只不同躺卧姿势的区别来判断畜禽舍温度适宜、偏高或者偏低，从而及时进行环境温度调节。图像监测技术也可用于对畜禽个体分娩进行监测。图像监测技术较为直观，大部分情况下工作人员可以通过图像直接进行行为识别。但是图像监测技术算法还不太成熟，且易受环境光线影响。

③图像监测技术监测动物体温。体温是动物身体健康与否的重要指标，在许多传染疾病中，体温的升高比其他症状出现的要早，动物体温监测和分析有利于及时发现疾病的早期症状，识别患病的异常个体。传统畜禽养殖人员通过接触方式测量个体温度，不仅容易造成畜禽个体的较大应激反应，同时也存在人、畜交叉感染的风险。通过图像监测技术可实现动物体温的无接触监测，首先获取红外图像，而后对图像进行分析，进而获得相应的温度数据。

将机器视觉技术应用于动物信息监测，可以自动实时监控动物行为及生理状况。相较于其他监测技术，图像监测对动物活动影响相对较小，在动物体质量估计、体温监测方面有更好的应用效果。但是该方法受现场光照环境以及设备条件影响较大，适用于监测圈养动物信息。同时，机器视觉技术由于其存在着数据量大、处理算法复杂的瓶颈，制约着信息的实时传输和处理的速度。另一方面，由于目前图像处理技术还不太成熟，在识别正确率方面有所欠缺。总体来说，采用图像监测技术监控动物行为以及生理状态以达到精确饲养和提高动物福利的目的不失为一种有效的监测方式。

（3）畜禽养殖中，也可通过声音监测技术对畜禽动物个体疾病诊断、情绪状态识别、行为监测、进食监测、成长率监测等方面进行监测。通过麦克风等声音采集设备完成声音采集，对采集声音进行放大、增益处理消除干扰后提取特征，与已经建立好的数据库进行比对，找出最相近的数据模板及所对应的信息。

①声音监测技术进行疾病诊断。及时发现畜禽舍中患病个体在畜禽养殖管理中较为重要，通过声音监测技术可持续、在线监测动物声音，建立疾病早期预警系统。在生猪养殖中，通过对生猪咳嗽声的识别可判断生猪是否感染呼吸道疾病。

目前畜禽养殖密度较大，疫病传播速度较快。因此一旦患有传染性呼吸道疾病的动物未得到及时的治疗或隔离，畜禽舍内疾病可能会迅速蔓延，造成极大的经济损失。通过声音监测识别生病动物的咳嗽声并及时定位疑似患病动物，有助于工作人员及时处理，避免疾病扩散。因此，声音监测在动物疾病诊断方面有较好的应用前景。但诊断疾病必须通过采集大量患病动物咳嗽声音样本构建数据库，在前期需要参照其他如体温升高、呼吸频率增加等生病特征收集生病样本咳嗽声音。

②声音监测技术识别畜禽情绪状态。动物情绪健康是动物福利的重点关注问题之一，声音监测技术可通过动物在不同情绪下的叫声特征实现畜禽动物恐惧、焦虑等不良情绪的识别。动物发出的声音中蕴含着不同的情绪信息，研究者对动物饥饿、恐惧等声音进行分析，并通过分析结果对动物的情绪状态进行识别。通过情绪状态的识别，尽量避免饲喂动物消极情绪的产生，使动物处于良好的状态下，这样更有利于保障动物福利水平，提高畜产品质量。目前，利用声音监测技术识别畜禽情绪状态还处于实验室试验阶段，还无成型的产品。

③声音监测技术监测畜禽行为。利用声音监测技术识别动物行为研究方面，可通过畜禽动物声音识别动物发情、社交等行为。通过声音对动物行为识别时，需首先构建动物不同行为下的声音模式库，将采集到的动物声音信息去噪声后提取有效特征并与声音模式库进行比对，识别声音所对应的动物行为。与图像识别动物行为相比，声音监测技术识别动物行为操作更为简单，成本较低，受环境的

影响相对较小，但没有图像监测技术那么直观。与声音监测技术识别动物情绪状态相同，该技术在监测畜禽行为上还无成型产品，仅仅处于实验室研究阶段。

④声音监测技术监测牛羊进食。反刍动物采食量的精准监测是制定反刍动物良好营养方案的基础，但在放养下牛、羊活动范围广，采用一般方法难以监测它们的采食行为。采用声音监测技术对活动范围较广的反刍动物进行采食行为监测有较好的应用效果。牛、羊采食主要有咬断及咀嚼草料两种动作，而实际采食量可由咬断草料的次数来判定，因此可通过咬断、咀嚼草料两种动作的不同音频特征识别牛羊采食过程中咬断草料的次数，进而实现采食量的智能监测。牛、羊等反刍动物在放养情况下活动范围广，采用小型麦克风连接存储装置记录动物的进食声音可以有效分析监测过程中牛、羊进食行为。但因为距离问题，系统无法及时将数据回传进行分析，因此无法实现实时监测。因为声音采集系统的存储装置捆绑在牛、羊项圈上存储声音信息，因此，使用过程中装置内存容量以及电池使用情况应该根据实际情况作出调整。

⑤声音监测技术监测家禽成长率。家禽的生长情况是饲养员们关心的重要问题。家禽的体质量可以很好体现其生长率及饲料转化率等情况，但是大规模养鸡场中，人工进行家禽的体质量测量耗费大量时间和人力。根据不同年龄阶段或体质量下鸡叫声特征不同，可通过声音监测的方式来监测家禽成长率。叫声是动物种群内主要交流方式，蕴含大量信息。采用声音监测技术从动物声音中有效提取各类畜禽机体健康与福利、生理与情绪等信息有助于工作人员进行养殖管理。实现动物声音监测的首要目标是收集大量已知含义的动物叫声，提取其特征参数，并构建声音模式库，这是智能识别动物声音的基础。其中在模型构建过程中，选取MFCC作为特征参数并运用支持向量机或HMM进行识别有较好的识别能力。另外，禽畜饲养中除了动物声音外还存在各种各样噪声，如何有效降低动物叫声间的相互干扰及环境噪声的影响以实现音频高质量地实时采集，是后续研究中需要解决的问题。目前研究人员主要通过安装多个麦克风，形成麦克风阵列，根据相对于不同麦克风间的距离来定位声音的源头。但目前快速移动的动物以及位于麦克风阵列中心线处动物发出的声音定位误差较大。如何根据不同的畜禽舍布局设计合理的麦克风阵列准确定位声音源头是未来研究的重点。

尽管国内外学者对畜禽养殖中无损监测技术做了大量的研究与改进，但畜禽信息无损监测系统的准确性、抗干扰能力及工作效率等仍有待提高。因此在研发应用无损监测技术获取养殖中的畜禽信息时需要重点考虑以下问题：①高湿、高腐蚀性等恶劣的畜禽养殖环境导致监测装置无法长时间高效工作的问题；②传感器节点和声音采集器等需要固定在动物躯体上，在动物躺卧、互相打闹过程中容易遭到破坏；③图像监测技术与声音监测技术获取数据量大、特征提取算法复杂，影响信息的传输和处理的效率；④图像采集设备范围有限，获取畜禽图像信息时易受舍内饲养设施等障碍物的影响；另外，受环境光照条件限制，常规图像在阴天或者晚上无光条件下难以采集；⑤畜禽声音信息获取时，环境中各种噪声以及动物发声的相互干扰制约着目标声音信息获取的精准度。

当前禽畜养殖中无损监测主要基于传感器监测、图像监测以及声音监测技术展开，3种无损检测技术在禽畜养殖中的不同运用领域各有利弊，例如，声音监测在动物情绪识别方面有较大优势，而传感器或者图像监测的方法难以判断动物情绪状态。因此，融合多种无损监测技术的优势快速高效监测畜禽信息是未来的发展趋势，现已有一些研究结合多种无损监测技术进行畜禽信息监测。

（三）土壤信息监测技术

土壤信息传感器从测量方式上可分为浸入式（Invasive）和非侵入式（Non-invasive）两种，土壤水分、有机质、土壤结构等两种方式均可测量，土壤pH值、土壤紧实度一般采用浸入式传感器测量，土壤电导率一般采用非浸入式传感器测量；从原理方法上可以分为电子和电磁学方法、电化学方法等种类，电子和电磁学方法用于测量土壤电阻、电导率、电容等参数，但受土壤组成影响较大，电化学方法（通过离子选择性膜电极与被测离子溶液间的电位输出）可测量土壤中的某些离子，但需依赖一定的制样过程。由于土壤的组成复杂、物理化学性质各异，土壤氮素的快速和原位测量传感器是国际上的难点。

1. 电子与电磁型传感器

这种类型的传感器主要是利用电流的变化来测量土壤颗粒导电或者积累电荷的能力，当仪器接近或侵入土体时，土壤就成为电磁系统中的一部分，当地理位置发生变化的时候，电压或者电流也会相应地瞬时发生变化。目前这种类型的传感器主要用于土壤盐分、土壤黏粒含量、黏土层埋深、土壤养分、土壤水分等土壤属性指标的测量分析。典型的仪器主要有EM38、Veris3100，二者均是利用电流通过传感器后端的发射线圈产生随时间变化的动态原生磁场，在大地中诱导产生微弱的电涡流，进而诱导产生次生磁场。仪器前端的信号接收线圈同时接收原生磁场和次生磁场的信息，通过测量二者之间的相对关系来测量土壤的电导率。

这种利用电磁感应技术进行土壤测量具有快速、实时性、成本较低等优点，与全球卫星定位系统（GPS）结合后可以安装到田间车载设备上，实现田间尺度的土壤电导率快速扫描成图。而且结合专业分析软件OASIS、地理信息系统（GIS）软件及其他Matlab软件，可以对所获得的信息进行土壤剖面属性三维信息的反演等。但在具体操作过程中会受到许多外界因素的干扰，如环境温差、土壤含水量、矿物质组分、黏粒含量等均会对测定产生不同程度的影响。例如温差的影响，可以进行多次仪器归零校正，尽可能地消除其影响。

2. 光学与辐射型传感器

光学和辐射测量型传感器主要是利用电磁能所表现出的特征对土壤特性进行分析。电磁波是由原子内部运动的电子发生运动轨迹的变化、电子和核子跃迁产生的，不同的物质，其原子内部电子的运动情况不同，电子和核子跃迁所需要的能量也不相同。能量等级与光波的波长、频率相关，因此当不同波段的光波作用于土壤样本的时候，就会产生不同的光谱特征。目前利用的波段主要是可见光（Vis：380~780nm）、近红外（NIR：780~2 500nm）、中红外（mid-IR：2 500~25 000nm）及高能量射线（如X射线、γ射线）。在近地土壤传感器技术研究中可以采用单波段，也可以采用多波段。

这种类型传感器具有非接触性、不受电子干扰、灵敏度高等有别于其他传统传感器的显著特点。尤其是可见—红外波段光谱在近地土壤属性分析中潜力很大，但是至今在土壤学科中尚未得到广泛的应用。其中原因之一是利用VNIR和mid-IR建立的预测模型的普适性问题尚未很好的解决，必须要有区域典型土壤样本来重建或校验模型，使传感器快速、便捷的优势得不到很好体现。

3. 电化学型传感器

电磁感应型传感器和电阻型传感器等虽然能够快速、低廉地获取土壤属性信息，但是不能直接给出土壤养分浓度状况。而电化学型传感器则可以提供关于土壤养分的浓度状况和pH值等关键信息。电化学型传感器以离子导电为基础制成，主要使用的是离子选择电极（ISEs）和离子敏感场效应晶体管（ISFETs）两种技术。ISEs传感器的工作原理是：溶质溶解于电解质溶液并离解，离解生成的离子作用于离子电极产生电动势，将此电动势换算成离子浓度。这种方式的传感器是由作用电极、对比电极、内部溶液和隔膜等构成的。ISFETs传感器是由离子选择电极敏感膜和普通的金属—氧化物—半导体场效应晶体管（MOFSET）组合而成的，对离子具有一定的选择性，对比于一般的离子选择性电极，它具有高阻抗转换、灵敏度高、响应时间快等优点。电化学型传感器具有体积小、价格便宜、响应快、输出阻抗低、易集成化等优点，但易受外界环境的干扰，如环境温度、离子干扰、土壤质地结构，均会影响测量的精度。如今虽然ISFETs类型的传感器已经实现商品化，并在实际中得到应用，但还仅限于土壤pH值和钾、钙等离子浓度测量及制图等方面。

二、农业先进无线传感网络技术

信息农具中，网络传输层是农业信息实时动态获取的关键技术之一。农业生产环境较为复杂，除了高温、高湿等复杂的作物生长环境对网络通信具有一定影响外，作物生长状况的不断变化也对农业信息无线传输产生一定的影响。因此，信息农具研发中，信息传输方式不能简单的从现有的通信技术中照搬而来。农业生产中信息农具通信设备具有其特殊性。

1. 传感节点布置稀疏、不规则

农业生产现场面积大，在考虑成本及传输可靠性的基础上，往往把信息采集节点稀疏的布置在生产区域内，节点与节点之间距离较远。

2. 传输距离远，功耗低

农业信息采集节点布置距离远，决定了其通信距离较远。设备部署距离远且一般无人维护，就要求信息采集节点低功耗，以太阳能供电并在有限的太阳能供电的情况下能长时间工作。

3. 工作环境恶劣

通信及采集等信息农具硬件设备工作环境复杂、恶劣，在高温、高湿、低温、雨水等复杂多变环境下需连续不间断运行。这就要求信息农具硬件设备具有应对恶劣环境的能力。同时，目前农业从业人员往往文化水平不高，缺乏设备维护能力，因此，要求农业物联网设备必须稳定可靠，而且要具有少维护、免维护的特点。

4. 易受干扰

信息农具通信设备不仅容易受到环境干扰，也容易受到作物枝叶的影响。随着种植作物的不断生长，容易对无线传输网络造成干扰，对农业无线传输质量产生影响。

工业物联网中无线通信组网规则不能很好的满足信息农具组网及应用的要求，因此，针对农业生产环境的特殊性，需研究专门针对农业生产信息采集的低功耗、低成本、抗干扰能力强的无线传感网络技术。

三、农业智能应用系统及服务技术

农业智能应用系统与服务技术是指将传感节点获取的各种数据信息，通过数据挖掘、分析和知识发展，构建用于农业生产的管理控制策略和模型，通过多种终端设备为农业生产者提供有效的信息服务，并通过智能化控制设备对生产环境进行管理和控制。

农业物联网应用是一个闭环控制系统，它的应用层的关键技术包括海量数据信息管理与智能分析技术，就是通常所说的云计算；农业物联网信息融合和优化处理技术——决策模型构建；数据资源虚拟化与智能信息推送技术——云服务技术；农业物联网数据、服务、系统技术标准规范。

农业产业具有生命特性和生态区域特性，农业物联网的应用很难用一种技术或应用模式解决现有的问题。在实际应用中，要根据特定应用领域（设施、水产、果园、畜禽）的不同需求而研发不同的农业物联网应用。从应用模式上可以是基于网络的Web服务应用，也可是以嵌入系统为核心的智能仪器仪表单体应用。近些年来，美国和欧洲的一些发达国家相继开展了农业物联网应用示范研究，实现了物联网技术在农业生产、经营、管理、服务等阶段"人—机—物"信息交互与精准农业的实践与推广，形成了一批良好的产业化应用模式，推动了相关新兴产业的发展。在我国，农业物联网的应用仍处于试验示范阶段，中国农业大学、国家农业信息化工程技术研究中心、中国农业科学院信息研究所、浙江大学等科研机构近些年开展了较多的应用研究，形成了一些典型的应用示范案例，实现了农业资源、环境、生产过程、流通过程等环节信息的实时获取和数据共享，起到了一定的引领带动作用。

当前我国农业物联网发展已初步形成以农业传感器、网络互连和智能信息处理等农业物联网共性关键技术研究为重点，以探测农业生态资源环境、感知大田、设施、果园动植物生命信息，农业机械装备作业调度和远程监控、农产品与食品质量安全可追溯、服务平台集成、标准体系制定等方面为重要应用发展领域，以农业传感器和移动信息装备制造产业、农业信息网络服务产业、农业自动识别技术与设备产业、农业精细作业机具产业、农产品物流产业等为重点战略新兴产业的格局，逐步形成了从关键技术研究、标准制定、产品研发、平台构建、应用示范为一体的发展技术路线。农业知识模型和应用控制阈值模型急需加强，农业物联网技术应用目标是实现农业生产的按需控制和智慧化的精细管理，必须要有农业知识模型和阈值模型支撑。虽然农业物联网应用汇集了大量农业数据，但这些实时感知数据没有得到充分挖掘利用，缺乏农业智能决策模型和应用控制阈值模型，导致目前主要还是时序控制、单一指标控制，难以实现按需控制和多指标控制，应用系统的智能化程度需要提高。

四、信息农具应用门槛

信息农具使用大数据、云计算、物联网等先进技术开发实现了农业智能化装备及综合应用服务系统，信息农具的使用对应用者的文化水平有一定的要求，这与我国农业从业者文化水平不高构成显著矛盾，提高了信息农具的应用门槛。

根据我国第二次全国农业普查资料显示，我国农村劳动力文化程度偏低（表5-5）。我国农村常住人口为7亿多人，初中及以下人口为5亿多人，占劳动总人口的69%。曾有报道："我们庄稼人文化水平都不高，孩子也都在市里上班，很少回家。买了设备之后学习了很久才上手，上手之后却又发现问题这么多，也没补贴，我正在考虑是否要停掉这些设备。"

表5-5 我国农村劳动力文化程度数量统计

分组	合计	未上过学	小学	初中	高中	大专及以上
16~20岁	457 862 06	553 633	6 285 444	34 884 370	3 835 021	227 738
21~30岁	118 062 938	1 849 221	18 693 209	83 924 496	10 961 283	2 634 729
31~40岁	145 263 846	3 850 478	41 556 381	92 095 934	6 915 188	845 865
41~50岁	114 810 779	5 799 327	42 136 001	57 084 005	9 393 776	397 670
51~60岁	89 250 385	11 072 966	50 579 634	24 264 735	3 124 251	208 799
60岁以上	41 931 193	12 319 018	23 354 614	5600 149	593 340	64 072
合计	555 105 347	3 544 643	182 605 283	297 853 689	34 822 859	4 378 873

现有农业从业人员难以满足信息农具推广应用的需求。近年来，随着我国政府对农村教育的高度重视，农村劳动力平均受教育年限不断上升，大专及以上文化程度农民从第一次农业普查的0.18%上升到第二次农业普查的0.62%，但这一水平仍然不高，与发达国家相比差距较大。此外，从农民接收职业培训的比例来看，我国接受过职业培训的农民所占的比例较低，我国农村劳动力中接收短期培训的职业农业所占比例较低，仅占20%，接收初级培训的仅占3.4%，接收中等职业教育的仅占0.13%，没有接收过任何培训的占比高达76.4%。

我国农业从业者文化水平及培训比例低，严重阻碍了农业现代化的发展进程，大大提高了信息农具等先进农业生产工具的应用门槛，不利于信息农具等先进农业生产工具的推广和应用。

第四节 产品质量与维护

产品质量是指产品满足规定需要和潜在需要的特征和特性的总和。任何产品都是为满足用户的使用需要而制造的。一件产品不管是功能简单或者复杂，都应当用产品质量的特性或特征进行描述。产品质量特性根据产品的特点而有所不同，表现的参数和指标也多种多样，一般而言产品质量特性归结为6个方面：性能、寿命（耐用性）、可靠性与维护性、安全性、适用性、经济性。产品质量是产品的主要衡量指标之一，产品质量的好坏直接影响着企业所生产产品在市场上的竞争力。在市场经济日益发达的今天，产品质量对于企业的重要性越来越强，产品质量的高低是企业有没有核心竞争力的体现之一，提高产品质量是保证企业占有市场，从而能够持续经营的重要手段，不注重产品质量，最终会寸步难行，功亏一篑。

信息农具包括硬件设备和软件平台，是物联网产业的一部分，它的质量也逐步受到重视。为更好的促进物联网产业的发展，国家物联网产品重点实验室在国内首次开展物联网工程质量评估工作，为物联网系统中智能感知终端、传输网络和应用软件等所涉及的多种子系统进行评估监测。除了产品、系统本身进行监测评估外，物联网产业中还包含服务部分，软件平台通过信息和决策服务为用户提供服务，比如农业物联网综合管理服务平台中，它可以针对不同的用户群体的需求开展相应的权限，提供不同的服务。对于一线生产人员可以通过综合平台获取农业生产现场各种不同的参数；对于农产品销售商而言，可以通过综合平台获取农产品的溯源信息。

信息农具应用企业、园区对信息农具产品质量的关注度日益提高，如果说市场是企业的生存之源，那么产品质量就是企业的立足之本。信息农具质量问题关乎企业的品牌信誉，决定着企业生存与否。曾有媒体报道，曾有一家公司研发有一款农业生产环境智能感知产品，在实验室环境下能够正常运行，但部署到现场进行实际应用时，发现安装在现场的该款产品在数据传输时出现时断时续的现象，通过查找原因发现，导致问题出现的原因是在安装设备的现场附近，一座无线通信基站影响了该设备的正常运行。该设备在出厂应用前，没有经过电磁兼容监测而提前发现设备的缺陷，因此出现了这种结果。在信息农具发展的初级阶段，生产企业更多关注的是产品的功能设计，能否满足并实现客户要求的功能是他们关注的重点，而对产品质量这一块的关注就相对较少。随着信息农具产业的快速发展，市场的不断扩大，以及产品应用环境的复杂多样性，对信息农具产品质量也提出了更高的要求，比如安全性、电磁兼容性、可靠性（稳定性）、接口标准等，这也使得企业将产品质量上升到一个更高的高度来关注。

一、信息农具产品安全性

产品安全性是指产品在使用过程中对人身及环境的安全保障程度，如电气产品的导电安全性等。信息农具具有三大特征：全面感知、可靠传输和信息智能处理应用。从信息的流程来看，感知信息通过采集、汇聚、融合、传输、分析决策与应用等过程，整个信息处理的过程体现了信息农具安全的特征与要求与传统网络安全关注的重点存在着巨大的差异。信息农具通过RFID、传感器、条码等随时随地的获取各种信息，实现了信息的全面感知；传输网络通过无线网络与互联网融合，将智能感知设备获取的各种信息可靠的传输给用户；用户通过云计算、大数据分析等先进的智能分析技术，对获取的海量数据进行分析和处理，以得到有效的决策建议，对生产现场信息进行有效的、智能化的调控。伴随着信息农具产业的不断发展，不可忽略其在安全管理中面对的各种问题和挑战，信息安全和网络安全已成为信息农具产业发展中必须考虑的核心问题。

（一）信息农具感知层中的安全问题

信息农具感知层的主要任务是实现全面的信息感知，感知节点呈现多源异构性，感知节点在通常情况下功能较为简单（通过各种传感器、RFID装置、摄像头等设备对生产环境中各种数据进行采集）、自身携带能源少（一般通过太阳能或电池供电），这就决定了信息感知层设备无法拥有复杂的安全保护能力。设备在应用中可能存在以下安全问题：感知层获取的各种数据通过无线传感网络传输给信息农具应用平台，所传输信息或控制指令可能存在信息被截获或破解的安全风险问题；传感节点与网络连接，因此可能受到来自于网络的攻击，严重时甚至会造成感知系统的严重破坏。感知层中感知网络多种多样，从环境数据到动植物生理数据，再到生产现场可控设备的智能化控制，这些数据传输和指令下达还没有特定的标准，因此暂时无法提供统一的安全保护体系。

（二）信息农具传输层中的安全问题

信息农具传输层的主要功能是将感知层中获取的各种信息安全、可靠的传输到信息农具应用层并对数据进行相应的分析、处理。信息传输过程要通过一个、甚至多个不同架构的网络才能实现信息的有效传递，传输过程难免会存在安全隐患。这种情况下，互联网中存在的安全问题都有可能传导至信息农具传输层，并造成严重的安全隐患。另外，核心网络具有相对完整的安全保护能力，但是由于物联网中节点数量庞大，且以集群方式存在，因此会导致在数据传播时，由于大量机器的数据发送使网络拥塞，产生拒绝服务攻击。

（三）信息农具处理层中的安全问题

信息农具处理层需要对传输层上传数据进行处理，判断各类数据的真实性、安全性。在信息的处理过程中，既有采集获得的一般性数据，也有操控控制设备的指令数据。相较于一般性数据，处理层需要防范指令数据中的恶意指令和错误指令，还有可能存在的恶意攻击者的破坏行为。因此，在信息处理层中不可避免的会面对以下安全问题：传感设备较多，获取的数据量较大，来不及对信息进行判断；设备出现故障（人为或物理问题）导致工作效率低下甚至造成数据丢失等问题。另外，信息农具业务处理层有着不同的支撑平台，如云计算、大数据处理、分布式系统等，这些支撑平台要为上层服务管理和大规模行业应用建立一个高效、可靠和可信的系统，而不同的支撑平台均使得信息农具处理层面临安全方面的挑战，目前还没有针对不同行业应用而建立的相应安全架构。

（四）信息农具应用中隐私保护问题

安全的机密性、完整性和可用性来分析信息农具的安全需求。信息隐私是信息农具信息机密性的直接体现，如信息农具应用平台中所录入的应用企业肥料、农药及农事管理等信息是农业应用平台的重要信息之一，也是要保护的敏感信息。另外在数据处理过程中同样存在隐私保护问题，如基于行业应用的大数据分析的行为分析等，要建立访问控制机制，控制信息农具中信息采集、传递和查询等操作，不会由于个人隐私或机构秘密的泄露而造成对个人或机构的伤害。信息的加密是实现机密性的重要手段，由于信息农具传感层的多源异构性，使密钥管理显得更为困难，特别是对感知网络的密钥管理是制约信息农具中信息机密性的瓶颈。信息农具中的信息完整性和可用性贯穿信息农具数据流的全过程，同时信息农具的感知互动过程也要求网络具有高度的稳定性和可靠性。信息农具中物联网设备的应用与许多其他领域应用的物理设备关联，要保证网络的稳定可靠。

因此，信息农具的安全特征体现了感知信息的多样性、网络环境的多样性和应用需求的多样性，呈现出网络规模大和数据处理量大，决策控制复杂等特点，给安全研究提出了新的挑战。

二、信息农具电磁兼容性

电磁兼容性（Electromagnetic Compatibility，EMC）是指设备或系统在其电磁环境中符合要求运行并不对其环境中的任何设备产生无法忍受的电磁干扰的能力。电磁兼容性包括两个方面的要求：一方面是指设备在正常运行过程中对所在环境产生的电磁干扰（Electromagnetic Disturbance）不能超过一定的限值；另一方面是指设备对所在环境中存在的电磁干扰具有一定程度的抗扰度，即电磁敏感性（Electromagnetic Susceptibility，EMS）。

信息农具是将射频识别设备、传感设备及其他信息获取方式来获取生产环境、动植物生理信息，并通过传输设备将信息传输到应用处理层，对数据进行分析应用，让物体会"说话"，会"思考"。信息农具的终端设备的大量应用，势必会产生电磁兼容的问题，具体表现在以下几个方面。

（一）传感器的电磁兼容问题

传感技术、通信技术和计算机技术是现代信息技术的三大支柱，构成信息系统的器官、神经和大脑。广义的传感技术即信息采集技术，它是信息技术的基础，同样是物联网实现万物信息互联的重要终端技术。

传感技术研究对象是传感器设备，它的质量、水平直接影响到信息农具"神经末梢"的工作能力，也决定了农业应用系统的功能和质量。传感器是将特定的被测量信息（包括物理量、生物量等）转化成电信号的器件或装置。传感器的集成化是传感器的发展方向之一，即把多个同一类型的传感器集成在同一芯片上或将传感器与调理、补偿电路集成一体化。

由于传感器输出的一般都是微小信号，再加上传感器集成化的趋势，这使得传感器电磁兼容问题日益突出。形成电磁干扰必须同时具备干扰源、耦合通道和敏感设备。电磁干扰分为传导干扰和辐射干扰两大类。传导干扰主要有电阻性直接耦合、公共地阻抗耦合、公共电源内阻耦合。辐射干扰主要有远场辐射和近场辐射。近场感应又可分为电容性耦合和电感性耦合。远场辐射可分为天线对天线耦合和场对场耦合。

对于传感器而言，传导干扰主要来自：电源内阻的共阻抗耦合、公共地线的耦合、信号输出电路的干扰、接口电路板上各种传导干扰、公共电阻直接耦合。辐射干扰主要来自：外界磁场对传输线的耦合、外界磁场通过接入端的小孔耦合、接口电路上近场感应。对于集成的传感器而言，电磁的兼容性是解决传感器网络中电磁兼容问题的关键。另外也有许多敏感元件对电磁干扰很敏感。

（二）RFID电磁兼容问题

RFID系统由阅读器（Reader）、电子标签（Tag）和天线（Antenna）组成，它是一种非接触式的自动识别技术，具有数据储存量大，可读写，穿透力强，读写距离远，读取速率快，使用寿命长，环境适应性好等特点，它还是唯一可以实现多目标识别的自动识别技术。RFID在农业生产中有较多应用，比如农畜产品安全生产监管、动物识别与跟踪、农畜精细生产系统等。作为信息农具中的主要终端设备之一的识别器RFID显得尤为重要，RFID设备之间的电磁兼容问题也是需要解决的。RFID系统是一种非接触式无线通信系统，使用非接触技术传输数据时信号比较容易受到干扰，从而引起传输错误。对于单系统而言，干扰主要来自于环境噪声或其他电子设备；也可能来自于附近存在的其他同类RFID系统（如阅读器辐射范围内存在多个射频应答器的情况）。对于RFID多系统的应用过程中，经常会有多个阅读器和多个应答器同时工作的应用场合，这就会造成应答器之间或阅读器之间的相互干扰，这种干扰统称为碰撞，碰撞可以分为应答器碰撞和阅读器碰撞。应答器碰撞是多个标签同时位于一个阅读器的可读范围内，则标签的应答信号就会相互干扰形成数据碰撞，导致阅读器与应答器之间的通信失败；阅读器碰撞是指同时使用多个阅读器时，会造成多个阅读器询问区域的重叠，询问区域交叉的阅读器之间会互相干扰，经常会出现某个或所有阅读器都无法与处在它们的询问区域内的任意一个标签进行通信的情况。

三、信息农具产品可靠性

所谓可靠性，是指设备机能在时间上的稳定性程度，或者说在一定时间内，不发生问题的程度（概率）。设备的可靠性差会导致设备发生故障的概率很大。设备的可靠性由固有可靠性和使用可靠性构成。所谓固有可靠性，是指该设备由设计、制造、安装到试运转完毕，整个过程所具有的可靠性，是先天性的可靠性。当固有可靠性低或使用可靠性低，或这两种可靠性都低时，设备就有可能发生故障。对故障采取对策，重要的是对故障原因在固有可靠性和使用可靠性上进行识别。当固有可靠性提高时，提高使用可靠性就比较容易；而当固有可靠性低时，要提高使用可靠性就十分困难。

系统可靠性是指系统能在规定的条件和规定的时间内完成规定的功能的特性。物联网系统可靠性是指物联网在业务量变化的运行过程中，在各种破坏性因素共存的条件下，物联网对用户服务需求持续满足的能力。这一定义体现了物联网"以用户为中心"的服务宗旨。这里，"对服务需求的满足能力"是物联网可靠性的测度，它包括两个维度：从能力内涵看，即包含物联网系统的生存能力，也反映了系统对用户需求的适应能力；从研究内容看，既研究系统固有属性（如拓扑设计、路由设计、资源管理机制等）的可靠性，也研究系统运行属性的可靠性，是对系统可靠性的综合测度。

目前对物联网可靠性还没有系统的研究。物联网系统与一般工业产品相比有如下特点：系统复杂、庞大，没有固定的结构，难以用一个固定的框图或者数学表达式来表示系统可靠性；物联网工作环境复杂多样，各个子系统面临不同工作环境，甚至相同系统在不同地理位置面临不同环境，对系统可靠性的分析难以确定一个固定的工作环境。理想的物联网能够实现所有的信息处理功能，但现阶段离这个目标还比较遥远，不同领域的物联网有不同的功能，难以对物联网规定功能进行确定的描述。物联网的可靠性主要表现在能够在一个特定的工作环境中和规定时间段内实现信息的准确获取、传输、使用，网络的连通、自动组网、有效应对规定范围内的突发事件，并且能够在一定的破坏下维持自身稳定的能力，物联网可靠性问题构成包括设备可靠性、通信可靠性、网络可靠性。

物联网中终端设备数量庞大，是实现系统功能的基础，只有当设备正常工作、无故障时才能运行系统功能，设备可靠性表征了系统的本身固有可靠性。很多终端长期处于无人监控的状态，工作过程没有人的参与，要求终端能够具有较高可靠性。

物联网中通信与一般的通信有很大区别，主要表现在：物联网节点数量庞大，通信不是单一的一对一通信，存在多对一的通信；通信节点工作环境复杂，而节点结构相对简单，容易受到外界的干扰、攻击；物联网中节点是运动的，通信链路不稳定。

网络是物联网的核心部分，物联网网络可靠性在一定程度上代表了系统可靠性。网络的可靠连通是网络可靠性研究的主要方向，但是网络的连通不能完全反应网络的可靠性，需要从各方面对网络可靠性进行评估，包括网络的连通率、网络容量、延时、丢包率等都是物联网可靠性的主要内容。

业务可靠性是从物联网整体考虑系统对规定业务的完成能力和完成质量。该方法重点考虑系统结构、基本单元的失效和外界环境的影响对系统预计功能完成效果的影响程度，在考虑多种失效原因的条件下，分析系统任务可靠性问题。同时，确定系统部件、结构、环境对于业务可靠性的重要程度。

四、信息农具产品标准问题

"欲知平直，则必准绳；欲知方圆，则必规矩。"标准自古以来都有着其重要的地位，没有标准，无以知方圆，更无以证曲直。一个产业有好的发展，制定好标准才是关键，信息农具的发展也需要好的标准来约束。

我国物联网产业标准化制定工作开展时间不长，2005年至今，我国相继成立了电子标签标准工作组、传感器网络标准工作组、中国通信标准化协会（CCSA）泛在网技术工作委员会（TC10）和中国物联网标准联合工作组。经过多年的工作和发展，我国物联网产业标准在国际物联网标准化领域中已经占据了一席之地。但物联网标准在具体的产业领域中还存在着较多的问题。在农业生产领域中，由于农业的行业特点，现有的物联网产业标准不能在农业产业中直接应用，农业物联网的相应标准还比较欠缺。目前，农业物联网标准方面工作还比较薄弱，制定的相关标准大部分还是战略性的描述，完善的农业物联网标准尚未建立。

在农业物联网传感设备接口方面，没有统一的接口标准和技术规范，不同厂家研发设备无法实现互联互通；在数据传输方面，没有统一的数据交换标准是农业物联网发展的一大瓶颈，大大限制了农业物联网的发展。

农业物联网中感知层是系统的基础，感知类标准的制定工作是农业物联网标准制订工作的重点和难点。农业物联网中感知设备获取数据多而杂，既有环境参数，又包含土壤数据、动植物生理数据，由于感知数据的复杂性、多样性、多领域性使得农业物联网感知标准的制订难度较大，其核心标准亟待解决。感知技术是物联网产业发展的核心，目前感知类标准包括ISO、IEC、IEEE、ITU-T等多个标准，涉及传感器、多媒体、条码、射频识别、生物特征识别等技术标准，涉及信息技术之外的物理、化学专业，涉及广泛的非电技术，小、杂、散的感知标准严重制约农业物联网产业化和规模化发展。

物联网网络传输类标准包括接入技术和网络技术两大类标准，接入技术包括短距离无线接入、广域无线接入、工业总线等，网络技术包括互联网、移动通信网、异构网等组网和路由技术。物联网产业网络传输类标准相对比较成熟和完善，在物联网发展的早期阶段基本能够满足应用需求。农业物联网中网络传输类标准还处于早期发展阶段，传输层的通信没有统一的通信协议，农业物联网数据交换也没有统一的应用标准，农业传输技术的创新解决了"点"的问题，但标准不规范无法解决"面"的问题。

农业物联网支撑类标准包括数据服务、支撑平台、运维管理、资源交换等标准。数据服务标准是指数据接入、数据存储、数据融合、数据处理、服务管理等标准。支撑平台标准是指设备管理、用户管理、配置管理、计费管理等标准。运维管理标准是指物联网系统的运行监控、故障诊断和优化管理等标准，也涉及系统相关的技术、安全等合规性管理标准。资源交换标准是指物联网系统与外部系统信息共享与交换方面的标准。目前海量存储、云计算、大数据、机器学习等技术标准可为物联网应用支撑提供帮助，但针对物联网应用的支撑标准需求分析及现有标准评估工作尚处于探索阶段。现有标准组织针对数据接入、设备管理、运行监控方面有相关研究，但缺乏对于系统合规性以及其他方面的管理研究。

第六章 信息农具的突围之道

第一节 可靠为命，实用为王

农业物联网的快速发展，为传统农业生产带来巨大变革。如今，"面朝黄土背朝天"的农民，放下手中的传统农具，借助手机、电脑等媒介操作信息农具实现了与农作物的实时交流，足不出户就可以控制农业生产的环境监控、卷放帘、灌溉、施肥等各项流程。通过对信息农具的实施效果评估来看，信息农具在农业生产过程中为农民节省了大量的人力和物力成本，提高了农业生产效率，具有巨大的社会效益、经济效益和生态效益。但是，当前信息农具仍然处于试验示范阶段，并没有大面积的推广应用，这其中涉及多方面的原因。第一，信息农具的使用需要投入的费用较大，同时相关的技术性人才非常缺乏，无法支撑信息农具的大规模应用，所以对于信息农具来说，提升其实用性，确保人人会用是非常关键的。第二，大部分信息农具设备还不够接地气，在满足农民使用需求方面需要继续探索。对于信息农具的科研和生产单位来说，研发的信息农具大都是概念性产品多，与农业实际应用差异较大。以农业生长环境监测设备为例，目前我国农业物联网专用的环境监测传感器种类不到世界的10%，在覆盖面、可靠性、适用性等方面还有很大的提升空间。部分国产传感器性能不够稳定，采集的数据不精确，经常需要校正，而且器材寿命短。信息农具的使用环境比工业环境更恶劣，经常需要处于高温、高湿等极端环境下，所以信息农具的可靠性非常重要。第三，农业生产环境的特殊性。信息农具的工作本质是代替人实现农业生产环境的自动化调节和控制，为农作物生长提供适宜的环境，所以，信息农具的性能都应该与控制系统相适应。无论是信息监测设备的长距离布点、信息农具的灵敏度还是响应时间都应该保持良好的性能，这样才能使系统真正做到快速反应和调控环境的高效工作。但是当前我国的信息农具产品尚不完全成熟，各类设备的性能低于应用预期。产品的可靠性、稳定性、精准度等性能指标不能满足应用需求，产品总体质量水平亟待提升。如土壤墒情监测传感器、CO_2浓度传感器、叶面传感器等技术和设备还不成熟，且设备需要长期暴露在农田自然环境之下，经受烈日暴雨，经常出现故障，严重影响使用。通过对信息农具使用情况的调研发现，国外进口的信息农具产品三年才需要维护，而国内产品3个月即需要维护，性能差距较大。综上所述，信息农具的可靠性和实用性对于信息农具的大范围推广应用和新农业的快速发展起到决定性作用。

一、什么是可靠性和实用性

信息农具的可靠性是其质量特性中的一个重要特性，主要包括6个方面的特征：第一，物质方面，如物理性能、化学成分等；第二，操作运行方面，如操作是否方便，运转是否可靠、安全等；第三，使用方面，如产品结构是否轻便，是否便于加工、维护保养和修理等；第四，时间方面，如产品是否具有较长的使用寿命、精度保持性、可靠性等；第五，经济方面，如效率、制造成本、使用费用等；第六，外观方面，如外型是否牢固、包装质量的好坏等。

信息农具的实用性是指产品能够在农业生产过程中使用，并且能够产生积极的使用效果。在信息农具产品的设计工作中，无论是功能设计还是用户界面设计都需要注重用户的使用体验，确保产品的各项功能易学易用、易维护易管理，用户界面简洁、美观、友好，工作流程从设计到使用全程图形化。软件系统的开发和硬件设备的设计都需要考虑到最大限度地增加产品的使用价值，最大限度地满足农业生产者在各类农业生产环境下的使用需求，充分考虑系统今后功能扩展、应用扩展、集成扩展多层面的延伸。在产品示范应用过程中，应始终贯彻面向农业生产应用，围绕农业生产应用，依靠农业生产者，注重实效的方针，同时又要兼顾到产品的成本控制、项目周期控制等因素，在各类信息农具产品功能的设计和开发过程中也都需要遵循实用主义。

信息农具的可靠性和实用性是衡量产品质量的重要指标，它是信息农具的固有属性，信息农具生产厂家为了提高产品质量和销量，都应该努力提高各类信息农具产品的可靠性和实用性。信息农具的硬件设备和软件平台的可靠性和实用性各有其不同的侧重点。对于硬件设备来说，随着质量观念的不断发展，硬件设备产品的可靠性不仅得到了生产厂家的重视，也越来越得到农业生产用户的关注。对于软件平台来说，平台各项功能的发挥决定了新农业的正常运行，并且平台数据库在运行过程中保存了大量的农业生产数据，因此平台必须是可靠的，一般的人为和外部的异常事件都不应该引起系统的崩溃，并且在平台开发的过程中需要确保系统出现问题后可以在较短时间内恢复，同时保证系统的数据是完整的，用户需要具有权限才能对数据进行修改、删除等操作。农业生产人员在购置和使用信息农具的硬件设备和软件平台的过程中不但要求产品具有良好的性能，而且要求产品具有较高的可靠性，使用寿命长、便于维修等。任何信息农具的生产厂家都必须把可靠性作为一个重要因素加以考虑。

随着我国农业生产技术的不断发展，信息农具的应用范围也不断扩大，信息农具产品研发和上市的速度成为生产企业追逐的方向，而对产品可靠性和实用性则有所忽略。当前，我国大部分的信息农具在可靠性和实用性上没有达到预定的目标，主要原因包括3个方面：第一，设备系统的复杂化。信息农具研发过程中涉及大量的现代信息技术，设备和系统越来越复杂，系统相关的任何一部分失效而导致整个系统失效的机会增多。设备复杂化可以更多地代替人的操作，但系统复杂化降低了设备的可靠性，容易发生故障。第二，使用环境日益恶劣。在当前的农业生产环境下，信息农具产品所处的农业生产环境越来越广泛，覆盖大田种植、设施农业、畜禽养殖、海水养殖等各类农业生产，工作环境变得更加恶劣，高温、高湿、振动和辐射等条件，使产品的可靠性受到影响。第三，产品生产周期的缩短。传统的信息产品生产要经过设计、生产、测试等多个过程，然后交付顾客使用。随着现代信息技术的进步和市场竞争的加剧，信息农具产品设计和生产技术更加成熟，生产周期缩短，同时也对产品的可靠性提出了更高的要求。

二、如何提高信息农具的可靠性和实用性

提高信息农具的可靠性和实用性对于提升农业生产装备的供给水平，发展既符合我国农业生产实际需求，又具有较高技术水平的信息农具市场，可以有效提升我国信息农具的自主创新能力，做大做强我国信息农具制造产业。对于提高信息农具可靠性和实用性的途径来说可以从以下几点展开。

（一）面向实际需求

在信息农具研发过程中需要立足于当前我国农业生产的实际需求，针对农户实际生产活动展开大量的调研，制定需求分析策略。需求分析是介于农业生产分析和信息农具产品设计阶段之间的桥梁。需求分析以农户或农业生产企业对于信息农具的实际需求为基本出发点，并从产品设计的角度对这些需求进行总结和分析，做到以上工作可以为产品功能和框架设计、实现、测试直至维护打下基础。良好的需求分析活动有助于尽早剔除或避免早期错误，从而提高产品生产率，降低开发成本，改进产品质量。解决信息农具生产和推广难题的关键，不接地气是没有前途的。"要力求方便实用和傻瓜化"，在中国农业大学宜兴农业物联网研究中心，负责人李道亮教授告诉记者，以宜兴农业物联网水产养殖示范5年的经验为例，从实验室概念型产品到最终成熟的应用系统，一共研发了三代产品，"电路、通信、模型"三大模块总计改进了上百次，大部分都是为适应当地环境特点和农民操作简便要求而进行的改进。

（二）提升自主创新能力

信息农具研发过程中需要坚持自主研发与引进吸收并重，提升信息农具生产企业的自主创新能力，同时要加快技术研发应用步伐，与现代信息化工作结合。我国在信息农具领域需要借鉴发达国家信息农具的使用经验，缩小与发达国家新农业之间的差距，提升自主创新能力。企业可以通过3个方面提升自身的自主创新能力：第一，坚持自主研发与引进吸收并重，难度大的技术要加快引进吸收，短平快的技术要自主研发，通过单项技术突破与集成应用并举，加快技术研发应用步伐。第二，研发的信息农具产品要力求方便实用和"傻瓜化"。信息农具的研发项目要以"测得出、使得快、算得灵、用得好"为建设标准，重点在功能设计、核心技术、推进机制等方面寻求突破。第三，信息农具的研究和应用应突出重点，与现有信息化工作结合。新农业是个复杂的工程，其应用需要优先从基础好、规模化程度高的大型农业生产企业入手，应在生产过程精细化管理、农产品与食品安全监控等领域优先发展。我国应借鉴发达国家信息农具领域的先进经验，缩小与发达国家的差距。

（三）扩大产品示范应用范围

针对目前存在的农业生产分散经营的现况，在信息农具产品推广时应争取寻找能够进行大面积土地经营管理的农业生产企业实施，并且以行政村或乡镇为单位组织散户共同实施信息农具应用工程，对设备和解决方案实行统一采购和集约部署，以增强信心、减低成本、分解风险、提升效益。

（四）优化实施方案及其产品的功能、性能

针对产品技术不成熟、性能差且成本高等问题，方案提供厂家与农户业主之间需要建立密切的合作关系，在实施过程中实现需求与产品功能、性能的不断磨合，通过及时反馈产品性能缺陷，使厂商能够及时改进优化产品和解决方案，不断提升技术水平和产品质量。

（五）培养良好的工作思维

信息农具生产企业在产品研发、生产和推广过程中需要树立5种思维。

1. 用户思维

信息农具产品供应链各个环节中都要"以用户为中心"去考虑问题。作为信息农具的生产企业，必须建立起"以用户为中心"的企业文化，只有深度理解用户才能制造出高可靠性和实用性的产品。没有认同，就没有合同，得用户者得天下。

2. 简约思维

农业具有区别于其他产业的特殊性，农业从业人员信息技术水平较低，对于

信息农具产品的可操作性提出了更高要求，所以必须确保产品操作起来简单易用，才能在短时间内抓住用户，培养用户的使用兴趣。

3. 极致思维

把产品、服务和用户体验做到极致，超越用户预期，打造让用户满意的产品，服务即营销。在产品研发过程中，采用以人为核心、迭代、循序渐进的开发方法，允许有所不足，不断试错，在持续迭代中完善产品。小处着眼，精益求精，快速迭代。

4. 大数据思维

大数据思维指对大数据的认识，小企业也要有大数据，用户是每个人，通过信息农具的广泛使用收集大量农业生产和用户数据，用大数据驱动运营管理。

5. 平台思维

开放、共享、共赢的思维。打造多方共赢的平台生态圈，善用现有平台，打通农业生产、流通、销售、宣传、信息农具研发生产等各类不同组织之间的界限，携用户寻找低效点，打破利益的分配格局，敢于自我颠覆，主动跨界。

（六）产品测试与示范应用

研发的硬件设备经过实验室内部测试与优化、生产现场中试与熟化之后，应及时移交第三方检测机构进行检测认证，取得《登记测试报告》；研发的软件平台需要通过软件行业协会进行软件产品评估，并获得软件产品证书。在确保成果功能完善、性能稳定的基础上，按照"先示范后推广、加强宣传、由点及面、逐步扩大"的原则，及时将成果应用到农业生产的产前、产中和产后过程中。

第二节　简单到极致——把用户当"傻瓜"

当前我国的信息农具研发已经进入快速增长期，但在降低成本和使用复杂度方面，还没有得到足够的重视。在信息农具的技术研发领域，具有自主知识产权的终端芯片、操作系统没有取得突破性进展，致使智能终端成本长期居高不下。终端软件的使用难度过高，让不懂网络的人、农村偏远地区群众、低收入群体、年龄偏大的农户望而却步。信息农具在使用过程中以"农业全面现代化，新农人全面创收"为宗旨，对传统农业进行全面升级和改造，建设全面智能化、数据化的生产、管理和销售体系，为农业新型经营主体（企业、合作社、家庭农场等）提供全方位的信息服务，实现生产管理的智能化和标准化，销售管理的品牌化。全面降低生产、管理的成本，提升产品产量和质量，让农事生产更轻松、收益更高。信息农具生产企业在研发、生产和推广过程中需要遵循"简单到极致——把用户当'傻瓜'"的根本目标，才能生产出深受用户喜爱的产品。企业在进行信息农具的研发和生产过程中，需要不断降低信息农具和终端软件的使用难度，要充分考虑到老年人、文化程度较低的农民的接受程度，让他们能够轻松使用信息农具，共享高科技发展的成果，实现步骤包括以下方面。

一、了解用户

在产品研发之前，需要深入农业生产现场进行实地调研，了解农户的实际需求，发现用户实用过程中的变化的因素，从而将其变成可定制性元素，使产品实现商品化、通用化，达到"通用产品、个性应用"的目的，这是突破产品用户需求差异化瓶颈的有效途径。通过这种途径赋予产品灵活通用的特点，并基于此满足用户的个性化需求，从千变万化的需求中找到共性，从混沌中找出规律，从而达到低成本、高成功率建设的目的，突破产品普及的瓶颈。实现产品的通用化之后，应注重用户的傻瓜化体验，这个过程包括便于农户理解、便于用户学习和便于用户操作3个方面，确保用户可以在短时间内完成系统和设备的安装、初始设置、用户录入和权限分配；进行一次简单的培训后，绝大部分用户能够在一天内熟练使用常用功能，一周内熟练使用70%的功能，即一周内让产品顺畅地运行起来。同时，一个优秀的信息农具产品设计应可以让用户根据界面提示使用，无需过多参考使用说明书，同时产品各项功能流程设计也应该越来越简单，因为任何产品发展都是越来越"傻瓜化"——以最低电脑应用水平的用户为基准，尽量不出现超越普通农户平均理解认知水平的功能设计，常用功能的初级学习时间应该控制在10min内。对于信息农具来说，最高境界就是做到"零手册"，即无需手册的帮助，就能够直接上手使用。

二、专注服务

在激烈的市场竞争中，产品和服务是两大关键因素。随着产品愈来愈同质化，只有服务才能创造差异，才能创造更多的附加值。对于信息农具来说，需要以实现完美的用户服务作为发展目标，服务内容包括："一套投入，全面升级"，即一套设备的成本投入，便能完成对农业生产现场的全面智能化、生产标准化的升级改造，同时节约成本；"产业升级，激活资源"，即以大数据调动农业生产现场全部可用资源，激活农业附加功能，助力农业产业的全面升级，实现新农人多方面创收。

我们常说，帮助别人应该教授方法而非结果，"授之以渔"而非"授之以鱼"。但在互联网时代，面对海量的信息和多样化的选择，要想让用户选择你的产品，就要在最短时间内为用户解决问题，不要让他们学习和思考太多，即"授之以鱼"，而不是让他们自己去钓鱼。想要黏住用户、获得用户忠诚越来越难，在极度丰富又高度同质化的产品中，凭什么让他们花钱、花时间选择你的产品？答案是把用户当"傻瓜"，不需要他们思考，直接提供最佳方案，解决问题。这就是服务主导思维——产品只是敲门砖，只有用极致服务打造的优质用户体验才是增强用户黏性的黏合剂。

工业时代是标准化的产品主导思维。产品的研发和生产是企业价值创造的核心步骤，企业为客户的服务仅限于售出的产品。标准化的客户服务则是成本。互联网时代是个性化的服务主导思维，用户服务是企业价值创造的核心步骤，产品只是成本。工业时代，产品与服务是割裂的，互联网时代则融为一体。互联网时代，为什么是服务主导思维？一是服务离用户最近。谁抓住服务，谁最有可能连接用户，并建立密切关系；二是产品极大丰富的时代到来后，用户个性化需求需要精准服务；三是用户需要的是解决问题的方案，而不仅仅是产品。

在这个产品极大丰富的时代，用户需要的是解决问题的产品或服务，而非工具或方法。参考这一思路，我们的产品使用起来要简单、傻瓜。它不需要用户研究半天说明书，也不需要打售后电话，最好"上至九十九，下到刚会走"的用户都能用它迅速解决问题。以一款农业种植知识服务应用软件为例。用户搜索某种农作物的种植技巧，产品推送的最优方案不应超过3个，极致服务是只推送最佳方案。如果还要让用户花时间去研究、对比哪个方案好用，那么不等用户研究完估计他就要卸载这个应用软件了。

对于企业来说，产品有形，服务无价。美国经济的80%都是服务业，雇员少于20个的企业90%是服务企业。连GE、IBM这样的大型制造型企业，也都转型成为服务为主的企业，价值上亿的设备只是开胃小菜，产品背后的服务创造的巨大价值才是他们的主食。IBM转让PC业务是为了专注软件服务，事实证明IBM向服务转型非常成功。海尔由产品型企业到服务型企业的转型也十分成功。近年来，海尔不再追求产品的批量化生产，而是一方面强调"用户个性化"，打造"用户生态圈"；另一方面打造创业平台，将员工转化为创客，使他们能更快响应用户需求。曾有用户在交互平台提问"有没有供孩子专用的免清洗洗衣机"，很快用户就发现这种洗衣机上市。这款产品就是海尔内部独立创业团队研发的。由此，海尔已经转变成为用户需求和员工创业而服务的平台，而不再是一家制造型企业。对于我国的信息农具企业来说，也需要学习这种思维，由生产制造业向服务业的结构性转型，以用户为中心，实现利用互联网与用户零连接互动。

第三节　你就是老板——替用户算账

一、信息农具成本现状

资金投入是困扰新农业发展和信息农具使用的首要问题。在我国农业整体效益较低、以小农户分散经营为主的发展背景下，新农业发展面临严重的资金短缺困难。信息农具的试点示范并不代表真正实现产业化，大规模商业化应用还需要时间。对于我国来说农业是弱势产业，生产条件可控性差，这决定了以物联网技术为代表的现代化信息农具技术在我国农业领域的应用明显不同于工业领域，导致了其发展初期受资金制约严重。信息农具应用基础设施建设成本较高导致了大多数用户无法涉足农业物联网。信息农具的应用首先要部署传感器，农用传感器多为土壤监测、水质监测等化学类传感器，而传感器价格较高则是难以突破的瓶颈。如测土壤温度、土壤pH值、CO_2浓度的传感器价格昂贵，后期维护成本较高，而农作物利润普遍较低，因此物联网应用部署投入产出比不高，使得农民购入物联网设备的意愿不强。所以信息农具的应用对普通农作物目前还不适用，只能用于对成本不敏感的农作物，如稀有花卉、水果、药材等的种植。

以现代化信息技术为标志的新农业已不是一个新鲜话题，花费巨资搞这个项目是否值得，引起我国农技人员和农民的议论。通过调研发现，发展新农业和引进信息农具的最大障碍还是投入成本太高，在养殖领域和高端设施农业领域有较大的推广价值，但用在种粮食上，至少就目前而言，还是"看上去很美"的事情，大规模推广还没到时候。

以无锡市锡山区太湖水稻示范园为例，该示范园是省内较早运用信息农具种植粮食的试点区，示范园有2 000亩地使用了信息农具，每5亩地安装一个传感器，管理人员坐在中央控制室就可实时了解每块地的土壤湿度、水位、肥力等；需要灌溉时，工作人员只要轻点鼠标就能实现远程操作。示范园负责人孙志明说，信息农具首先是节约劳动力成本。运作2年下来后发现，与一般的种粮大户相比，每亩地节省的劳动力成本为120元左右。其次是减少了农本，由于传感设备能精确测定土壤中的肥力，化肥和有机肥的施用量减少20%～30%，农药的施用量也减少，平均每亩每年可节约农本70～80元。第三，因为精准施肥用药，粮食产量比常规种植高8%～10%，还减少了农业面源污染。轻点鼠标就能种地，当然是很诱人的事。问题就在信息农具的成本太高。据了解，这家示范园内的智能化灌溉系统和土壤测定系统是中国科学院和扬州大学农学院联合研制的，平均每亩地的物联网设备成本需8 000元左右，预计可使用10～15年。如果以15年计算，每年每亩的成本为530多元，不算太多，问题是首次投入太多，一般农民显然不具备这个条件。"当然，由于信息农具面世不久，价格比较高；大规模生产后价格就能降下一大截。"孙志明坦陈，对于缺水地区和劳动力成本较高的地区，通过新农业的发展方式种粮是有推广前景的，而在当下农村劳动力成本还不是太高，多数地区灌溉用水也不紧张，用以信息农具为代表的新农业方式种粮还不具备推广价值。

"不管怎么说，信息农具的大规模应用肯定是现代农业的一个方向。"江苏省政府参事、资深农业专家刘立仁说，信息农具对实现粮食作物精耕细作，包括远程病虫害诊断、远程精准施肥、精准灌溉、精准施药、智能测产的作用是无可置疑的，但一次性投入成本太高确实是"拦路虎"，因此不妨先在高附加值种植和养殖领域试验，不能因政绩冲动而盲目在大田作物种植上推广。他说，近年来他参观过多个新农业试验区，例如南京市高淳区有一个用信息农具养螃蟹的试验区。传统的螃蟹养殖是很费劳动力的，水体里是不是缺氧了，碱性是不是不够了，全靠人力观察和测定，一不小心还会出错，导致减产。使用信息农具后，蟹农可以利用手机终端实现远程增氧、智能投喂，并能实现远程预警，既大大节省劳动力，还能提高螃蟹产量。国内很多种植高档花卉苗木的智能大棚，也因使用信息农具而实现产量增长、效益提高。总之，使用信息农具要讲究投入产出比。

"除了成本较高，信息农具运用还存在应用规模小、分散、应用技术不成体系的问题。"南京大学生命科学学院杨永华教授说。首先，目前国内有很多高校和科研机构从事农业信息农具技术研究，但存在各自为战的问题；其次，信息农具设备主要产自高校院所的实验室，概念性产品多，实际产业化率不高，加上产品还没有统一的标准，导致信息农具产品的可靠性、稳定性、精准度等性能指标往往不能满足应用需求；此外，信息农具产品的后期维护保养服务也成问题。因此，信息农具的大规模推广运用，还需要时日。对于企业来说，只有不断进行技术创新，研发具有自主知识产权的产品，在产品核心芯片和操作系统研发领域进一步突破，不断降低信息农具终端设备的生产制造和使用成本，让所有的农民、农业生产企业都能够用的起信息农具。

二、替用户算笔账

信息农具在使用过程中可以为用户带来良好的经济效益、社会效益和生态效益。

（一）经济效益

通过信息农具的示范应用可以帮助农户实现生产环境信息的自动感知、可靠传输和智能调控，提高了企业的生产效率，降低了生产成本，提升了农产品品牌形象，实现了农业生产的精细化管理，具有节水、节肥、降低劳动强度、节省劳动力投入等优势。通过在相关农业企业或专业合作社的示范应用表明，作物亩均产量提高10%以上，产品质量抽检合格率98%以上，产品品质明显提高，亩均节水节肥10%～15%，平均降低用工成本30%，农业综合经营效益提高20%以上。同时通过信息农具在农业生产、管理、交换、加工、流通和销售等各环节的产品信息实现无缝对接，可以实现农产品的自动分拣、装卸、流通、跟踪和自动购买结算等，降低了物流成本。不仅如此，信息农具的使用实现了农业各循环流转环节的远程化、数字化和智能化，使得农产品信息发布和对接更加便利，甚至可以实现农业生产与电子商务的自动对接，既为减少其循环流转环节提供了重要契机，也为降低循环环节中信息的不对称性提供了有力保障，从而为农产品交易成本、代理成本的降低提供了较大空间。

（二）社会效益

信息农具的推广应用需要更多的专业技术人员参与，增加了就业岗位，提高了社会就业率。同时，在成果推广应用过程中，需要对一线操作人员进行信息农具相关理论知识、设备安装、平台操作方式等相关知识的培训，提高了操作人员的技术水平和业务技能。

信息农具的应用可以精确统计农业生产过程的产量，从而引导产业结构平衡发展，避免因信息不对称所导致的产业结构失衡的现象。信息农具的推广应用除了提升农业产业自身的发展外，还可以带动其相关物联网技术设备和软件产业的发展。信息农具的使用实现了食品安全溯源、农业生产管理的精准化、远程化和自动化及农产品智能储运等技术应用功能，这些技术功能具有一定的社会效益。

（三）生态效益

通过信息农具在农业生产中的应用，初步解决了过去传统农业中一直存在的大水漫灌、过量施肥等水肥资源浪费的现象，缓解了土壤酸化、次生盐渍化、养分和生态失衡等一系列问题。同时，通过信息化系统完整记录农产品从生产到销售各个关键环节的数据，做到生产全透明。因此，信息农具的使用具有良好的生态效益。

第四节　酒香也怕巷子深——科普与宣传

当前，我国大部分的农户或者农业生产企业对于信息农具的了解仍然不充分，存在很多误区，主要表现在：① 农户或农业生产企业思想认识上存在对信息农具的片面认识，过高或者过低估计信息农具的作用，一方面有人认为信息农具是高科技产品，可以不需要输入数据，不需要进行科学试验，就可以预测作物生长情况；另一方面，有人认为信息农具现在生产上推广应用还太早，开展农业信息技术的研究没有必要。② 缺乏对信息农具的支持研究，包括作物生理过程、农艺措施对作物生育的影响的定量分析等。③ 信息共享渠道不畅，包括数据的收集、传递与利用效率较低。④ 应用研究缺乏生机和创新，大面积推广应用的研究成果少。对于信息农具生产厂家来说，在产品科普与宣传方面也遇到了很多问题，主要表现在以下几点：第一，信息农具的生产厂家忽略了对市场数据、行情、消费者动态、产品市场占比、消费者数据等因素的分析，盲目生产和销售，导致产品不适应市场。第二，产品营销渠道单一、产品外观设计简单化、没有专业的营销团队，对于产品的科普和宣传渠道把控相对薄弱，销售渠道扁平化，没有多元发展代理商。第三，产品宣传和推广力度薄弱，品牌意识不强，造成区域性销售，没有形成更大的销售范围。为了促进信息农具的快速推广应用，政府和信息农具生产企业都需要从多方面加强对于信息农具产品的推广、科普、宣传和营销。

一、政府部门

建立完善的信息农具相关技术推广体系。创新激励机制，基层推广机构与经营性服务组织紧密结合，鼓励农业技术推广人员进入家庭农场、农民合作社和农业产业化龙头企业创新创业，在完成本职工作的前提下参与经营性服务，通过切身实地的从事农业生产劳动，发现农业生产过程中对于信息农具的需求。完善运行制度，健全人员聘用、业务培训、考评激励等机制。推进方法创新，加快农技推广信息化建设，建立农科教结合、产学研一体的科技服务平台。

引导科研教学单位开展农技推广服务。强化涉农高等学校、科研院所服务"三农"职责，将试验示范、推广应用成效以及科研成果应用价值等作为评价科研工作的重要指标。鼓励科研教学单位设立推广教授、推广研究员等农技推广岗位，将开展农技推广服务绩效作为职称评聘、工资待遇的主要考核指标，支持科研教学人员深入基层一线开展农技推广服务。鼓励高等学校、科研院所紧紧围绕农业产业发展，同农技推广机构、新型农业经营主体等共建农业科技试验示范基地，试验、集成、熟化和推广信息农具相关技术。

支持引导经营性组织开展农技推广服务。落实资金扶持、税收减免、信贷优惠等政策措施，支持农民合作社、供销合作社、专业服务组织、专业技术协会、涉农企业等经营性服务组织开展农业产前、产中、产后全程服务。通过政府采购、定向委托、招投标等方式，支持经营性服务组织参与公益性信息农具技术推广服务。建立信用制度，加强经营性服务组织行为监管，推动信息农具技术推广服务活动标准化、规范化。

主要农作物生产信息农具推进行动。在水稻、玉米、小麦、马铃薯、棉花、油菜、花生、大豆、甘蔗等主产区，大力推广耕整地、标准化种植、植保、收获等主要环节采用信息农具技术，提升主要粮食作物生产信息化水平，突破主要经济作物生产全程信息化"瓶颈"，推动信息农具技术集成配套，优选适宜的技术路线和装备，形成具有区域特色的全程信息化生产模式。

建立信息农具试验示范工程。构建包含信息农具在内的新农业理论体系、技术体系、应用体系、标准体系、组织体系、制度体系和政策体系，建立符合国情的信息农具技术可看、可用、可持续的推广应用模式，在全国分区分阶段推广应用。探索信息农具商业化运营机制和模式，扶持一批信息农具技术应用示范企业，推动信息农具上下游相关产业良性发展。

二、企业单位

对于信息农具生产企业来说，应积极加强同国内外优势企业的合作，通过合资合作、加大信用支持等，共同完善渠道建设，增加产品销量，将企业发展融入到区域经济发展之中。对于信息农具的用户来说，大部分属于理性消费，短暂、华而不实的营销手段不会得到他们的认可，质量稳定的产品性能、快捷便利的服务手段永远是这类消费者的购买动机。因此所有的营销活动必须围绕最终用户购买心理，分重点、有层次地推进，才能确保营销策划活动效果的圆满性和持久性。

（一）充分借助行业的力量

信息农具生产企业需要不断扩大自身在行业中的影响力，同时需要借助各种机会进行技术和产品的宣传。首先，企业可以联合农业物联网研究机构、高校、信息化意识较强的大型农业生产企业定期举办交流会或者是参加相关的展会，通过参加各类会议，学习行业中优秀企业的先进经验，同时推介自己的产品和理念，针对农业生产企业进行精准营销。

（二）充分的市场调研

要用充分的时间对最终用户、产品销售渠道、竞争对手等对象进行调研，除了弄清楚当前市场上的信息农具各类设备和软件平台的价格、市场容量、机型配置等常规调研项目以外，还要重点总结出当地市场发展的趋势、最终用户的潜在需求、经销商的盈利期望值、竞争对手的优劣势等，这也是产品市场策划的关键点，预示着提升产品销量的工作方向。在此基础上要对企业在信息农具生产领域的核心优势进行分析。所谓核心优势是与主要竞争对手相比，在市场上可明显的差别竞争对手的优势。所以识别企业核心优势时，应把企业的全部经营活动加以分类，并对各主要环节如研发、生产、成本控制和经营方面与竞争者进行比较分析，最终形成企业的核心优势。

（三）建立全网营销渠道

全网营销是全网整合营销的简称，主要包括提升品牌形象、开发新产品、规范销售市场、促进线上线下整体销售、梳理分销渠道、完善客服体系等，它不仅仅包括营销方式的多样化，而且是最新营销方式的有效整合和组合，是一系列电子商务内容集成于一体的新型营销模式，是集合传统网络、移动互联网为一体进行营销。随着信息技术的发展，当前已经进入大数据时代，营销客户精准性得到相关提高，可以有效降低企业相关营销成本，节约人力、物力和财力。通过新型的营销模式，可以把握当前新农业供应链过程中对于信息农具的实际需求，加强与农户或农业生产企业的互动，并为其提供精准服务。在营销前首先应该对当前的竞争市场进行详细调研分析，根据调研情况总结自身的优势，从而促使企业提前布局互联网营销方案，抢占市场份额。在营销过程中需要充分利用各类宣传、科普和推广渠道，例如微信、微博、QQ、天猫、京东等，充分扩大宣传范围，同时可考虑尝试京东众筹、众筹网等渠道，进行产品研发和生产的融资，通过众筹把较好的创意快速转变为产品，有利于快速打开市场，扩展品牌的影响力。

（四）提升服务质量

从当前我国农业生产市场的需求与企业自身的生产能力出发，不断调整产品生产策略，延伸服务领域。通过调研发现，当前国外主要信息农具企业的营销理念早已从推销产品过渡到推销解决客户问题的方案上来。许多公司都有自己的农业技术研究机构为客户提供农业技术方面的服务，通过农业技术服务延伸了市场服务链，同时也宣传了自己公司的产品。对于信息农具而言，产品用户对产品维护和保养的水平参差不齐，再加上产品长期在高温、高湿等恶劣的农业生产环境中进行超时、超载的工作，很难落实规范的保养和维护行为，因此用户为求得使用产品的安稳感，对售后服务的要求较高，所以信息农具各类配件供应、质量维护等各方面的工作及时性是决定售后服务质量的关键所在，在主销和新开发地区市场须保证方圆100~200km范围内设有售后服务网点。

在信息时代，"酒香不怕巷子深"的营销理念已经不能适应时代的发展，对于信息农具生产企业而言，不能消极等待客户的发现，要善于抓住机会，进行产品的科普、宣传和营销，才有可能获得更大的发展。

参考文献

陈明星. 2013. 新型农业现代化道路研究[M]. 北京：中国农业出版社.

陈晓栋，原向阳，郭平毅，等. 2015. 农业物联网研究进展与前景展望[J]. 中国农业科技导报，17（2）：8-16.

丁亮. 2016. 中国农业信息化与农业现代化协调发展研究[D]. 杨凌：西北农林科技大学.

丁晓光. 2011. 物联网中的电磁兼容问题[J]. 电信快报（8）：30-32.

傅琳. 1987. 微灌工程技术指南[M]. 北京：水利电力出版社.

高娃. 2012. 基于物联网的农业信息化发展模式研究[D]. 南京：南京邮电大学.

葛文杰，赵春江. 2014. 农业物联网研究与应用现状及发展对策研究[J]. 农业机械学报，45（7）：222-226.

顾涛，李兆增，吴玉芹. 2017. 我国微灌发展现状及"十三五"发展展望[J]. 节水灌溉（3）：90-91.

韩旭. 2017. "互联网+"农业组织模式及运行机制研究[D]. 北京：中国农业大学.

何勇. 2017. 农民收入百万背后是农业低利润[EB/OL]. http：//opinion.hexun.com/2017-03-13/188465586.html.

李道亮. 2017. 中国农业信息化发展报告[M]. 北京：电子工业出版社.

李道亮. 2012. 农业物联网导论[M]. 北京：科学出版社.

李灯华，李哲敏，许世卫. 2015. 我国农业物联网产业化现状与对策[J]. 广东农业科学，20（1）：149-157.

李广德，贾黎明，孔俊杰. 2008. 运用热技术检测边材液流研究进展[J]. 西北林学院学报，23（3）：94-100.

李瑾，赵春江，秦向阳，等. 2011. 现代农业智能装备应用现状和需求分析[J]. 中国农学通报，27（30）：290-296.

李军. 2006. 农业信息技术[M]. 第2版. 北京：科学出版社.

李俊良，梁斌. 2015. 设施蔬菜微灌施肥工程与技术[M]. 北京：中国农业出版社.

李旭，刘颖. 2013. 物联网通信技术[M]. 北京：北京交通大学出版社，清华大学出版社.

刘飞，王莉，何勇. 2009. 应用多光谱图像技术获取黄瓜叶片含氮量及叶面积指数[J]．光学学报，29（6）：1 616-1 620.

刘飞，王莉，何勇，等. 2009. 基于可见/近红外光谱技术的黄瓜叶片SPAD值检测[J]．红外与毫米波学报，28（4）：272-276.

刘金爱. 2009. 我国农业信息化发展的现状、问题与对策[J]. 现代情报，29（1）：61-63.

刘军，阎芳，杨玺. 2017. 物联网技术[M]. 北京：机械工业出版社.

刘丽凤，宋扬，陈红艳，等. 2010. 农业机械化现状与发展趋势[J]. 农业装备技术，36（1）：4-5.

刘双印，徐龙琴，李道亮，等. 2014. 基于物联网的南美白对虾疾病远程智能诊断系统[J]. 中国农业大学学报，19（2）：189-195.

裴小军. 2015. 互联网+农业打造全新的农业生态圈[M]. 北京：中国经济出版社.

秦怀斌，李道亮，郭理. 2014. 农业物联网的发展及关键技术应用进展[J]．农机化研究（4）：246-248.

邱小立．三元牛奶：失守大本营[EB/OL]．http//www.emkt.com.cn/article/198/19834.html.

邱兆美，张昆，毛鹏军. 2013. 我国植物生理传感器的研究现状[J]. 农机化研究（8）：236-238.

瞿华香，赵萍，陈桂鹏，等. 2014. 基于无线传感器网络的精准农业研究进展[J]. 中国农学通报，30（33）：268-272.

尚飞燕. 2015. 信息技术在农业现代化进程中的应用——以东海县为例[D]. 舟山：浙江海洋学院.

史舟，郭燕，金希，等. 2011. 土壤近地传感器研究进展[J]. 土壤学报，48（6）：1 274-1 280.

宋志伟. 翟国亮. 2018. 蔬菜水肥一体化实用技术[M]. 北京：化学工业出版社.

唐辉宇. 2006. 农业用机器人[J]. 湖南农机（5）：124-126.

汪开英，赵晓阳，何勇. 2017. 畜禽行为及生理信息的无损监测技术研究进展[J]. 农业工程学报. 33（20）：197-209.

汪懋华. 2010. 物联网农业领域应用发展对现代科学仪器的需求[J]. 现代科学仪，1（3）：5-6.

王宏宇，黄文忠，张玉娟. 2008. 温室园艺精量播种机械发展现状概述[J]. 农业科技与装备（2）：111-112.

魏晓莎. 2014. 美国推动农业生产经营规模化的做法及启示[J]. 经济纵横（12）：73-76.

吴玉康，邓世建，袁刚强，等. 2010. SHT11数字式温湿度传感器的应用[J]. 工矿自动化，4（4）：99-101.

肖婧，秦怀斌，郭理. 2016. 农业物联网可靠性研究[J]. 江苏农业科学，44（3）：9-12.

徐华，付立思，孙晓杰，等. 2007. 基于ARM的农用机器人开放式控制器的设计

[J].农机化研究（5）：124-126.

徐坚，高春娟. 2014. 水肥一体实用技术[M]. 北京：中国农业出版社.

宣传忠，武佩，马彦华，等. 2013. 基于物联网技术的设施农业智能管理系统[J]. 农业工程，3（2）：222-226.

杨宝珍，安龙哲，李会荣，等. 2008. 农业机器人的应用及发展[J].农机使用与维修（6）：103.

杨林. 2014. 农业物联网标准体系框架研究[J]. 标准科学（2）：13-16.

姚亮，马俊贵. 2015. 设施农业传感器智能化控制研究现状及展望[J]. 河北农机（3）：17-18.

应向伟，吴巧玲. 2017. 农业装备智能控制系统发展动态研究[M]. 北京：科学技术文献出版社.

于曦，李丹. 2002. 面向消息的中间件概述[J].成都大学学报（自然科学版），4（21）：34-36.

张宝宇. 2015. 农业物联网技术在设施生产上的示范应用[J]. 天津农林科技（3）：35-37.

张建华，吴建寨，韩书庆，等. 2017. 农业传感器技术研究进展与性能分析[J]. 农业科技展望（1）：38-48.

张唯，刘婧. 2002. 设施农业种植下物联网技术的应用及发展趋势[J].科技广场（1）：241.

赵春江. 2014. 对我国农业物联网发展的思考与建议[J]. 农林工作通讯，7（1）：25-26.

赵颖颖. 2017. 新农业发展路径及社会后果研究——以山东T村种植大棚甜瓜为例[D].长春：吉林大学.

赵匀，武传宇，胡旭东. 2003. 农业机器人的研究进展及存在的问题[J].农业工程学报，19（1）：20-24.

庄保陆，郭根喜. 2008. 水产养殖自动投饵装备研究进展与应用[J]. 南方水产，4（4）：67-71.

Pieter Hintjens. 2015. ZeroMQ云时代极速消息通信库[M].卢涛，李颖，译. 北京：电子工业出版社.

W.Richard Stevens，Stephen A.Rago. 2006. UNIX环境高级编程[M].尤晋元，张亚英，戚正伟，译. 北京：人民邮电出版社.

Doeschl-Wilson A B，Green D M，Fisher A V，et al. 2005. The relationship between body dimensions of living pigs and their carcass composition[J]. Meat Science，70（2）：229-240.

Inoue Y，Penuelas J. 2001. An AOTE-based hyperspectralimaging system for field use in ecophysiologicaland agricultural applications[J]. International Journal of Remote Sensing，22（18）：3 883-3 888.